Managing Suicidal Risk

A Collaborative Approach (Second Edition)

自杀风险的评估与管理

一种合作式的方法

[美] 大卫·A. 乔布斯（David A. Jobes） 著

李 凌 刘新春 等 译

杨 丽 审校

中国轻工业出版社

图书在版编目（CIP）数据

自杀风险的评估与管理：一种合作式的方法／（美）大卫·A.乔布斯（David A. Jobes）著；李凌等译．—北京：中国轻工业出版社，2020.8（2025.3重印）

ISBN 978-7-5184-2880-9

Ⅰ.①自⋯　Ⅱ.①大⋯②李⋯　Ⅲ.①自杀-心理-研究　Ⅳ.①B846

中国版本图书馆CIP数据核字（2020）第029608号

版权声明

Managing Suicidal Risk: A Collaborative Approach (Second Edition)
Copyright © 2016 The Guilford Press
A Division of Guilford Publications, Inc.
Published by arrangement with The Guilford Press

保留所有权利。非经中国轻工业出版社"万千心理"书面授权，任何人不得以任何方式（包括但不限于电子、机械、手工或其他尚未被发明或应用的技术手段）复印、拍照、扫描、录音、朗读、存储、发表本书中任何部分或本书全部内容（包括但不限于光盘、音频、视频等）。中国轻工业出版社"万千心理"未授权任何机构提供源自本书内容的电子文件阅览、收听或下载服务。如有此类非法行为，查实必究。

责任编辑：刘　雅　　　责任终审：杜文勇
策划编辑：戴　婕　　　责任校对：刘志颖　　　责任监印：吴维斌

出版发行：中国轻工业出版社（北京鲁谷东街5号，邮编：100040）
印　　刷：三河市鑫金马印装有限公司
经　　销：各地新华书店
版　　次：2025年3月第1版第5次印刷
开　　本：850×1092　1/16　印张：18.5
字　　数：210千字
书　　号：ISBN 978-7-5184-2880-9　定价：72.00元
读者热线：010-65181109
发行电话：010-85119832　　010-85119912
网　　址：http://www.chlip.com.cn　　http://www.wqedu.com
电子信箱：1012305542@qq.com
版权所有　侵权必究
如发现图书残缺请拨打读者热线联系调换
250311Y2C105ZYW

再次，献给柯琳恩、康纳和迪尔隆
以及记忆中的
弗兰克·乔布斯、海伦·乔布斯和史蒂芬·乔布斯

译者序

自杀风险是临床心理工作者无法回避的困难和挑战。我和我的团队从2011年开始聚焦于临床自杀学的研究,从自杀的定义、分类、易感性人格、认知功能、情绪特异性等不同侧面,试图拓宽对自杀的理解,以助益于针对自杀风险的临床实践。

对自杀风险的临床干预是我们关注的重要内容。我们发现,近年来国内开展的自杀风险干预多植根于某种具体的流派或疗法,需要临床工作者首先接受该疗法的系统训练并对其有较高的忠实度,很难"移植"到其他疗法的实践中去。而在现实中,心理咨询理论与技术日趋整合,临床工作者处理问题往往不拘泥于单一的取向,尤其是自杀风险的处理常具有明显的实用主义倾向。因此,我们开始思考如何寻求一条对各种理论、方法和技术开放和友好的干预路径。对这个问题的探索和思考促成了我们在2014年与"自杀的合作式评估与管理"(Collaborative Assessment and Management of Suicidality,简称CAMS)的相遇,我们查阅和学习了CAMS的相关文献,被它的包容性、简洁性和有效性深深吸引,于是开始着手进行研究。

在2015年的"中挪精神分析连续培训项目"上,我在与本恩特·罗森鲍姆(Bent Rosenbaum)教授的交流中提到了我准备做CAMS的研究和引进,他很开心地说他使用过CAMS,并愿意到天津大学做一期培训。我们很快就邀请了罗森鲍姆教授来天津大学举办CAMS的第一期培训,之后又先后邀请了CAMS创始人、美国自杀学会(American Association of Suicidology)前主席大卫·A. 乔布斯(David A. Jobes)教授，以及CAMS团队的高级培训师史蒂芬·奥康纳（Stephen O'Connor）博士和米琳达·莫尔（Melinda Moore）博士进行地面培训。在过去几年间，我们共举办了4期地面培训，这些培训惠及全国各地临床专业工作者数百人。

在不断学习的过程中，我和我的团队也逐渐加深了对CAMS的理解。在初步运用的过程中，我们惊喜地发现，CAMS独特的工作方式取得了意想不到的效果：它是新手的指路灯，熟手的双保险，并且能灵活地适应各种临床环境和工作取向。CAMS具备一些鲜明的特点：在工作全过程中聚焦于自杀，对自杀风险的评估全面详实且贯穿始终，确保自杀风险不会被忽视和遗漏；通过与自杀愿望共情、咨访双方并肩而坐等方式有效地促进工作同盟；从传统的"不自杀协议"转变为积极应对的"稳定化计划"，后来又发展出独具特色的针对自杀驱动力的治疗。这些特点在临床应用中都转化为职业安全和生命安全的有力保障。参加过第二期培训的李艳苓老师在总结发言时说，"咨询中的自杀风险就像一道道刺目的阳光，往往让咨访双方都感到难以直面，而CAMS仿佛给咨询师和来访者都戴上了一副墨镜，让我们更有能力直视骄阳"。

与大多数治疗模式的学习过程相似，系统地掌握CAMS需要现场培训、临床实践和督导以及文献阅读三者的结合。在引进CAMS的过程中，我们不仅积极地组织专业培训，也致力于对CAMS相关的重要著作进行翻译和引进。本书是国内第一本系统介绍CAMS的翻译著作，集结了CAMS团队20余年实践经验和研究成果的精华。将阅读本书与专业培训相结合，能使临床工作者更加全面深入地掌握CAMS的理念、方法和应用。

本书的翻译工作由我研究团队的成员以及研究合作者共同完成。其中，李凌担任前言、第1—3章、附录A、附录B的翻译工作，并负责全书的统稿和审读，她也是4次CAMS培训的笔译和口译负责人。刘新春承担第4—5章的翻译，并参与了部分审读工作。天津医科大学的于斌老师承担了第9章、结语以及附录H的翻译，天津滨海职业学院的白苏妤老师承担了第8章和附录C—G的翻译，我的学生李贞承担了第5—6章的初译工作，翟得康负责通篇的文字校对工作。此外，我研究团队中的安莉、程诚、许欣、周玥、王小玲、赵宏祥、谭婷婷、吴凤伟等几位老师，也为CAMS的培训、研究及本书的出版发挥了重要的推动作用。在定稿前的最后环节，我通读了全书，并做了个别修改。李凌是一位非常有才华的年轻人，在这本书即将出版之际，我对她深表感谢。同时，要感谢所有对这本书的翻译和研读付出了辛勤汗水的老师和同学！

在本书翻译和出版的过程中，我们也在与乔布斯教授的研究团队开展学术合作，目前正在进行的研究包括《自杀状态问卷》（Suicide Status Form，简称SSF）的修订、CAMS干预效果的临床对照研究等项目。因为文化和法律等方面的差异，这本书里的部分内容和格式在应用于中国的临床实践时，还有待商榷和调整。未来我们将致力于不断深入研究CAMS，通过引进、培育、改良和再实践，探索适用于中国的自杀风险管理和干预的有效路径。

杨丽

2019年12月22日于天津大学北洋园

中文版序

作为《自杀风险的评估与管理——一种合作式的方式》(Managing Suicidal Risk: A Collaborative Approach, Second Edition)的作者，我很高兴在此为本书的中文译本作序。本书已被翻译为7种不同的语言并畅销全球。此次的第8个译本对我而言具有尤为重要的意义，这是因为我们与天津大学各位尊敬的同行一起开展了培训和研究方面的密切合作。2016年，我有幸拜访天津大学，与他们讨论临床研究，并培训了一批中国临床工作者；此后我团队的成员在天津大学又陆续展开了一系列的培训工作。

本书是讲解如何运用CAMS的一份最佳文本资料。在自杀风险的治疗中，CAMS的独特之处在于，它既提出了一种临床照护的理念，也提供了一个灵活的临床框架，该框架在世界各国的一系列文化中已经得到了成功运用。一项发表的元分析研究显示，CAMS评估具有"治疗性评估"的作用。在治疗方面，CAMS的一个标志性特征是，我们会让病人清楚地描述促使他们想要自杀的问题（例如创伤、关系破裂、财务问题等）。在CAMS中，我们将这些称为"自杀驱动力"，识别出驱动力并针对它们开展治疗是CAMS的常规工作；我们的研究也表明这种临床方法收效甚好。事实上，目前已经有5项已发表的随机对照研究支持了CAMS的有效性。这些随机对照研究的数据显示，CAMS能够在6—8次治疗内迅速地减少自杀意念，降低总体症状的痛苦水平和抑郁水平。CAMS还能增强希望感，降低绝望感；还有数据显示了CAMS在减少自杀尝试和自伤行为方面的应用前景。不管是临床工作者还是自杀倾向病人，都喜欢使用CAMS；在数个独立的实验室和不同国家开展的研究都为CAMS提供了支持。我很高兴看到杨丽老师带着她的团队在中国正在推进CAMS临床研究，更多的CAMS随机对照研究也正在世界各地进行。

  CAMS的几个核心概念包括共情、合作、真诚、聚焦自杀。CAMS能让自杀倾向病人有效地参与治疗，从而形成强有力的治疗联盟，激发病人为自己的生命而斗争的动力。因此，CAMS提供了一种聚焦自杀的可靠治疗方法，它能帮助临床工作者在与自杀倾向病人工作时更自信。CAMS的最后，在自杀驱动力得到了有效治疗后，我们转而关注目的和意义，即如何过上值得过的生活。在30年的临床发展和研究中，我们已经看到CAMS能够拯救生命，它让病人走上不同的人生道路，追寻工作、爱情，以及一切让生活充满意义的事。我很高兴我的中国朋友和同行以后可以使用这本翻译精良的中文版，来追求我们共同的目标：拯救生命，预防自杀。

大卫·A. 乔布斯（David A. Jobes）博士
美国天主教大学心理学教授
美国华盛顿特区
2020年5月8日

序

当我受邀为《自杀风险的评估与管理》一书写序时，我毫不犹豫地接受了。我与大卫·A. 乔布斯的交情由来已久并颇为有趣。戴夫[1]在美国天主教大学度过了他的职业生涯，而这所学校正是我学术生涯开始的地方。我起初在这里担任副教授，后来才转入华盛顿大学。大约30年以前，那时戴夫还是华盛顿大学的一名研究生，他第1年的心理治疗实习科目的督导师是艾伦·利文撒尔（Allen Leventhal），这位老师对我的人生和早期职业发展都具有重大影响。当时戴夫写信询问我的研究，我也给予了回复。几年之后，我们在美国自杀学会的一次会议上见面，我开始对他早期进行的评估研究进行鼓励。这项研究最后促成了《自杀状态问卷》的形成，该问卷在本书中有深入的介绍。

我们的交往经历中有一个重要的转折点。当时我受邀去瑞士参加埃希[2]大会（Aeschi Conference），它包含一系列高水平的分会。临床工作研究者在会上致力于探讨如何用共情的态度，充满同情地与自杀患者工作。其中的一个分会上，戴夫和我深入探讨了他想做一名自杀治疗研究者的打算。我建议他加强科研工作，并寻求基金的

---

[1] 戴夫（Dave）是这篇序的作者玛莎·M. 莱恩汉对本书作者大卫（David）的昵称。——译者注（本书若无特别说明，脚注均为译者注。）

[2] 埃希（Aeschi）是瑞士的一个地方。

支持，进一步开展对 CAMS 的研究。戴夫申请了我担任顾问的美国国家精神卫生研究所的 R-34[1] 基金。虽然那次申请并未成功，但这巩固了我们的关系，而我也能进一步指导他进行基金申请的写作，并帮助他进一步成为自杀治疗研究者。

认识我的人都清楚我对科学和数据的热爱，我非常希望通过随机对照研究来发展有效的治疗。10 年前，除了我自己对辩证行为治疗的研究之外，自杀领域的随机对照研究还极为少见。为了改变该领域的现状，我在西雅图发起和召集了一系列研究会议，与一群有资历的同事和众多后辈研究者一起，支持该领域研究者的基金写作，以便他们能够申请到资金对自杀进行随机对照研究。让我高兴的是，这些会议非常有效地帮助了一代研究者来获得基金资助进行随机对照研究，而这些研究正在改变自杀预防领域。戴夫也是这些研究者中的一员，而且在那之后，他还申请并获得了不少资助进行随机对照研究，同时发表了有关 CAMS 效果的数据。这些研究让我们知道，CAMS 能够显著地降低自杀想法和总体症状困扰，同时能提升患者的希望感和满意度，让患者更好地坚持治疗。此外，目前有 4 项针对 CAMS 的随机对照研究正在世界各地进行，这些研究致力于重复并扩展既有的临床实验发现，并力图更好地理解 CAMS 对自杀行为的影响。

许多人将我看作是一名边缘性人格障碍治疗的研究者，而实际上在我自己看来，我首先是一名自杀治疗研究者。自杀是心理卫生工作中的灾难，而坦诚地说，我们目前对自杀治疗的了解还远远不够。我一生致力于帮助患者走出自杀的绝望，而戴夫也对这项工作充满热情。证据表明，通过共情、真诚和合作的方式，CAMS 能够帮助自杀患者稳定下来；而后配合各种循证干预方法，使患者自己提出的自杀"驱动力"能够得到有效的治疗。临床工作者和患者在 CAMS 框架下共同合作，在这个过程中，SSF 能够有效地引导自杀患者实现稳定化；我认为 CAMS 对临床文献做出了独有的贡献。

我很高兴能够在过去 20 年间支持戴夫对 CAMS 进行科学研发，我也很高兴他将我看作对他的临床科学成长之路产生重要影响的人。如今，我欣慰地看到临床自杀预防领域的随机对照研究卓有成效、欣欣向荣，而戴夫对 CAMS 的研究是其中举足

---

[1] R-34 基金是原书使用的代码，作者并没有给出具体的缩写含义。

轻重的一部分。作为自杀学学者，我们相信要帮助自杀患者活下去，就必须深刻地理解和尊重他们，并教给他们特定的技能。本书在这方面做出了重要贡献。在当前的心理健康照护中，心理健康服务提供者对自杀患者普遍存在"羞辱和责怪"的倾向，而CAMS对自杀风险的干预方式对这种倾向是一种颇有价值的补救。我相信本书既能帮助临床工作者，也能帮助患者找到应对自杀困境的途径，消除导致自杀的因素，走出自杀的困顿，并真正找到值得过的生活。

玛莎·M. 莱恩汉（Marsha M. Linehan）博士
美国职业心理学委员会成员
美国华盛顿大学行为研究与心理治疗所教授、主任

前言

我对自己的职业认同一向是**临床工作者 – 研究者**（clinician-researcher）。在我看来，我们与**研究型临床工作者**（research clinician）拥有完全不同的世界观。多年来，在 CAMS 发展的过程中，一直有临床工作者向我反馈说，CAMS 让心理健康照护各个领域的从业者感到"有意义"。CAMS 绝不是一种与自杀患者进行临床工作的"象牙塔"式方法。我一向认为最佳的临床研究应该直接指导临床实践且具有临床意义，但我同样坚定地相信科学，并强调通过实证研究验证某种临床直觉认为有意义的方法确实有效（且不造成伤害）。

在上述思考的基础上，作为一名临床工作者以及一名临床型研究者，30 余年来我专注于自杀心理的研究。本书阐述了我通过深入研究所得到的发现。其中最重要的可能是，我越来越坚定地相信，大多数求助心理健康临床工作者的自杀患者实际上**并不想死**。相反，他们只是受困于内心的挣扎，除了自杀不知道还能做些什么。如果我们理解这种心理，而患者也能明白并感受到我们的理解，我们就已经走上了可能拯救生命的道路。

在本书的第 1 版中，我力图展示一个有说服力的案例来演示 CAMS 的使用。我想要说服读者，这个方法虽然新，但很有价值，值得他们考虑。可是为了案例写作，我不得不在一些关键的（而且是有争议的）问题上提出自己的观点，包括：（1）将**自杀**作为恰当的治疗焦点（而不是聚焦于心理障碍）；（2）让自杀患者接受**不住院治疗**的好处；（3）各种版本的稳定化计划相对于不自杀协议或安全承诺的优势；（4）与自杀倾向共情以及合作对治疗成功的重要性；（5）针对**患者界定**的引发自杀风险的问题进行治疗，在此过程中**患者**扮演着重要的伙伴角色。在本书第 1 版出版之后的 10 年间，上述许多问题都获得了业内的关注。虽然如此，我仍然常常遇到一些临床工作者对这些观点或是感到惊讶，或是仍有几分保留，或是全然拒绝。由此我意识到，要改变大家熟悉的临床实践方式非常困难。

CAMS 的设计从根本上是通过给患者赋权，来为临床工作者赋权。在我的职业生涯中，我一直决心发展一种有效的方法来帮助自杀患者努力生活下去，以免他们被迫选择死亡这一不可逆转的方式。为了实现这一目标，我必须找到方法尽可能建立良好的治疗联盟，同时激发患者的治疗动机。CAMS 的各个主要部分都意在最大限度地发挥治疗联盟的作用，同时增强患者的动机和自主性。

在过去 25 年间，CAMS（以及 SSF）的使用已经在改变与自杀患者的实践工作了。尽管如此，如果真正想要使用 CAMS 或其他任何经过重复验证的循证方法（如预防自杀的辩证行为治疗或认知疗法，本书对这两种疗法皆有讨论），我们还有很多的工作要做。我仍然感到担忧的是，专门针对自杀开展的且被科学研究证实有效的临床实践少之又少。对于挽救生命的临床工作而言，这样的现状是不能被接受的。为寻求改变，实践者需要使用经证实能够有效治疗自杀倾向原因的方法，以此减少自杀问题。

对于患者的自杀问题，仅仅做到理解可能并不足以从临床上预防自杀，但这是挽救生命的一个很好的起点。除了理解以外，一个基本的要求是有效地**管理**自杀风险，这既包括在临床上管理患者的自杀风险，也包括管理心理健康临床工作者自身的状态。在世界范围内的不同文化中，自杀都是复杂的、有争议的、神秘的、令人恐惧的、让人好奇的、具有诱惑力的、骇人听闻的。任何一个社会经济组织、宗教和群体都不能对自杀免疫。此外，如果生存状况变得非常恶劣，没有人能保证自己在遭受痛苦时不会想到自杀。在临床工作者的职业生涯中，我们不能从根本上保证自己永远不会遇到或被迫治疗自杀风险。自杀无所不在，它普遍存在于我们的新闻、文化、电影和文学作品中，也存在于我们的个人生活和职业生涯中。自杀是人类社会的一部分，它根本无法被否认或避免。

自杀的普遍性会不可避免地导致恐惧和焦虑，不仅对自杀患者及其家属是如此，对临床工作者也是如此。面对这种恐惧时，我们必须聚焦于我们的需要。在对自杀风险进行临床工作时，这种需要可以归结为尽可能提供最佳的照护，它也许无法挽救所有人，但能让大多数人做出重大改变。结束自己生命的举动对于一个人而言意义极为重大，当一个人想要这样做时，我们必须坚定信心，持续不断地对自杀风险的原因进行评估、理解、追踪和治疗。

我希望本书以及书中所阐述的方法能够帮助临床工作者有效地管理这个让人焦虑的临床难题。我们的自杀患者通常是陷入绝望的人，他们忍受着恶劣的生存状况，内心充满了不确定、恐惧、痛苦和无望感。然而，如果他们仍然来见我们，那么就还有希望。本书的要旨就是如何煽起希望的火苗，这是挽救自杀患者的临床工作的核心。

致谢

一本书的问世从来不只是一位作者的功劳，有很多人在成书的过程中做出了贡献。在本书的第 1 版中，我致谢了所有做出贡献的"第一代"人，其中许多人是我在美国天主教大学的学生，这次的第 2 版与他们的工作也密不可分。但在之后的 10 年间，又有新一批学生和参与者对本书第 2 版做出了贡献。

能有机会指导我的本科生和研究生，我感到非常高兴和骄傲；他们组成了美国天主教大学自杀预防实验室（The Catholic University of America Suicide Prevention Laboratory，简称 CUA-SPL）。无数次我走进实验室，看到学生正在对量表进行编码，他们作为科研团队协同工作，将无穷无尽的数据录入电脑。我热爱这些时刻，因为我得以见证科学发现和探索的纯粹性。如果没有这些学生，本书的很多内容根本不可能存在，因此我感谢他们的能力和热情。这一代 SPL 校友和在校生包括：盖瑞·斯通（Gary Stone）、伊利西亚·内德明（Elicia Nademin）、艾伦·卡恩-格林（Ellen Kahn-Greene）、米拉·布兰库（Mira Brancu）、米琳达·莫尔、史蒂芬·奥康纳、马特·菲茨杰拉德（Matt Fitzgerald）、M. K. 耶尔金（M. K. Yeargin）、薇薇安·罗德里格斯（Vivian Rodriguez）、塔拉·克拉夫特（Tara Kraft）、伊丽莎白·巴拉德（Elizabeth Ballard）、安德烈亚·库里什（Andrea Kulish）、朱利安·兰特瑞（Julian Lantry）、凯斯·詹宁斯（Keith Jennings）、凯文·克劳利（Kevin Crowley）、雷彻尔·马丁（Rachel Martin）、利兹·赫什霍恩（Liz Hirschhorn）、艾玛·卡德利（Emma Cardeli）、凯蒂·布雷扎伊蒂斯（Katie Brazaitis）、瑞内·兰托（Rene Lento）、布莱尔·申姆拜瑞（Blaire Schembari）、克里斯·科隆纳（Chris Corona）、莫莉·鲍尔斯（Molly Bowers）、艾比·安德森（Abby Anderson）、阿什尔·西格尔曼（Asher Siegelman）、乔瑟芬·奥（Josephine Au）、玛格丽特·拜耳（Margaret Baer）、莫琳恩·莫纳汉（Maureen Monahan）、布赖恩·克拉克（Brian Clark）、莱恩·霍根（Ryan Horgan）、乔什·爱马仕（Josh Holmes）、萨米·萨哈菲（Sami Saghafi）、萨曼莎·查尔克（Samantha Chalker）、布赖恩·皮耶尔（Brian Piehl）、乔治·庞塞（Jorge Ponce）、保罗·埃尔–梅乌奇（Paul El-Meouchy）、克里斯·威拉德（Chris Willard）、尼基·考菲尔德（Nikki Caulfield）、塔拉·凯西（Tara Casey）、凯特琳·舒勒（Kaitlyn Schuler）、丽莎·彼得森（Lisa Peterson）和马里亚姆·格雷戈里安（Mariam Gregorian）。特别感谢 SPL 校友约翰·德罗兹德（John Drozd）、亚伦·雅各比（Aaron Jacoby）、杰森·洛马（Jason Luoma）、雷切尔·曼（Rachel Mann）、史蒂夫·黄（Steve Wong）和艾米·康拉德（Amy Conrad），他们在 SSF 早期的发展和 CAMS 诞生的过程中起到了关键作用。

无数的业内同事和合作者都值得感谢，他们包括：彼得·辛博利奇（Peter Cimbolic）、巴里·瓦格纳（Barry Wagner）、黛安·阿恩科夫（Diane Arnkoff）、乔治·博南诺（George Bonanno）、卡罗尔·格拉斯（Carol Glass）、桑德拉·巴雷科（Sandra Barreuco）、布兰登·里奇（Brendan Rich）、克莱尔·斯皮尔斯（Claire Spears）、马西·戈克–莫雷伊（Marcie Goeke-Morey）、马克·斯布雷希特斯（Marc Sebrechts）、拉尔夫·阿尔巴诺（Ralph Albano）、里克·坎皮斯（Rick Campise）、迈克尔·芒德（Michael Mond）、拉里·大卫（Larry David）、史蒂夫·斯坦（Steve Stein）、布鲁斯·克劳（Bruce Crow）、黛布拉·阿库莱塔（Debra Archuleta）、莱内特·普约尔（Lynette Pujol）、朱莉·兰德里·普尔（Julie Landry Poole）、约翰·布拉德利（John Bradley）、亚伦·韦贝尔（Aaron Werbel）、布雷特·施奈德（Brett Schneider）、雷吉·罗素（Reggie Russell）、罗斯·卡尔（Russ Carr）、丽莎·霍洛维茨（Lisa Horowitz）、莉兹·马歇尔（Liz Marshall）、乔恩·艾伦（Jon Allen）、卡特里娜·福西诺（Katrina Rufino）、罗尔·福塞（Roar Fosse）、伊莲·弗兰克斯（Elaine Franks）、凯利·基尔克纳（Kelly Keorner）、琳达·迪梅夫（Linda Dimeff）、J. J. 拉西姆斯（J. J. Rasimus）、莱蒂西亚·杜维维耶（Leticia Duvivier）、杰夫·宋（Jeff

Sung）、大卫·胡（David Huh）、萨拉·兰德斯（Sara Landes）、卡琳·亨德里克斯（Karin Hendricks）、简·坎普（Jan Kemp）、马克·德桑蒂斯（Marc DeSantis）、伊芙·卡尔森（Eve Carlson）、凯特琳·汤普森（Caitlin Thompson）、格雷琴·鲁赫（Gretchen Ruhe）、格雷斯·凯耶斯（Grace Keyes）、丹尼斯·帕祖尔（Denise Pazur）和埃姆帕索斯·瑞索尔斯（Empathos Resources）。我还要感谢 CAMS 照护团队的成员，包括我的妻子柯琳恩·凯莉（Colleen Kelly），以及安德鲁·埃文斯（Andrew Evans）和德文·埃文斯（Devon Evans），还有我们的咨询顾问们，詹妮弗·克鲁姆利什（Jennifer Crumlish）、凯斯·詹宁斯、史蒂芬·奥康纳、米兰达·莫尔、艾米·布劳施（Amy Brausch）、简·约克（Jan York）、布拉德·辛格（Brad Singer）、安伯·奇迹（Amber Miracle）、埃因·加拉万（Eoin Galavan）、克里斯蒂安·佩德森（Christian Pedersen）、凯文·克劳利、娜塔莉·伯恩斯（Natalie Burns）、史蒂夫·黄和汤姆·埃利斯（Tom Ellis）。

在自杀预防领域，我对以下各位充满感激之情，包括以色列·奥巴赫（Israel Orbach）、康拉德·米歇尔（Konrad Michel）、迈克尔·博斯特威克（Michael Bostwick）、蒂姆·莱恩伯里（Tim Lineberry）、罗瑞·奥康纳（Rory O'Connor）、凯思·霍顿（Keith Hawton）、马克·威廉姆斯（Mark Williams）、本特·罗森鲍姆（Bent Rosenbaum）、托马斯·乔纳（Thomas Joiner）、克雷格·布莱恩（Craig Bryan）、马詹·霍洛韦（Marjan Holloway）、马特·诺克（Matt Nock）、莫特·西尔弗曼（Mort Silverman）、吉姆·奥弗霍尔瑟斯（Jim Overholser）、格雷格·卡特（Greg Carter）、大卫·克洛恩斯基（David Klonsky）、斯齐普·辛普森（Skip Simpson）、苏珊·斯特凡（Susan Stefan）、艾米·库尔普（Amy Kulp）、拉尔斯·梅勒姆（Lars Mehlum）、梅雷特·诺登特伏特（Merete Nordentoft）、凯特·安德里亚森（Kate Andreasson）、艾伦·汤森德（Ellen Townsend）、迭戈·德利奥（Diego DeLeo）、玛丽安·古德曼（Marianne Goodman）、玛丽亚·奥肯多（Maria Oquendo）、肖恩·谢亚（Shawn Shea）、雅克·皮斯托洛（Jacque Pistorello）、简·皮尔逊（Jane Pearson）、芭芭拉·斯坦利（Barbara Stanley）、谢丽尔·金（Cheryl King）、凯思·哈里斯（Keith Harris）、约翰·德雷珀（John Draper）、朱莉·戈德斯坦‒格鲁梅特（Julie Goldstein-Grumet）、麦克·霍根（Mike Hogan）、大卫·科文顿（David Covington）、乌苏拉·怀特赛德（Ursula Whiteside）、史蒂夫·范诺伊（Steve Vannoy）、彼得·布里顿（Peter

Britton)、杰瑞·里德（Jerry Reid）、丹·雷登伯格（Dan Reidenberg）、理查德·麦肯（Richard McKeon）、麦迪·古尔德（Maddy Gould）、巴里·沃尔什（Barry Walsh）、克里斯汀·穆蒂埃（Christine Moutier）、鲍勃·格比亚（Bob Gebbia）、约翰·马迪根（John Madigan）、安贾·吉辛-梅利亚特（Anja Gysin-Maillart）、戴夫·阿德金斯（Dave Adkins）和阿曼达·克布拉特（Amanda Kerbrat）。我还要特别感谢我的研究生导师兰尼·伯曼（Lanny Berman）给予我的专业指导，以及鲍勃·利特曼（Bob Litman）、诺曼·法贝罗（Norman Farberow）、杰罗姆·莫托（Jerome Motto）、特里·马尔茨伯格（Terry Maltsberger）和阿隆·贝克（Aaron Beck）等人；当然还有已故的埃德·施奈德曼（Ed Shneidman）[1]，他至今仍对我的职业生涯有重要影响（他还曾亲切地执笔，为本书的第1版作序）。我的同事大卫·勒德（David Rudd）、格雷格·布朗（Greg Brown）、汤姆·埃利斯，以及"CAMS智囊团"的成员，凯特·肯图瓦（Kate Comtois）、史蒂芬·奥康纳、丽莎·布伦纳（Lisa Brenner）和彼得·古铁雷斯（Peter Gutierrez），他们是我能想象到的最佳合作者，值得我特别赞许。美国天主教大学自杀预防实验室副主任詹妮弗·克鲁姆利什以及美国天主教大学研究助理教授凯斯·詹宁斯，他们两位是我珍视的朋友，也是重要的CAMS合作者，他们确保了研究和项目的顺利运行，是我坚实的后盾。我还要由衷地感谢玛莎·M.莱恩汉，感谢她考虑周到的序言，也感谢她鼓励我成为一名自杀治疗的研究者。一直以来，玛莎都是我亲密的朋友，她的的确确给予了我很多鼓励和指导。

感谢吉尔福德（Guilford）出版社，也感谢总编辑西摩·温加滕（Seymour Weingarten）一直以来的支持。吉尔福德的资深编辑吉姆·内格奥特（Jim Nageotte），在本书先后两版的成书过程中，起到了特别重要的作用。感谢吉姆始终不变的帮助、他的专业智慧和我们之间的友谊。也感谢吉尔福德出版社的简·凯斯拉（Jane Keislar）、凯西·库尔（Kathy Kuehl）和劳拉·派齐科夫斯基（Laura Patchkofsky）多年来做出的重要贡献。我优秀的博士研究生瑞内·兰托为本书做了完善的编辑，他对语言进行了精心的修饰，还为全面更新这个版本的参考文献做了详尽的研究工作。

我的人生一直得到家人的爱和支持，为此我感到非常幸福；我的兄弟史蒂芬

---

[1] 即埃德文·施奈德曼（Edwin Shneidman），此处应该是作者对施耐德曼比较亲切的称呼。

（Steve）和比尔（Bill）、父母弗兰克（Frank）和海伦（Helen），他们都信任我，为我的成功高兴。能与我的妻子柯琳恩结婚，我感到非常幸运，她给予我无尽的爱、支持、幽默、宽容和正确的判断。在我们25年的婚姻中，柯琳恩深度参与了CAMS的发展历程，一直源源不断地贡献着思想和智慧。在我的两个儿子，康纳（Connor）和迪尔隆（Dillon），所成长的家庭中，自杀预防的话题无处不在；他们无数次地与我的学生、海外同事以及各种各样的研究合作者一起合用我们的家。他们也为自杀预防事业做出了贡献，并且一直理解和支持我对这一毕生事业的热情。尽管在人生的旅途上我得到了很多眷顾，但家庭仍是我快乐的根本，它赋予我生活的目的和意义。

最后，感谢我的患者（我应该说明的是，本书中提到的许多案例都是真实案例，但是它们经过了乔装改扮，这样做是为了保护患者的身份不被公开）。在过去30年中，我接待过数百位有自杀倾向的患者。有关自杀，**他们教给了我最多**。他们面对绝望的勇气让我自愧不如，他们在面对看似不可逾越的困难时的重新振作和迎难而上的能力让我深受鼓舞。尽管我很清楚我们也许无法挽救每个人的生命，但对于这一崇高事业的追求应该一直是我们坚定不移的工作目标。

目录

译者序	I
中文版序	V
序	VII
前言	XI
致谢	XV

第 1 章　自杀的合作式评估与管理（CAMS） ······ 1
　　CAMS 的基本理念 ······ 4
　　CAMS 是聚焦于自杀的治疗框架 ······ 7
　　心理健康服务现状 ······ 11

第 2 章　SSF 和 CAMS 的演变 ······ 17
　　SSF 概述 ······ 18
　　SSF 评估和治疗计划的制订（初始会谈） ······ 19
　　SSF 的追踪与更新（中期会谈） ······ 36
　　SSF 的结果与处置（最终会谈） ······ 36
　　CAMS 的演变 ······ 37
　　本章小结 ······ 44

第 3 章　临床照护体系及 CAMS 的最佳使用 ········ 45
第 1 步：制订政策和程序 ········ 47
第 2 步：找到可靠的方法尽早识别自杀风险 ········ 47
第 3 步：寻求临床指导 ········ 55
第 4 步：使用专门针对自杀的文档记录 ········ 55
CAMS 的最佳使用 ········ 55
使用 CAMS 前的准备 ········ 63
本章小结 ········ 64

第 4 章　CAMS 风险评估 ········ 65
CAMS 风险评估的分步说明 ········ 66
个案示例：比尔自杀风险的总体阐述 ········ 82
本章小结 ········ 83

第 5 章　CAMS 治疗计划 ········ 85
CAMS 治疗计划概述 ········ 88
填写 SSF 的 C 部分 ········ 96
自我伤害简述 ········ 106
完成 SSF 的 D 部分：HIPAA 页 ········ 107
个案示例：比尔在首次会谈中的治疗计划 ········ 109
本章小结 ········ 114

第 6 章　CAMS 中期会谈 ········ 115
CAMS 中期会谈概述 ········ 116
针对自杀驱动力展开治疗 ········ 120
个案示例：比尔的 CAMS 中期照护 ········ 125
本章小结 ········ 127

第 7 章　CAMS 临床结果与处置 ········ 129
CAMS 临床结果与处置概述 ········ 131

　　　　CAMS 的自杀追踪结果：程序上的注意事项 ················· 138
　　　　危机后的生活：生存经验 ··································· 141
　　　　本章小结 ··· 145

第 8 章　**用 CAMS 降低治疗不当风险** ···························· 147
　　　　治疗不当概述 ·· 150
　　　　预见性的重要性 ·· 152
　　　　治疗计划的重要性 ··· 154
　　　　临床跟进的重要性 ··· 158
　　　　本章小结 ··· 160

第 9 章　**CAMS 的改编和未来发展** ······························ 161
　　　　CAMS 框架结构的改编 ····································· 162
　　　　CAMS 的未来发展 ··· 176
　　　　本章小结 ··· 181

后记 ··· 183

附录 A　《自杀状态问卷 -4》（SSF-4） ··························· 187

附录 B　CAMS 核心评估量表的编码手册 ······················· 197

附录 C　SSF 生存理由与死亡理由编码手册 ···················· 215

附录 D　SSF"一件事反应"编码手册 ··························· 223

附录 E　CAMS 治疗工作清单 ····································· 231

附录 F　《CAMS 评定量表》 ······································· 235

附录 G　关于 CAMS 的常见问题 ·································· 243

附录 H　填写 CAMS ·· 247

参考文献 ··· 267

自杀的合作式评估与管理（CAMS）

在当代医疗模式下针对自杀开展临床干预

比尔是一位中年男性白人，他来到一家私人执业的心理门诊寻求治疗。比尔是一位非常成功的建筑师，经营着一家大公司。他和妻子凯西结婚30年，育有4名子女，子女们都非常优秀。尽管在生活中非常成功，但比尔仍然述说了一连串的心理问题史，包括抑郁、焦虑、间断性的失眠，还有好几段酗酒的经历。他又进一步谈到近来婚姻上的困境，并说自己的生活"漫无目的"。在此之前，比尔曾两度寻求心理健康服务，但每次都在几次治疗之后脱落。这次治疗开始前，比尔在等候室中完成了一份筛查问卷，他表现出与压力、抑郁和焦虑等相关的多种症状。在有关自杀观念的一个筛查条目上，比尔选择了"频繁地"产生结束自己生命的念头。临床工作者所不知道的是，比尔酷爱枪支，并在家中有大量收藏。他已经挑中了自己"最喜爱"的手枪准备用于自杀。除此以外，比尔已经料理好了一切，并且给妻子和几个孩子写下了遗书。

比尔的情况给当下从事临床实践的心理健康临床工作者提出了许多挑战。不管从人口统计学上，还是从诊断上，比尔都具有美国自杀死亡者的一般特点（Centers for Disease Control and Prevention[1], CDC, 2014）。考虑到比尔的精神症状群，还有心理健康治疗依从性差的历史，以及手枪这一唾手可得的自杀工具，他的潜在风险在客观上非常高，这很令人担忧。此外，比尔的妻子凯西是一名出庭律师，而给律师配偶做治疗的临床工作者都会担心，患者一旦结束生命，就可能引来治疗不当的法律诉讼[2]。

鉴于以上原因，可以说大多数心理健康临床工作者（无论何种专业训练背景和理

---

[1] 即美国疾病控制与预防中心。

[2] 有调查数据证实，如果一个人在接受心理治疗之后自杀死亡，其家人常常会考虑就自杀提出治疗不当的诉讼（Peterson, Luoma, & Dunne, 2002）。

论取向)在遇到比尔这样的患者时，都会产生某种程度的担忧。在治疗如此具有临床挑战性的个案时，一些临床工作者可能会非常恐惧，因为他们觉得自己缺乏足够的能力去治疗潜在致命性如此高的患者。在我坐下来与比尔开始第1次治疗时，我也确实为他感到担忧和焦虑。作为一名一直研究自杀的学者，我很快意识到，他的自杀风险在客观上非常高。但随后我的担忧和焦虑减轻了，这是因为我知道我所掌握的治疗方法确实有可能挽救他的生命。

* * *

30多年前当我开始从事心理健康工作时，以比尔这样的临床表现，他会被要求立即去精神卫生机构接受住院治疗，即使他不一定有"明确且危急"的危险。在20世纪80年代早期，这样的精神科住院治疗可能长达几周；如果保险特别优厚，则可能长达几个月。(在某些情况下，当时的住院治疗有时可长达几年！)而现在，比尔这样的患者(毫无疑问，他们令人担忧和不安)可能因为"自杀风险不够高"而无法通过保险公司的鉴定，因而无法获准住院治疗。一些保险公司既要求"明确且危急"的风险，还要具有实际上的自杀尝试，在两者**都符合**的情况下才允许患者接受住院治疗。况且，如今这样的住院治疗一般只有7~8天(Stranges, Levit, Stocks, & Santora, 2011)，有些甚至只有24~48小时。此外，如今在大多数住院机构中，常规的"治疗"可能只是开一些治疗精神疾病的药物，也许还包括某些侧重心理教育的短期小组(National Alliance on Mental Illness[1], 2014)。这与之前的情况相去甚远，那时候，常规的精神科住院治疗包括个体心理治疗、小组治疗、各种活动治疗、心理测验，以及全面的病情检查，这些都包括在照护的标准范围之内。

那么，面对比尔这样令人却步的个案，我们该如何继续呢？经过仔细思考，该个案有两个值得注意的要素。首先，尽管比尔相当痛苦，并且客观上有多项自杀风险因素，但无论如何他仍然**活着**。其次，尽管比尔寻求心理健康服务的经历很糟糕，但显而易见的是他又在向一位心理健康临床工作者寻求治疗。事实上，这次为比尔做治疗的临床心理学家善于运用一种专门针对自杀的方法，即**自杀的合作式评估与管理**

---

[1] 即美国精神疾病联盟。

（Collaborative Assessment and Management of Suicidality，简称 CAMS[1]），本书将对这种循证的干预方法进行介绍。

在第 1 章中，我们对 CAMS 的理解将从 3 个统领性的重要概念开始，它们直接影响到 CAMS 的有效使用。我们将首先探索 CAMS 的理念，而后审视其临床框架，最后讨论如何在当下的心理健康服务模式下运用 CAMS。

CAMS 的基本理念

CAMS 首先是一种临床治疗的基本理念，这一点我已在其他文献中与一些重要的研究合作者一起深入论述过（Jobes, Comtois, Brenner, & Gutierrez, 2011; Jobes, Comtois, Brenner, Gutierrez, & O'Connor, 2016）。在处理自杀风险时，坚持特定的理念导向，是 CAMS 成功的坚实基础。CAMS 处理自杀风险的方法，在许多方面都明显不同于传统的临床实践，包括如何对自杀风险患者进行理解、临床评估和治疗等问题。CAMS 治疗自杀风险患者的基本理念有如下关键特征。

与自杀状态共情

2001 年，以色列·奥巴赫（Israel Orbach）在自杀学领域发表了一篇颇具影响力的文章，其核心议题是**与自杀的愿望共情**。奥巴赫和我是埃希团体（Aeschi Group）的发起人，该团体由一群临床工作者-研究者组成，我们对处理自杀风险的传统临床方式感到不满，其中包括诊断上的还原主义，即优先重视精神疾病，而不是从现象学上理解自杀状态（Michel et al., 2002）。埃希团体的成员有意识地努力指引新的方向，他们倡导用一种共情的、叙事的、非强制性的方式与自杀患者工作。该导向的核心原则是：临床工作者必须以共情的、不评价的态度，真正**倾听**患者关于自杀的故事。正如我多年来所阐述的那样（Jobes, 1995a, 2000, 2012），与自杀患者开展的临床工作常

---

[1] 请务必记住这个缩写的意义，它是本书核心词汇之一，将在后文中大量出现。

常会陷入患者与医生之间相互对抗的动力关系之中。埃希团体的成员迫切地感到，需要提出一系列可用的方法，以便在自杀风险出现时建立治疗同盟，我们为此出版了一部专著（Michel & Jobes, 2010）。玛莎·莱恩汉（Marsha Linehan）曾经告诉我，整个心理健康体系对有自杀倾向的患者普遍存在一种**羞辱和责怪**态度，这是不专业的。根据我的经验，现实情况确实如此，在急诊室尤为严重。一次，我的一个患者因服药过量被送到医院急诊室，我陪伴她直到深夜。她被绑在医院用来运送患者的轮床上等着接受炭疗法。我们无意中听到她的急诊护士对同事说："真是的，又是服药过量。我们什么时候能去治疗**真正的**患者！"她的话让我们俩都非常震惊。在 CAMS 中，我们从不羞辱或责怪患者，我们满怀尊敬地努力进入自杀患者的内心世界，并从一种共情的、不评价的、内在主体性的视角，对自杀痛苦进行现象学理解。

合作

合作可能是成功的 CAMS 导向的临床照护工作中最为重要的成分。合作使评估过程具有很强的互动性，我们还会直接邀请患者参与制订治疗计划。此外，每次 CAMS 会谈中，有关治疗的哪些部分起到了作用、哪些没有作用，治疗师都会主动听取患者的反馈和感受。CAMS 中的所有评估工作和治疗活动都是合作式进行的。实施评估时，我们从不打断或说服患者；相反，我们努力利用一切机会鼓励患者表达，引导他们投入治疗。在制订治疗计划时，我们主动使患者参与其中，并告诉患者，他们是治疗计划的"共同作者"。根据心理治疗的研究文献，治疗同盟的质量对所有积极的临床结果都起到了决定性作用（Horvath & Symonds, 1991）。为了建立治疗同盟，CAMS 在照护的过程中始终强调合作性和互动性。从开始到中期，直至结束，合作是贯穿整个治疗过程的关键。

真诚

CAMS 的最后一项基本治疗理念是真诚坦率。对于任何一个在生死之间摇摆不定的患者，为其进行治疗时最为重要的一点，就是应该坦率地、充满尊重地如实说出，患者的自杀风险会引发的全部状况。临床上，对自杀风险的真诚从周全的知情同意开始（Jobes, Rudd, Overholser, & Joiner, 2008; Rudd et al., 2009）。常常令自杀患者感到挣扎的问题包括控制、信任、背叛、强制、公民自由、羞辱和责怪，以及令人绝望的家长式治疗风格等，因此，我会向自杀患者提出如下形式的知情同意：

> "谈到自杀，首先让我们实话实说，你当然可以杀死自己，在这件事情上，我或任何其他人能做的都微乎其微。坦诚地说，这是你的生活，最终由你来决定是否活下去。但是站在临床工作者的立场上，我面临一个两难困境，因为国家法律和临床照护标准对我有要求，如果你表现出'明确且危急'的自杀风险，我不能允许你结束自己的生命。这可能会造成你的个人自主性和我的专业职责之间产生严重的冲突，这意味着不得已时，我可能会把你送去住院，即使是在违背你意愿的情况下。尽管我不希望我的任何一个患者死于自杀，但我仍然理解一些人没有其他办法来应对自己的处境。在美国，平均每天有100多人死于自杀，而他们之中有30%的人是在接受心理健康服务期间自杀的。因此我不会幻想心理健康服务一定能救你的命。因此，我们最好不要争论你是否可以自杀，但是我会拿出一套为拯救你的生命而设计的循证治疗方法。研究显示，想要自杀的人在接受这种治疗后，大部分会在3个月之内见到效果。那么为什么不试试呢？这对你而言有益无害。晚些时候，等结束治疗之后，你当然还是可以结束生命。这是你的生活，由你来决定活着和死去哪个更合适。但是话说回来，你又何必着急呢？总有一天我们都会死去。最后我想说，如果自杀真的是解决你当前处境的最好办法，那么为什么你会来到我这里？也许你还不到死的时候？"

也许这么说过于挑衅？一些心理健康临床工作者确实这样认为。当我将这份针对自杀的知情同意介绍给心理健康临床工作者时，我常常得到众多的惊讶和质疑，有时甚至普通听众也明确提出反对意见。一些人认为，我在引诱患者结束自己的生命。另一些人则因为我坦率地承认自己的影响和控制能力有限，而感到不舒服。还有一些人，反对我承认患者可以在治疗结束后自杀。当这样的反对意见出现时，我会鼓励听众停下来反思，让他们把自己想象成一个真正想要自杀的患者。然后我会将知情同意的内容再念一遍。通常，大多数临床工作者这时就明白了我的意思——我们无法通过强制、威胁，或要求住院来阻止患者自杀。根据我的经验，这样的知情同意确实能让自杀患者感到**舒服**和**安心**，使患者不那么倾向于把我看作潜在的对手，而更容易将我看作同盟伙伴。我放弃了**凌驾于患者之上**去操纵和控制患者的幻觉，而选择了**和患者在一起**，从而在实际上获得了更多的信任和影响力。尽管我清楚自己的专业职责，但还是提出了可行的办法来避免对抗性的动力。此外，这一思路体现了诚实的美德，即绝对**真实**地承认目前对自杀风险照护的临床要求。在我读研究生时，我非常喜欢的一位教授曾经告诉我，"真实性在心理治疗中被大大低估了。"多年来我完全同意她的看法。事实上，在临床工作中说实话和真诚透明已经成为 CAMS 治疗的基本理念，是符合伦理的、富有成效的临床实践所不可缺少的条件（Jobes, 2011）。

CAMS 是聚焦于自杀的治疗框架

CAMS 绝对**不是**一种新的心理治疗方法。准确地说，它是一种聚焦于自杀的治疗框架，一个临床平台，它在《自杀状态问卷》(Suicide Status Form, 简称 SSF[1])的引导下展开，该问卷是一个具有多种用途的独特临床工具。SSF 在 CAMS 中具有临床路线图的功能，它引领着整个过程，包括评估、制订治疗计划、追踪持续存在的风险，以及确定最终的临床结果。本书在后文中会谈到，过去 25 年来，SSF 在世界范围内的多种临床环境中得到了广泛研究。它具有良好的心理测量学指标，以及广泛的临床应用性（相关研究综述参见 Jobes, 2012）。SSF 的一部分是评估工具，其独特之处在于能获得量化和质性相结合的评估数据。对患者而言，合作式地完成 SSF 的评估，就常常具有治疗作用。事实上，波斯顿和汉森（Poston & Hanson, 2010）通过实证研究表明，基于 CAMS 的 SSF 评估具有"治疗性评估"的功能，他们对 17 项公开发表的有关心理评估的研究进行了元分析，发现这些研究中的心理评估对治疗，包括治疗过程，都具有积极的和有临床意义的影响。SSF 的另外部分侧重针对自杀制订治疗计划，具有代表性的包括稳定化计划，以及针对**患者界定**的自杀"驱动力"进行治疗，

---

[1] 这个缩写也需要记住，也是核心词汇之一，将在后文中频繁出现。

其中自杀驱动力是指迫使患者自杀的问题或困难（Jobes et al., 2016）。SSF 的中期问卷和结果问卷引领着 CAMS 稳定化计划的成功实施，以及对自杀驱动力的持续治疗。SSF 能留下丰富的文档记录，从而明显降低治疗不当的风险，这一点我们将在第 8 章中讨论。现在让我们进一步探讨，这种针对自杀风险的治疗框架的一些核心特点。

聚焦于自杀

防止患者自杀是 CAMS 治疗师要聚焦的核心问题。CAMS 固有的临床观点是，在心理健康治疗中，没有什么比患者自杀死亡的可能性更为重要。有鉴于此，我们首要的目标是，坚持不懈地挽救患者的生命，有时甚至是顽固地坚持这一点。换言之，我们不断与患者一同工作，通过努力治疗、改善，或消除威胁患者生命的自杀驱动力，使自杀不再成为一种应对方式。因此，我们不必为共情性地聚焦于自杀而感到抱歉；我们是在努力拯救生命。例如，在某次治疗当中，患者可能想要谈谈她的孩子或者经济状况。尽管 CAMS 治疗师可能也认为这些话题很有趣，但是我们还是会抵住诱惑，不将注意力放在与自杀无关的话题上；除非这些话题与患者的自杀风险有关联，这时 CAMS 治疗师必须温和地引导讨论方向，重新回到威胁患者生命的问题上去。如果患者因为我们仅仅关注自杀而失望，我们会说明，在患者将自杀从自己的应对选项中去掉**之后**，我们很愿意讨论孩子或经济状况。如上所述，在使用 CAMS 时，我们应该坚定地始终聚焦于挽救患者的生命，并帮助患者培养目的和意义感。

门诊患者导向

在本书第 1 版中，我曾指出 CAMS 是这样一种处理自杀风险的临床方法：从根本上讲，它尽可能让患者**不必接受**精神科住院治疗。10 年前，这种主张多少有些新奇，但在对上千位临床工作者进行训练的经历中，让我印象深刻的是，许多（即使不是大多数）心理健康临床工作者仍然持有一种强烈的住院治疗观。换言之，当一个临床工作者遇到自杀风险患者时，典型的方法是从**一开始**就优先考虑住院，"哎呀，在哪能找到一张住院病床？"以 CAMS 为框架进行治疗时，我们却努力想办法让有自杀风险的患者**不住院**。为达成这一目标，我们要与患者在合作的基础上，共同制订一个针对自杀的门诊治疗计划，该计划包括精心制订的稳定化计划，以及针对患者独特的自杀驱动力而开展的聚焦于问题的治疗。因此，在 CAMS 导向的照护中，精神科住院治疗是**最后**的手段。有时治疗双方无法通过合作制订出令人满意的门诊治疗计划——包括稳定化和聚焦于驱动力的治疗方案——只有在这种情况下才自然地需要住院治疗。CAMS 导向的照护基本倾向于门诊化，但一个值得注意的例外是，CAMS 可以用于**住院患者**的干预。在这种情况下，对住院患者恰当地开展 CAMS 的重点仍然是，制订稳定化计划以及治疗自杀驱动力，这能有效帮助患者出院并进行成功的出院后处置（参见 Ellis, Green, Allen, Jobes, & Nadorff, 2012; Ellis, Rufino, Allen, Fowler, & Jobes, 2015）。

灵活且不受流派限制

作为一种临床框架，CAMS 的设计兼具灵活性和适应性；我们认为 CAMS 在理论上"不受流派限制"。经过重复验证的自杀风险循证治疗方法并不多，但也有例外，有两种疗法脱颖而出，即辩证行为治疗（dialectical behavior therapy，简称 DBT）和认知行为治疗（cognitive-behavioral therapy，简称 CBT）。玛莎·莱恩汉通过严格的临床实验表明，辩证行为治疗能够有效地治疗自杀尝试行为和自伤行为（Linehan et al., 1999, 2006, 2015）。此外，布朗及其同事（Brown et al., 2005）所做的随机对照实验研究显示，预防自杀的认知治疗（cognitive therapy for suicide prevention，简称 CT-SP）凭借 10 次聚焦于自杀的会谈，能显著地将自杀尝试的复发率降低**一半**。勒德及其同事（Rudd et al., 2015）发现，与常规治疗组相比，运用与之相似的短程认知行为治疗（brief cognitive-behavioral therapy，简称 B-CBT）处理自杀风险，接受治疗的人的自杀尝试行为减少了 60%。

这些经过重复验证的有效治疗，都明确地要求治疗师严格遵循高度结构化的治疗手册，以便准确地实施有效的干预。比如，在辩证行为治疗中，治疗师必须有能力并且愿意实施行为疗法；而在认知行为治疗中，为了有效地实施干预则必须开展认知疗法。这些循证方法想要行之有效，实施者就必须对其严格遵守，因此他们必须接受训练以达到这些手册化的治疗的要求。对于这两个治疗自杀风险的优秀方法而言，进行一定数量和时间的讲授式和体验式训练都非常重要。此外，正如我的一个认知行为治疗同事所说，"如果你不花时间认真学习，也不准确地按食谱操作，那就真的做不成蛋糕。"

与之不同的是，CAMS 的设计非常灵活，它能适应众多理论取向和一系列临床疗法。作为一种针对自杀的临床框架，所有理论背景的临床工作者都可以同样有效地运用 CAMS 与自杀患者工作。在训练 CAMS 治疗师时，我始终强调，我希望临床工作者保持自己的临床技术、临床判断，以及治疗取向；我们并不希望将临床工作者转变为一个与之前的自己完全不同的干预者。因此，所有理论取向的心理健康临床工作者（精神分析、人本主义、人际治疗、认知行为等），以及不同学科的专业人员（心理学家、精神病学家、社会工作者、咨询师、护士、婚姻家庭治疗师、个案管理师、物质滥用治疗师等）都能成功地使用 CAMS。我们鼓励心理健康临床工作者使用他们惯常的方法，同时在一个灵活且具有高度适应性的 CAMS 治疗**框架内**工作。CAMS 具有广泛的适用性，它可以在急诊科和危机干预部门做短程使用，用于住院患者出院后的小组治疗（Johnson, O'Connor, Kaminer, Jobes, & Gutierrez, 2014），并且还针对各种群体进行了改编（如军人、大学生、有自杀倾向的青少年），这些内容会在第 9 章深入讨论。尽管高度结构化和手册化的有效循证治疗方法毫无疑问是需要的，但显然也需要像 CAMS 这样具有高度灵活性和适应性的干预方法。

CAMS 与其他经过重复验证的循证方法不同，它相对易于学习，临床工作者很快就能达到疗法的要求，并且学习的效果能够持续。对培训的研究显示，CAMS 可以通过现场教学的方式进行学习（Pisani, Cross, & Gould, 2011），也可以通过网络培训的方式进行学习（Jobes, 2015, 2016; Marshall et al., 2014）。克劳利和阿恩科夫等人（Crowley, Arnkoff, Glass, & Jobes, 2014）在网上对 120 名接受 CAMS 培训的学员进行了研究，这些人中有的仅仅读过本书的第 1 版，也有人接受过整天的现场训练外加角色扮演。有趣的是，这些人的自我报告显示，各种学习经历的人对 CAMS 框架的遵守程度都达到了中度到高度。在一项大规模随机对照实验中，CAMS 的干预对象是美国陆军士兵，值得注意的发现是，研究中的所有 CAMS 治疗师，在首次使用 CAMS 对自杀患者进行工作的 **4 次会谈**之内，都做到了对 CAMS 的遵守。大部分治疗师在使用 CAMS 接待第 3 个个案时，就能相对熟练地使用该方法进行干预；对他们之后的临床工作进行追踪时发现，他们依然能遵从 CAMS 的工作框架（Corona, 2015）。

心理健康服务现状

像我之前指出的那样，在我 30 年的职业生涯之中，对自杀风险开展的心理健康服务已经发生了巨大变化。目前，美国在《患者保护和平价医疗法案》（*Patient Protection and Affordable Care Act*; Public Law No. 111-148, March 23, 2010）的影响下，正在发生更大的变化。与美国医疗改革有关的政治议题带来了诸多挑战，其中有一个影响重大的关键问题，它会在将来深远地改变和影响自杀风险的治疗。为自杀风险和自杀行为提供的心理健康服务，其绝对花费非常高。例如，每次住院治疗的花费从 2,900 美元（约 20,590 元）[1]到 13,300 美元（约 94,430 元）不等，平均为 5,700 美元（约 40,470 元；Stranges et al., 2011）。杨和莱斯特（Yang & Lester, 2007）估计，一般情况下，因自杀风险而住院的平均花费为 13,690 美元（约 97,199 元），每次花费从 1,997 美元（约 14,179 元）到 68,150 美元（约 483,865 元）不等。此外，自杀倾向者，或更准确地说是自杀未遂者，使用急诊室所产生的费用也很高（Owens, Mutter, & Stocks, 2010; Stensland, Zhu, Ascher-Svanum, & Ball, 2010; Valestein et al., 2009）。自杀相关的医疗过程，例如缝合"切割伤口"，因自己造成的枪伤而进行的手术，以及因故意的过量服药而进行的洗胃等，其总体花费相当可观（Bennett, Vaslef, Shapiro, Brooks, & Scarborough, 2009）。加上为相关法律诉讼所付的昂贵辩护费用（自杀可能引发治疗不当而导致患者死亡），自杀相关的照护和管理的总体花费显而易见。尽管在涉及生死的问题上，这样考虑也许有些不妥，但在"按项目计费"的医疗模式下，我们可以理解保险公司为什么难以担负逐渐增长的心理疾病总体花费，以及由自杀相关问题的发病率和致死率所带来的单项花费。

我作为美国国家行动联盟临床照护和干预工作组（National Action Alliance Clinical Care and Intervention Task Force）的成员，得以有机会深度探索当下医疗行业在自杀相关问题上遇到的各种挑战。我们职责的一部分是重点关注与自杀相关的花费问题，因为这可能涉及《患者保护和平价医疗法案》。工作组做了题为"系统框架下的

---

[1] 翻译、编辑本书时的汇率约为 1 美元等于 7.1 元人民币，全书均按该汇率进行转换，这可能与作者写这本书或者参阅相关资料时所涉及的汇率不同，仅作为参考。

自杀照护"的报告（National Action Alliance, 2011），以此鲜明地强调了临床自杀预防的**系统化**途径。与医疗系统相关的关键词包括"有循证基础的方法（evidence-based approach）""受限制最少的治疗（least-restrictive treatment）"和"成本效益高的照护（cost-effective care）"等，这些关键词在我们的讨论中被反复提到，并且出现在我们集中探讨系统层面问题的最终报告中。

受到工作组所做工作的激励，我在一次自杀预防的国际会议上提出了一种模式，即针对自杀风险可以开展不同水平的照护（Jobes, 2013a）。我在这次发言中提出，自杀照护方面的潜在改变（很大程度上完全是由经济因素驱动的）并不一定具有消极影响，前提是，我们能可靠地区分自杀状态（例如对自杀进行"分级"），而后按照受最少限制的原则，将最佳的循证干预方法与每一风险水平相匹配。我也谈到了自杀干预领域令人激动的变革，即越来越聚焦于短程干预（1~4次接触式会谈）（例如，Gysin-Maillart, Schwab, Soravia, & Michel, 2016）。我们还知道，后续的追踪信件、明信片、电话等方法可能产生治疗作用；其他延伸的照护方式，如短信和电子邮件，也在研究中（参见Luxton, June, & Comtois, 2013）。追踪时的联络通常被称为"非必需的联络"或"关怀式联络"，支持它们的数据令人印象深刻。再者，危机中心的自杀热线的潜在价值也得到了证实（Gould, Kalafat, Harris-Munfakh, & Kleinman, 2007），危机中心的工作人员还可以提供关怀式联络的追踪电话，这通常受到自杀倾向者的欢迎（Gould, 2013）。

图1.1显示的模式包含我所描述的针对自杀的各种干预，它们既最少受限制，又有成本效益。横轴表示不同级别的干预水平，它反映了照护的不同类型和强度。例如，一个相对"低风险"的自杀想法患者，可能通过危机热线级别的干预就可以得到有效的支持和管理。如果患者需要更为集中的治疗，那么针对自杀的短程干预并结合后续追踪可能就足够了。风险更高的患者，可能就需要针对其自杀倾向接受门诊治疗来缓解危机，或在某一时期内接受住院治疗。对于即刻有高风险的患者，可能必须要接受住院治疗（并在住院期间接受针对自杀的治疗）。沿对角线的箭头，你可以看到照护的完整连续谱，越向右上方，强度和聚焦程度也逐步升高。请注意纵轴表示与之相应的心理健康照护成本。

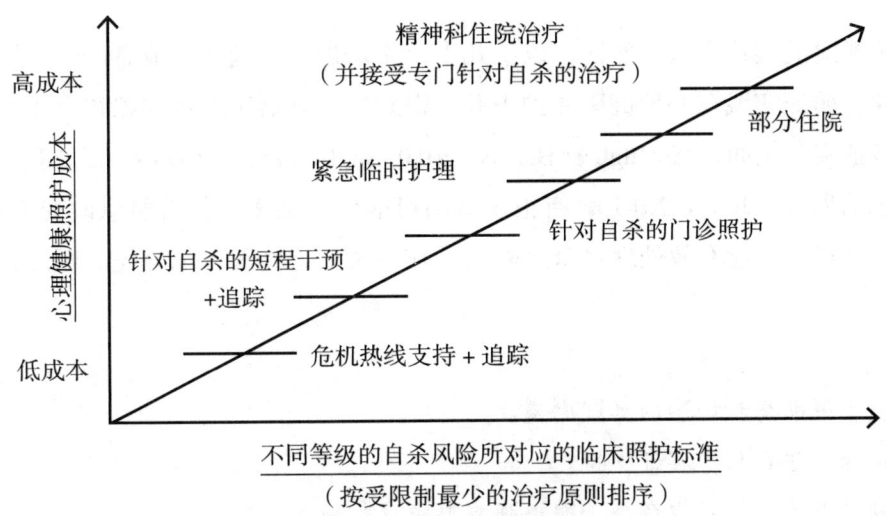

图 1.1　自杀干预的阶梯模型

该模式将自杀风险分为不同等级，并给予不同水平的照护，在每个干预水平上都可以提供针对自杀的循证干预措施。CAMS 本身可以适用于几乎每种临床照护模式，从简短的危机干预，到标准的 CAMS 门诊治疗，而 CAMS 各种简短版本适用于临时照护、半住院治疗、住院治疗等多种环境（参见第 9 章）。因此，CAMS 非常适合在不断发展的健康照护环境中使用（Jobes & Bowers, 2015）。

先前我们提到，许多心理健康从业者担心因患者自杀而面临治疗不当的法律诉讼，这是 CAMS 的又一个主要考虑。我在第 8 章会深入讨论，使用 CAMS 确实可能显著**降低**面临诉讼的风险，因为其核心工具 SSF 建立了大量有据可查的临床文档材料。此外，CAMS 具有循证基础并且专门针对自杀工作，任何潜在的持续自杀风险都会受到监控和治疗，直到最终实现积极的临床结果，这就进一步降低了临床工作者处于不利位置的风险。

尽管说了这么多，但我们仍然不能天真地认为，有哪种"万能"的循证干预方法，适用于每种临床环境中的每个患者和每种类型的心理健康临床工作者。但是，在世界各地的研究已经证明，CAMS 能有效地适用于一系列临床环境，治疗各种各样的自杀患者。各种专业背景和理论取向的心理健康从业者，都能够有效地使用 CAMS，将其作为一种专门针对自杀的临床框架，该框架能够显著地改变针对自杀患者的临床实践。

如果我们真正渴望在临床上挽救生命，那么我们就必须运用已经被证实能够有效处理自杀风险的实践方法。然而，以我几十年来培训心理健康从业者的经验，我有强烈的印象：循证实践在心理健康照护中并未得到广泛开展（这些印象得到了相关文献的进一步证实，例如，McHugh & Barlow, 2010; Shafran et al., 2009）。正如我在其他文章中反思的那样（Jobes, 2015），有很多原因可能促使临床工作者愿意改变实践行为，去接受一种经证实能有效处理自杀风险的治疗方法。这些因素不分先后顺序，它们可能包括：

- 出于帮助患者好转的真诚愿望。
- 治疗方法得到了实证支持。
- 领导下达了指示或命令（即被强制要求这样做）。
- 害怕因患者自杀而受到指责。
- 害怕因医疗事故而导致过失死亡进而被起诉。
- 改变实践带来的各种奖励（例如，钱或补休时间）。
- 其他人都在这样做，感觉自己落伍了。
- 眼见为实（确信某种治疗方法确实有效）。

尽管存在上述潜在动机，我仍然保守地认为，许多临床工作者可能不愿意改变自己的实践行为而去使用一种有效的干预手段。当你读到这，**你在多大程度上愿意改变自己的实践行为呢？**我希望，当你读完本书后，你能相信 CAMS 既易于理解，又令人信服，它能够有效地治疗你可能遇到的任何一位自杀患者。

在本章即将结束之际，我必须尽早补充的是，在本书快要出版时，联合委员会（The Joint Commission, 2016），也就是美国健康服务领域唯一的评审鉴定机构，发布了一份具有里程碑意义的文件。2016 年 2 月 24 日，联合委员会发布了一份"前哨事件警报"，题为"在所有医疗环境中识别和治疗自杀想法"。在接下来的数十年内，这份特殊的文件在联合委员会授权的医疗机构中，具有塑造和影响自杀风险评估和治疗的效力。文件中特别提到了辩证行为治疗、预防自杀的认知治疗和 CAMS 这几种循证的临床方法，它们有助于减少自杀想法和行为。这确实是临床自杀预防事业非常值得一提的一个进展。

* * *

在我与比尔开始初始会谈后的10分钟之内，我提出使用CAMS。本着知情同意的原则，我坦率地谈到了自杀，也提到了我作为一个有执照的心理健康专业工作者的责任。我们讨论了《华盛顿精神卫生法案》（DC Mental Health Act），以及条文中对"明确且危急的自杀风险"的规定。我们的讨论既唤起了比尔的焦虑，同时也引起了他的好奇，让他开始考虑专门针对自杀进行干预的可能性，之后比尔谨慎地同意了使用CAMS。但我需要征得比尔的同意并坐在他身边，这个可能挽救生命的治疗才能正式开始。我这样做了，并递给比尔一份SSF，说道："这是一份评估工具，它能帮我深度理解你痛苦的本质，让我明白你身上发生了什么。第1页需要你来完成，我会协助你，但你才是自己经验的专家——请帮助我理解你的切身感受，这样我们才能一同开展治疗，挽救你的生命"。

第 2 章
SSF 和 CAMS 的演变

1987年秋天，我在美国天主教大学咨询中心开始了我的职业生涯，并在心理学系担任兼职的助理教授。当时我刚刚结束临床实习，正在奋力完成博士论文，我的导师是自杀学家兰尼·伯曼（Lanny Berman）。当时，咨询中心的主任委派我搜集自杀相关的文献，我们希望找到具有良好心理测量学指标的风险评估工具，以及能够可靠地评估自杀风险的方法，以确保学生的自杀风险不会被忽视。这个简单的任务促成了SSF后来的形成，之后又在此基础上发展出CAMS（自杀的合作式评估与管理），即本书通篇介绍的内容。尽管自杀是死亡的首要原因，但令人惊奇的是并没有符合我们期待的临床工具存在；而且在心理健康服务领域内，也没有可靠的、循证的系统化方法来可靠地处理自杀风险。我早期对文献的搜索显然极为有限，但由此我们开始对自杀风险评估的实践进行调查研究（Jobes, Eyman, & Yufit, 1995），这对SSF和CAMS的持续发展起到了关键作用。

SSF 概述

简而言之，SSF是一个多用途的临床工具，包括承诺、评估、治疗计划、追踪与更新，以及结果与处置等部分，它是以CAMS为导向的照护不可或缺的路线图。在过去25年里，依据严格的临床研究以及患者和临床工作者的反馈，它先后经历了4次主要修订。如附录A所示，最新版本的SSF-4共8页（电子版则是8屏），分为3个不同的临床照护阶段：（1）在初始会谈中，评估各项指标并制订治疗计划（SSF的1~4页）；（2）在中期会谈中，追踪风险并更新治疗计划（SSF的5~6页）；（3）在最终会谈中，确定临床结果与处置（SSF的7~8页）。

CAMS通常是针对**当下具有自杀风险**的患者，尽管我也偶尔见到临床工作者**未雨绸缪地**将其用在有可能产生自杀风险的患者身上。我也见过相反的情况，即将CAMS

用于以前出现过自杀风险的患者身上，其目标是**回溯性地**探索其自杀史。对于应用最多的当下具有自杀观念的患者而言，CAMS 要求他们在初始会谈中完成 SSF 的 A 部分到 D 部分（注意，CAMS 的"稳定化计划"包含在 SSF 的 C 部分"治疗计划"之中）。在初始会谈之后的每次 CAMS 中期会谈中，都要进行额外的追踪并更新治疗计划，直到达成临床结果。照护的中期阶段需要反复用到同样的 SSF "追踪与更新"文件。在 CAMS 的第 3 阶段，即最后一个阶段中，需要用到 SSF 的临床"结果与处置"版本，它的使用是在最后一次 CAMS 会谈中。鉴于 SSF 在 CAMS 中至关重要的作用，接下来我们将更为详尽地对其进行全面介绍，进一步阐述 SSF 的应用以及 CAMS 照护的 3 个不同治疗阶段。

SSF 评估和治疗计划的制订（初始会谈）

目前具有多重用途的 SSF 起源于 1987 年我们在美国天主教大学咨询中心所使用的一份文件。那份文件只有一页，上面印着一些问题，空白处可以填写特定的个人信息，描述与自杀相关的事件，还有一些空白处可用于填写处置。在接下来的 25 年里，这份简单的表格发生了翻天覆地的变化，它发展为目前的 SSF-4，全世界数以千计的自杀患者以及 SSF 相关的数十项研究都在使用它（Jobes, 2012）。

SSF 的 A 部分：SSF 核心评估

如图 2.1 所示，SSF 核心评估包含 6 个变量。前 3 个变量（心理痛苦、应激和激越）依据的是施奈德曼（Shneidman, 1988）颇具影响力的理论。这 3 个变量构成了施奈德曼的"自杀立方体模型（cubic model of suicide）"。第 4 个变量是绝望感，它依据的是贝克的研究。绝望感是指，无论做什么事情都不会好转的预期（Beck et al., 1979）。第 5 个变量是自我厌恶，它源自罗伊·鲍迈斯特（Roy Baumeister, 1990）的研究，他认为，当人无法忍受对自己的感觉时（如自我厌恶），就会将自杀作为逃避的方式。SSF 的第 6 个变量是总体自杀风险评估，或行为上的底线，它询问患者是否会杀死自己。现在让我们更深入地逐项讨论 SSF 的各项核心评估。

请根据你现在的感觉，对下列各条目进行评估并填写相应的内容。然后按照条目对你的重要程度，用 1~5 进行排序。

排序（1 表示最重要，5 表示最不重要）。

_____	1. 评估心理痛苦程度（心中的创伤 / 苦恼 / 不幸；<u>不是</u>压力；<u>不是</u>生理痛苦）： **痛苦程度低**：1 2 3 4 5 ：**痛苦程度高** 我觉得最痛苦的是：_____
_____	2. 评估应激程度（总体上的压迫感或超出负荷的感觉）： **应激程度低**：1 2 3 4 5 ：**应激程度高** 我觉得应激最大的是：_____
_____	3. 评估激越程度（情绪上的急迫感 / 感觉需采取行动；<u>不是</u>易怒；<u>不是</u>烦恼）： **激越程度低**：1 2 3 4 5 ：**激越程度高** 我觉得必须要采取行动的时候是：_____
_____	4. 评估绝望感程度（觉得无论自己做什么，事情都不会好转）： **绝望感低**：1 2 3 4 5 ：**绝望感高** 最让我感到绝望的是：_____
_____	5. 评估自我厌恶程度（总体上感觉不喜欢自己 / 没有自尊 / 无法自重）： **自我厌恶感低**：1 2 3 4 5 ：**自我厌恶感高** 我觉得最讨厌自己的部分是：_____
不适用	6. 评估总体自杀风险：**风险极低**：1 2 3 4 5 ：**风险极高** （不会自杀） （会自杀）

图 2.1　SSF 核心评估

心理痛苦

已故的自杀学开创者埃德文·施奈德曼对该领域做出了影响深远的贡献。如我在其他文章中所述（Jobes & Nelson, 2006），施奈德曼富有开创性的理论工作和革新性的实证研究，尤其是他的临床智慧，是 SSF 发展的关键，也是 CAMS 临床精神的核心。围绕"心理痛苦"这一概念，即每个有自杀倾向的患者心中深切的、仿佛无法忍受的痛苦（Shneidman, 1993），施奈德曼从后设心理学（metapsychology）的角度对自杀进行了理论阐释（这显然是一种心灵主义的方法），这可能是他对自杀学最为深远的贡献之一。从这个角度来说，如果想帮助一个有自杀倾向的人，我们就必须从根本上理解对这个人而言独一无二的心理痛苦。施奈德曼进一步主张，**所有的**自杀都发生在一个人的心理痛苦超过了自认为能承受的极限时。因此想要降低自杀风险，就需要找到办法提升个体的阈限，即提升对心理痛苦的承受能力。当然，从根本上移除或减小心理痛苦也非常重要。许多当代的临床研究者在其治疗方法中都借鉴了施奈德曼的观点（如，Chiles & Strosahl, 1995; Ellis & Newman, 1996; Joiner, 2005; Linehan, 1993a; Rudd et al., 2015; Rudd, Joiner, Jobes, & King, 1999; Rudd, Joiner, & Rajab, 2001; Wenzel, Brown, & Beck, 2009）。

压力（应激）

除特别强调心理痛苦以外，施奈德曼（Shneidman, 1993）还进一步突出了"**压力（press）**"这一概念，这一观点借鉴自他的精神导师亨利·默里（Henry Murray, 1938）。默里的经典人格理论——**人格学**（personology）的基本观点是，人格是各种心理需求和压力交互作用下形成的一种基质。为了我们的需要，这里所说的压力主要指来自外部（偶尔也来自内部）的心理压力、应激源或需求，它们会对个体产生冲击、感染、触动，或其他形式的影响。造成压力的通常是外部事件，如人际关系冲突、失业、带来强烈痛苦的生活事件等；但有时，内部应激源如命令性幻听显然也能构成压力。压力与不堪重负的感觉紧密相关，后者是一种被自己的心理需求淹没的感觉。我应该指出我在 SSF 中使用了更为常见的**应激**（stress）一词，因为普通患者更熟悉这个说法（但我在接下来的内容中仍会继续使用**压力**这一术语，以便与施奈德曼的概念保持一致）。

烦乱（激越）

施奈德曼（Shneidman, 1993）对于"烦乱（perturbation）"的定义有时不太明确，会与心理痛苦和压力相混淆。但施奈德曼坚持认为，对自杀而言，烦乱是一个独特而重要的概念。他主张，烦乱准确地形容出了一种情绪上的烦扰、不安和焦虑的状态。对于施奈德曼而言，烦乱既包括认知受限，也包括自伤**或**轻率行事的倾向。可以这样描述烦乱：患者有冲动的欲望，想要**做些什么**来改变自己当下无法忍受的处境。烦乱是一种必要的心理**能量**，这种心理能量是所有自杀行为背后关键的驱动力量。在临床实践中，有不少患者虽然承受着巨大的心理痛苦但没有或很少有烦乱状态。如果没有烦乱这种心理"精力"驱使我们，逾越回避疼痛和死亡的天然阈限，一个人很难真的实施自杀。为了让普通患者更容易理解,我在 SSF 中使用了**激越**(agitation)这一术语来代替烦乱,虽然它们并不是同义词(在这里为了澄清,我使用了概念性的术语**烦乱**)。近年来,焦虑、激越,以及活跃的心理状态已经成为自杀学实证研究的一个热点(Capron et al., 2012; Ribeiro, Bender, Selby, Hames, & Joiner, 2011; Selaman, Chartrand, Bolton, & Sarren, 2014; Sublette et al., 2011; Winsper & Tang, 2014)。近年来强调的自杀"警示信号"(Rudd et al., 2006; Tucker, Crowley, Davidson, & Gutierrez, 2015)进一步表明了,施奈德曼最初提出的烦乱这一概念的重要性。

立方体模型

施奈德曼(Shneidman, 1985)用上述 3 个概念构成了自杀的立方体模型。尽管在该领域还有一些相互竞争的理论模型(如 Joiner, 2005; Klonsky & May, 2015; O'Connor, 2011),但施奈德曼简约精练的自杀立方体模型仍然经受住了时间的考验。多年来我特别欣赏这一模型,其中一个原因在于,它是理解自杀风险的第 1 个"完美风暴"式的方法。自杀学领域一贯沉迷于描述数不清的自杀"风险因素"(然而它们对临床上准确地理解自杀风险作用很小);而施奈德曼的自杀立方体提供了一个有用的窗口,它通往自杀倾向者内心的本质,并能直接指导我们评估自杀风险,尤其是"明确且危急"的风险。

此外,自杀立方体有效地凸显了本书第 1 章中强调的一个重点内容。CAMS 评估和治疗坚定地将焦点放在**自杀**而不是精神疾病上。尽管我们知道在自杀死亡的人群中,患有精神障碍的比例超过 90%,但仅仅知道精神疾病的存在并不能有效地帮助我们理解亟待解决的自杀行为。例如,抑郁障碍在全球范围内都很普遍(Bromet et al., 2011),但抑郁障碍**不等于**自杀,两者有相当大的比例并不重叠!每天平均有 100 个美国人死于自杀,其中只有 60% 的人是临床意义上的抑郁障碍(CDC, 2014; U.S. Department of Health and Human Services[1], n.d.)。此外,这种对精神疾病的偏见也无法说明为什么很多抑郁障碍患者既没有自杀观念也没有尝试过自杀。以上论述凸显了施奈德曼立方体模型的一个明显优点,因为该模型让我们得以在 **3 个维度**上评估自杀风险。事实上,立方体模型有助于我们对情境特异性进行思考——什么样的环境会触发

---

[1] 即美国卫生与公众服务部。

有自杀倾向的人实施自杀行为？如图 2.2 所示，自杀的立方体模型对自杀行为的概念化理解是：它源自上述 3 种心理力量的交互作用。施奈德曼提出的 3 个概念，心理痛苦、压力和烦乱，在模型中分别位于 3 个坐标轴上，其强度从最低 1 到最高 5。在该模型中，施奈德曼主张**所有的**自杀行为都发生在心理痛苦、压力和烦乱同时达到最高点时。

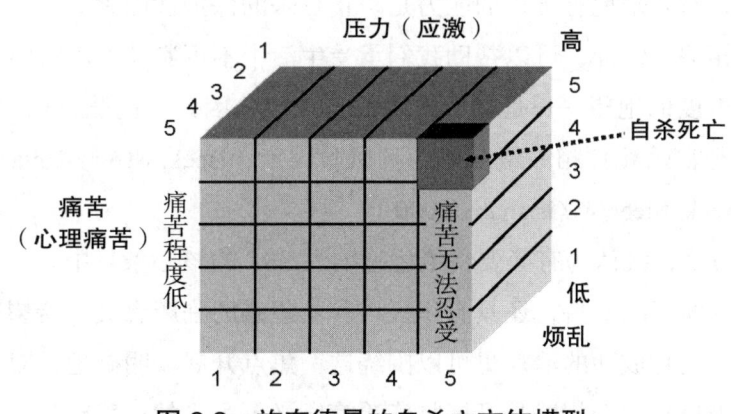

图 2.2　施奈德曼的自杀立方体模型

引自施奈德曼（Shneidman, 1987）；美国心理学会 1987 版权所有。经许可翻印。

模型顶端的致命 5–5–5 小方块特别值得注意，它代表 3 个心理变量危险的交叉点和相互作用，也提供了一个对"明确且危急"风险的绝佳操作性定义。因此，该模型可用于直接指导自杀风险评估，也能为临床干预提供有用的治疗目标。任何临床干预只要能有效地治疗 3 个轴中的任何一个，就有可能将高自杀风险的患者转移到风险较低的心理位置。

绝望感

阿隆·贝克对绝望感的定义是：无论怎样试图改变，都预期自己的消极处境不会好转。绝望感的概念与对未来的想法密切相关，它是贝克关于抑郁障碍的理论的一部分，该理论强调了"认知三联征（cognitive triad）"，即对自己、他人和未来的绝望感。对未来的想法与自杀相关，因此这一概念正变得越来越重要，也越来越多地在自杀文献中得到讨论（如 O'Connor et al., 2004; Williams, 2001）。作为认知疗法的创始人，贝克带领我们了解到**思维**在心理学和精神病学问题中所起到的重要作用。

我的研究团队得到一些未发表的数据，这些数据显示，有自杀倾向的大学生（$n=201$）和没有自杀倾向的大学生（$n=201$）的认知内容有明显区别（Nademin, Jobes, Downing, & Mann, 2005）。在该研究中，我们分析了两个样本在"计划和目标"以及"对未来的希望感"两个主题上的自我报告，发现无自杀倾向样本的编码数量是有自杀倾向样本的 2 倍以上。此外，无自杀倾向的样本明显具有更多基于**信仰**的生存理由。显而易见，对未来抱有希望的能力是防止自杀的保护性因素。对未来充满希望的感觉以及与之相关的信仰，可以帮助我们承受生活中不可避免的艰难险阻。而丧失希望——尤其是极度的绝望——是非常致命的自杀风险因素。前瞻性研究的结果显示，绝望感可能是与自杀死亡相关最高的一种风险因素（Beck, Steer, Kovacs, & Garrison, 1985; Brown, Beck, Steer, & Grisham, 2000）。

鉴于以上考量，我认为有必要将绝望感纳入 SSF 的核心条目中。它的优点不仅在于得到了理论和实证的支持，还具有积极培养**希望感**的临床意义。希望感不仅对评估而言非常重要，而且成功的治疗也可以围绕这一焦点开展。明确地针对未来的想法进行工作，并积极地建立希望感是开展临床治疗所必不可少的。我想到，我早期的督导师们坚决主张我们应该做患者的"希望供应商"。令我惊讶的是，这一主张普遍适用于成功的常规心理治疗，而在处理有自杀倾向的患者时尤为适用。

自我关怀（自我厌恶）

罗伊·鲍迈斯特在 1990 年的一篇自杀学经典论文中将自杀定义为对自我的逃避。根据他的观点，自杀倾向者的根本驱动力是想要从心理层面逃避对自我无法接纳的感受。根据罗伊·鲍迈斯特的理论，如果一个人对自我的消极观念变得难以承受（即一个人的自我厌恶达到了极点），那么自杀便成了一种迫不得已的选择，用以逃避无法忍受的自我知觉。事实上，我们在对 SSF 的研究中也发现，自我厌恶和逃避的心理需要确实非常可靠和稳定（Jobes, 2005; Jobes, Kahn-Greene, Greene, & Goeke-Morey, 2009; Jobes & Mann, 1999）。在一项针对现役空军自杀倾向者的研究中，我们发现在死亡理由的回答中，有 60% 以各种形式提到了逃避的主题（Jobes, 2004b）。在另一项对自杀倾向住院患者的相关研究中，我们发现大部分人将自杀看作"轻松解脱的方式"（Kraft, Jobes, Lineberry, & Conrad, 2010）。

除逃避外，鲍迈斯特的观点还强调了与自我相关的问题。从卡尔·荣格（Carl

Jung）到海因茨·科胡特（Heinz Kohut），自我都是心理动力学取向的后设心理学中的一个核心概念。我们凭直觉也能判断，想要自杀的人内心一定充满了痛苦，而且大多数情况下，这种痛苦经常扎根于内心的最深处——在一个人对自我的主观感受之中。简而言之，大部分自杀倾向者感受不到自爱，他们深切地想要逃离自己的痛苦。鲍迈斯特这种思辨方式的精妙之处在于，它捕捉到了自杀的两个根本性要素：逃避的需要，以及自我厌恶的危害。

总体自杀风险

最后，我们需要通过 SSF 测量自杀**行为**发生的总体可能性（即这个人真的会杀死自己吗）。SSF 核心评估的最后一个条目没有参照任何特定理论，但显然是从一般行为的角度来衡量自杀风险。因此，第 6 个条目直截了当地询问患者是否会杀死自己。这个问题之所以意义重大，不仅因为它明显关系到生死，而且因为它有助于判断是否存在"明确且危急"的自杀行为风险，后者是临床自杀学最为基本同时又最难以把握的困难问题，要在医学和法律方面做出判断也颇具挑战性。让我们花少许时间从法律角度考虑下风险的问题。指向自己的"明确且危急"的风险究竟是什么意思呢？实际上，自杀的倾向很少是"明确"的，更多的时候是模棱两可的，而不是非黑即白的。而"危急"呢，是指这一秒钟，今天过一会儿，这周某个时候，还是这个月某天？这些术语的准确定义无论在精神健康领域还是法律上都很难准确把握，尽管如此，这些术语对临床照护和处置仍然具有重要意义，况且一旦患者真的自杀，它们就会极大地影响到由意外死亡引出的治疗不当问题。由于上述原因，对自杀行为的总体自杀风险评估被纳入 SSF 核心评估的最后一个变量。

SSF 核心评估的心理测量学研究

遵循心理测验编制的传统，我们对 SSF 核心评估实施了两项严格的心理测量学研究。第 1 项研究采用的是门诊患者样本，被试是美国天主教大学中有自杀倾向并寻求治疗的学生（Jobes, Jacoby, Cimbolic, & Hustead, 1997）。第 2 项研究是针对梅奥诊所（Mayo Clinic）中有自杀倾向的住院患者，我们使用了风险更大、异质性更高的样本，力图重复和扩展第 1 项研究的发现（Conrad et al., 2009）。我们在咨询中心的研究中证明了，SSF 核心评估的 6 个变量间是准独立的关系，而且量表具有良好的效度（出色的会聚效度和效标预测效度)和信度(良好的重测信度)。这项研究发表以后,我们很自然地开始关心研究结果的普适性,因为该研究的样本取自风险较低、社会经济地位较高、白色人种的天主教大学学生,这明显制约了研究的外部效度。为了解决这一问题,第 2 项研究调查采用的住院患者样本更为多元化,自杀风险程度也更高。第 2 项研究稳健地重复了第 1 项研究得到的心理测量学信效度,并进一步显示 SSF 用于评估高自杀风险患者更为有效。特别是在因素分析上,SSF 核心评估对第 1 项研究中的大学生而言,只解释总体变异的 36%,而对第 2 项研究中的住院患者,则描述了总变异的 72%(Conrad et al., 2009; Jobes et al., 1997)。

确定 SSF 核心评估的信效度固然非常重要,然而除此以外,质性研究也加深了我们对 SSF 核心评估的了解。例如,一项早期的研究(Eddins & Jobes, 1994),调查了有自杀倾向的患者与他们的治疗师各自对这些条目的看法和评分,并比较两者的异同。应该说明的是,在 CAMS 之后的发展过程中,以上数据促成了**合作式**完成评分量表的方式。还有一些早期研究,使用初始会谈中 SSF 核心评估的条目,来描述和预测不同类型的治疗结果(Jobes, 1995a; Jobes et al., 1997)。与上述结果相似,初始会谈中的 SSF 核心评估里,各变量的一次评分结果能够显著预测自杀想法随治疗过程的下降;此外我们还运用多层线性模型(hierarchical linear modeling, HLM),检验了 SSF 变量的调节效应(Jobes & Kahn-Greene et al., 2009)。这项研究的结果显示,有自杀倾向的患者在初始会谈中对 SSF 总体自杀风险的评分,能够预测治疗过程中自杀观念的 4 种不同的线性下降。在多层线性模型第 2 层对余下的 SSF 变量进行分析,发现初始会谈中绝望感和自我厌恶两项的评分,显著调节了总体自杀风险的影响。众多以 CAMS 作为临床干预手段的相关研究,使用 SSF 核心评估来评估治疗结果(如:Ellis, Green, Allen, Jobes, & Nadorff, 2012)。

SSF 核心评估的质性内容

将量化和质性评估**相结合**,可能是 SSF 更为新颖的特色。在心理健康评估领域,将这两种主要的传统评估整合到同一个评估工具中的做法还很罕见。遵循量化评估方法的人,常在量化导向的期刊上发表文章,并在量化取向的会议上做报告。同样,遵循质性(叙事)评估方法的人,会在质性取向的期刊上发表文章,并在质性取向的会议上做报告。与两者不同的是,在 SSF 第 1 页,我们看到了整合的明显优势。

为达到这一目标，每个 SSF 核心评估变量后面，都跟随着一个质性提示，它让患者能够用**自己写下的话**来回答题干的问题。SSF 的这种独特评估方式类似于罗特（Rotter & Rafferty, 1950）的投射性评估，即"语句完成测验（incomplete sentence blank，简称 ISB）"。图 2.3 是 SSF 的一个例子，它由一个有自杀倾向的老兵填写的。注意：SSF 前 5 个条目后面都各有一条横线空白处，用来给患者填写自己的回答。例如对心理痛苦这个项目，有自杀倾向的患者在填写 SSF 时需要回答"我觉得最痛苦的是：＿＿＿＿＿＿＿＿"。如我在第 4 章中讨论的那样，临床工作者要鼓励患者回答 SSF 的每个题目，让患者用纸笔或打字的形式记录下他们对每个句子的反应，无论他想到的是什么。

请根据你现在的感觉，对下列各条目进行评估并填写相应的内容。然后按照条目对你的重要程度，用 1~5 进行排序。
排序 （1 表示最重要，5 表示最不重要）。

排序	条目
1	1. 评估心理痛苦程度（心中的创伤/苦恼/不幸；**不是**压力；**不是**生理痛苦）： 痛苦程度低：1 2 3 4 ⑤：痛苦程度高 我觉得最痛苦的是：_对交战的内疚／让我的妻子感到痛苦_
5	2. 评估应激程度（总体上的压迫感或超出负荷的感觉）： 应激程度低：1 2 3 4 ⑤：应激程度高 我觉得应激最大的是：_解决当下以及生活中的其他问题_
4	3. 评估激越程度（情绪上的急迫感/感觉需采取行动；**不是**易怒；**不是**烦恼）： 激越程度低：1 2 3 ④ 5：激越程度高 我觉得必须要采取行动的时候是：_和妻子吵架以后_
3	4. 评估绝望感程度（觉得无论自己做什么，事情都不会好转）： 绝望感低：1 2 3 4 ⑤：绝望感高 最让我感到绝望的是：_已经发生的事何时能过去_
2	5. 评估自我厌恶程度（总体上感觉不喜欢自己/没有自尊/无法自重）： 自我厌恶感低：1 2 3 4 ⑤：自我厌恶感高 我觉得最讨厌自己的部分是：_我给妻子带来的感受_
不适用	6. 评估总体自杀风险：风险极低：1 2 ③ 4 5：风险极高 （不会自杀）　　　　　　　　　　（会自杀）

图 2.3　一位有自杀倾向的退伍军人填写的 SSF 核心评估

对有自杀倾向的患者在 SSF 上写下的回答所进行的质性分析，可能是我们实验室最有趣的发现之一，尤其是他们**没有**写的内容。在一项研究中（Jobes et al., 2004），我们观察了两个样本的有自杀倾向的患者对 SSF 的回应（119 名大学生和 33 名现役空军），他们都**没有**明显的心理疾病症状（如抑郁、焦虑、幻听）。在这项研究中，从两个样本得到的全部 636 个答案中，有 67% 能可靠地编码为 4 类主题。具体而言，这 4 类主题分别从如下方面描述了患者的回答："关系"（22%），"职业"（20%），"自我取向"（15%），以及"不愉快的内在状态"（10%）。换言之，这揭示出患者的自杀倾向受到关系、职业、以及与自我有关的问题的左右。因为预防自杀的文献都倾向于关注，精神病理、精神疾病及心理疾病的症状（对应"不愉快的内在状态"这一编码），因此基于 SSF 的这些质性发现，既出人意料又相当有趣，它们对临床照护具有突出的影响。有关如何对答案进行编码，附录 B 中有更为详尽的讨论可供参考。

自我取向和关系取向的自杀风险

我先前曾提出，自杀的状态可能存在于一个连续谱上，其两极分别是"内在心理现象（intrapsychic）"和"人际心理现象（interpsychic）"（Jobes, 1995a）。简而言之，长期以来我们发现一些有自杀倾向的患者被自己的内在想法和感受占据，而另一些有自杀倾向的患者则明显关注人际关系。在这个模型中，我提出聚焦于自我的自杀倾向者可能有更高的风险自杀死亡，而聚焦于关系的自杀倾向者更有可能实施非致命性的自杀尝试。依照这一理论，SSF 分别设计了两个 5 点评分条目来测量患者自己的感知，即他们觉得其自杀风险是与自己有关还是与他人或关系有关。在一项针对自杀倾向住院患者的未发表的研究中（Lento, Ellis, & Jobes, 2013），我们发现，如果患者在两个条目上打分**都**很高，其总体自杀风险的评分就可能显著降低。也就是说，患者对**自我**取向的评分与其自杀想法的关系，显著地取决于患者对**关系**取向的评分。对于认为其自杀倾向与自身的问题高度相关的人而言，如果他同时认为其自杀倾向与他人也关系非常密切，则后一种归因能起到保护性功能；与**高**自我取向而**低**关系取向的组合相比，两项皆高者的自杀想法反而较少了。在这项研究的一个变式中，布兰库和乔布斯等人（Brancu, Jobes, Wanger, Greene, & Fratto, 2015）使用软件程序，分析了自杀倾向大学生对 SSF 的书面回应，发现自我取向的患者所需要的临床照护时间更长。

SSF 生存理由和死亡理由

在过去 30 年我与有自杀倾向的患者谈话的经历中，我被自杀困顿中普遍存在的内在纠葛所震撼。一方面，大部分患者有想死的明确理由；而另一方面，同样至少有一些理由让他们想要活下去。有趣的是，患者列出的生存理由中，大部分都同时也列入了死亡理由中——这就是自杀倾向者内心的本质。例如，患者可能写到"我的妻子和孩子"是一个活下去的理由，而同时写到"不再给我的家庭造成负担"是想死的理由。这种明显的冲突引出了**矛盾性**（ambivalence）这一重要概念，它是大多数自杀状态的基本心理。让我说得更清楚些：如果一个人向临床工作者说自己想要自杀，那么这个人就处在矛盾中。对生死感到不矛盾的自杀倾向者不会向临床工作者倾诉，他们会直接自杀。

如图 2.4 所示，SSF"生存理由"（Reasons for Living，简称 RFL）与"死亡理由"（Reasons for Dying，简称 RFD）评估，要求有自杀倾向的患者在指定的空白处，分别列出 5 条想要活下去的理由，以及 5 条想死的理由（并分别对每条理由在心理上的重要程度用 1~5 进行排序）。

排序	生存理由	排序	死亡理由
1	妻子	1	我的妻子
2	家庭	2	我是个人渣
		3	我曾经的所作所为

图 2.4　一位有自杀倾向的退伍军人的生死理由

我们的研究团队开发出了一个高信度的编码系统，能将这些回答编入不同的主题（Jobes & Mann, 1999）。生存理由的主题包括"家庭""朋友""对他人的责任""成为他人的负担""计划和目标""对未来的希望感""令人享受的事物""信仰"以及"自我"。死亡理由的主题包括"他人（关系）""不成为他人的负担""孤独感""绝望感""对自我的总体描述""总体的逃离倾向""逃离过去""逃离痛苦"以及"逃离责任"。总体而言，评估显示，有自杀倾向的患者普遍拥有生存的理由，同时也明显有**逃离**的需要，后者是寻死的常见原因（Jobes & Mann, 1999）。生存理由和死亡理由的评估方法，是一种深入检验自杀倾向者内心矛盾的方法，此方法在我们的实验室里得到了进一步研究（如 Corona et al., 2013），在该领域的其他研究中也有应用（如 Harris, McLean, Sheffield, & Jobes, 2010）。然而我想指出的是，最近一项大样本的调查研究显示，自杀**未遂者**的生存理由表现出强烈的家庭取向，而死亡理由几乎都聚焦于自我，而且几乎没有表现出逃避取向（Jennings, 2015）。因此似乎表明，处在"上游"（即具有自杀想法但还未实施自杀尝试）的人，与处在"下游"（即近期已经尝试过自杀但没有死亡）的人，两者在生死理由上的心理可能存在显著差异。

我们上文中提到，一些尚未发表的有关 SSF 生存理由的数据非常引人注意（Nademin et al., 2005）。这项研究将 201 名自杀倾向大学生的 SSF 生存理由得分与参加心理学导论课程的 201 名无自杀倾向的美国天主教大学学生的得分进行了比较，得到了两个明确的结论。首先，心理学学生样本比临床样本报告的生存理由更多（分别为 1,004 个和 598 个）。其次，有自杀倾向的临床样本报告的生存理由集中在"家庭""成为他人的负担"以及"令人享受的事物"等编码主题上。相反，无自杀倾向的学生报告的生存理由则显著地集中于"对未来的希望感""计划和目标"以及"信仰"等编码主题。换言之，与自杀倾向样本相比，无自杀倾向的样本所报告的生存理由明显更集中于与**抱负**（aspirational）和**动力**（inspirational）相关的主题，如希望、未来、计划、目标以及信仰。尽管这类研究具有明显的局限性，它仍然可能反映出，有自杀倾向的患者没有能力积极地思考未来，而这种能力可能帮助他们度过生命中困难的时期（参见 O'Connor et al., 2004）。对回答的具体编码方式参见附录 C。

SSF 生存和死亡愿望评估

我非常欣赏玛丽亚·科瓦奇和阿隆·贝克（Kovacs & Beck, 1997）的一篇自杀学文章。两位作者在这篇重要文章中提出了"内在挣扎假说"，假设自杀倾向者在求生与寻死的欲望竞赛中挣扎。布朗、斯蒂尔、恩利克斯和贝克（Brown, Steer, Henriques, & Beck, 2005）将这一方法，用于评估精神科门诊患者的自杀风险。他们将两个条目——生存愿望（wish to live, 简称 WTL）和死亡愿望（wish to die, 简称 WTD）——的评分结合在一起，成为一个等距量表，然后计算出每个患者的得分指数，发现该分数与未来的自杀风险显著相关。具体而言，得分高（表明想死的愿望强烈）的患者，自杀死亡的风险明显更高。我们在美国天主教大学的研究团队，他们也在一系列其他研究中进一步验证了，生存愿望与死亡愿望的评估方法（Corona et al., 2013; Jennings, 2015; Lento et al., 2013; O'Connor et al., 2012a; O'Connor, Jobes, Yeargin et al., 2012）。

SSF 的"一件事反应"

如图 2.5 所示，SSF"一件事反应"（One-Thing Response）是指，从让患者不再想自杀的一件事中，提取有用的信息。

让我感觉不再想自杀的一件事是：_摆脱罪恶感_

图 2.5　一位有自杀倾向的退伍军人的一件事反应

我们在研究中见过对这个问题的各种各样的回答（Jobes, 2004b）。例如，一个有自杀倾向的空军军人写到，"500 万美元（约 3,550 万人民币）和一张回家的机票"。坦白地说，这个回答相当轻率，而且也没有什么特别的临床作用。相反，我的另一个患者这样写道，"找到适合我的药物，因为口服避孕药和抗抑郁药的相互作用，所以我的情绪一直很不稳定"。这样的回答更具临床意义，促使我们立即将他转介给精神科医生。在比较这两个例子时，我无意贬低第 1 个个案，只是第 2 个个案的回应为临床工作者提供了能直接指导治疗干预的有用信息。SSF"一件事反应"最早的编码系统具有较高的信度，将答案分为以下类别："自我"或"关系"；"现实"或"不现实"；"提供临床相关信息"或"未提供临床相关信息"。一项未发表的研究对 191 名有自杀倾向的大学生进行了调查，结果显示，消除自杀风险最快的被试，其 SSF"一件事反应"可靠地呈现出"自我（取向）""现实"及"提供临床相关信息"的编码特点（Fratto, Jobes, Pentiuc, Rice, & Tendick, 2004; 参见附录 D）。库里什、乔布斯和莱恩伯里（Kulish, Jobes, & Lineberry, 2012）开发了 SSF"一件事反应"的另一套高信度的编码系统，他们将答案编为如下类别："特定亲密关系""一般社会关系""经济/职业/学业上的稳定性""外在干预""内在干预""无求生欲望""无自杀风险"，以及"未作答"。这一新的编码系统更能体现出编码内容的复杂性，也提供了更为详尽的信息，能够更深入地指导临床评估和治疗。

SSF 总体编码

最后，我们采用了一种"总体编码"的方法，从"格式塔"的角度，整体性地考察 SSF 的质性回答（Jobes, Stone, Wagner, Conrad, & Lineberry, 2010）。为了达到这一目的，我们的研究团队将 SSF 第 1 页的**所有**质性回答汇总后统一编码，可靠地将其编为两个主要的自杀取向：自我取向和关系取向（参见图 2.6）。

相类似地，我们也将生死理由评估可靠地编码为 3 类不同的"自杀驱动力"：生存动机（生存理由的频次大于死亡理由的频次）、矛盾动机（生存理由的频次等于死亡理由的频次），以及死亡动机（生存理由的频次小于死亡理由的频次）。上述编码方式让我们在一个横断面研究中可靠地区分出一组自杀倾向住院患者样本，他们在标准评估工具以及自杀未遂史等方面都呈现出显著的组间差异（Jobes et al., 2010）。我们对一组自杀倾向门诊患者的生死理由进行总体编码，将其分别编入生存动机、矛盾动机以及死亡动机 3 个组，其结果也能够显著预测未来的门诊治疗结果（Jennings, Jobes, O'Connor, & Comtois, 2012）。

SSF 的 B 部分：风险因素评估

SSF 的 B 部分包含 14 项有充分实证研究基础的风险因素（以及警示信号），它们是从能最佳评估自杀状态的变量中挑选出来的。最初的变量清单，由美国空军自杀预防计划（Oordt et al., 2005）召集的一群专家开发而来。这些变量被用于 SSF 的早期版本中，经实证研究证实，这份简短的变量清单所列出的自杀风险和警示信号是有价值的（Jobes & Berman, 1993; Jobes et al., 1997）。

SSF 的 C 部分：治疗计划

SSF 的 C 部分是治疗计划，第 5 章会深入讨论。临床工作者和患者共同完成 A 和 B 部分的合作式评估之后，就直接过渡到治疗计划部分。这里我想强调几个重点。首先，CAMS 不是由临床工作者单方面制订治疗计划（这种计划不一定涉及与患者分享该计划的内容），而是强调合作式地制订治疗计划，其中患者扮演的是计划的**共同作者**（Jobes & Drozd, 2004）。CAMS 的前提是临床工作者的独特角色，他们要与患者共

SSF 和 CAMS 的演变 第2章

请根据你现在的感觉，对下列各条目进行评估并填写相应的内容。然后按照条目对你的重要程度，用 1~5 进行排序。
排序（1 表示最重要，5 表示最不重要）。

排序		
_1_	1. 评估心理痛苦程度（心中的创伤/苦恼/不幸；**不是**压力；**不是**生理痛苦）： 痛苦程度低：1 2 3 4 ⑤ ：痛苦程度高 我觉得最痛苦的是：_虚无主义思想_	
_5_	2. 评估应激程度（总体上的压迫感或超出负荷的感觉）： 应激程度低：1 ② 3 4 5 ：应激程度高 我觉得应激最大的是：_忍务_	
_4_	3. 评估激越程度（情绪上的急迫感/感觉需采取行动，**不是**易怒，**不是**烦躁）： 激越程度低：1 ② 3 4 5 ：激越程度高 我觉得必须要采取行动的时候是：_我"下定决心"去死_	
_2_	4. 评估绝望程度（觉得无论自己做什么，事情都不会好转）： 绝望感低：1 2 3 4 ⑤ ：绝望感高 最让我感到绝望的是：_生活没有意义_	
_3_	5. 评估自我厌恶程度（总体上感觉不喜欢自己/没有自尊/无法自重）： 自我厌恶感低：1 2 3 4 ⑤ ：自我厌恶感高 我觉得最过厌自己的部分是：_我"认输"了_	
不适用	6. 评估总体自杀风险：风险极低：1 2 3 ④ 5 ：风险极高 （不会自杀）（会自杀）	

1) 自杀念头与你对自己的想法和感觉有多大关系？完全无关：1 ② 3 4 5 ：完全有关
2) 自杀念头与你对他人的想法和感觉有多大关系？完全无关：1 2 3 ④ 5 ：完全有关

排序	生存理由	排序	死亡理由
1	生活是有意义的	③	生活没有意义
2	有很多事情可以做	5	我很累
3	家人和朋友	3	内在的声音
4	我内在的"声音"是神的	2	没有人爱我
5	我会好起来	4	有太多的疑问

我想要活下去的程度：0 1 2 3 4 5 6 ⑦ 8 ：非常想
我想要死的程度：0 1 2 3 4 5 6 ⑦ 8 ：非常想
让我感觉不再想自杀的一件事是：_能证明我内心中所有的虑无想法都是错误的_

自我取向

请根据你现在的感觉，对下列各条目进行评估并填写相应的内容。然后按照条目对你的重要程度，用 1~5 进行排序。
排序（1 表示最重要，5 表示最不重要）。

_4_	1. 评估心理痛苦程度（心中的创伤/苦恼/不幸；**不是**压力；**不是**生理痛苦）： 痛苦程度低：1 2 3 ④ 5 ：痛苦程度高 我觉得最痛苦的是：_我的妻子说她不爱我_	
_3_	2. 评估应激程度（总体上的压迫感或超出负荷的感觉）： 应激程度低：1 2 3 ④ 5 ：应激程度高 我觉得应激最大的是：_人际关系，工作_	
_4_	3. 评估激越程度（情绪上的急迫感/感觉需采取行动，**不是**易怒，**不是**烦躁）： 激越程度低：1 2 ③ 4 5 ：激越程度高 我觉得必须要采取行动的时候是：_别人看不起我的时候_	
_4_	4. 评估绝望程度（觉得无论自己做什么，事情都不会好转）： 绝望感低：1 ② 3 4 5 ：绝望感高 最让我感到绝望的是：_人际关系，工作，父亲_	
_3_	5. 评估自我厌恶程度（总体上感觉不喜欢自己/没有自尊/无法自重）： 自我厌恶感低：1 2 3 4 ⑤ ：自我厌恶感高 我觉得最过厌自己的部分是：_酗酒，与妻子关系不好_	
不适用	6. 评估总体自杀风险：风险极低：① 2 3 4 5 ：风险极高 （不会自杀）	

1) 自杀念头与你对自己的想法和感觉有多大关系？完全无关：1 2 ③ 4 5 ：完全有关
2) 自杀念头与你对他人的想法和感觉有多大关系？完全无关：1 2 3 ④ 5 ：完全有关

排序	生存理由	排序	死亡理由
1	儿子	4	我不是个好父亲
1	妻子	5	我不是个精准的丈夫
1	兄弟	3	我不是个好哥弟
1	伴来家庭	3	我没法未来

我想要活下去的程度：0 1 2 3 4 5 ⑥ 7 8 ：非常想
我想要死的程度：0 1 2 3 ④ 5 6 7 8 ：非常想
让我感觉不再想自杀的一件事是：_我妻子不再想离开我_

关系取向

图 2.6 SSF "自杀取向"（自我取向与关系取向）的总体编码

同考虑各种干预方案。当然，首先要**在患者的**积极参与下完成 SSF 评估的 A 和 B 部分。CAMS 明确的核心目标是，考虑哪些必要的干预能让**门诊**照护顺理成章并得以进行。因此，合作式地制订出一份门诊治疗计划，是 CAMS 明确的首要目标。需要注意，SSF 治疗计划中有一个部分是"问题描述"，其问题 1 是"自我伤害的风险"。接下来的"目标和目的"，其第 1 项强调了"安全和稳定"。之后的空白处，用于填写"干预方案"和"治疗时长"。拟定治疗计划的顺序之所以如此设计，是因为首要的临床问题是不容商量的——自我伤害的风险必须在治疗计划部分得到妥善处理。如果临床工作者和患者无法通过共同协商的治疗计划而充分解决自我伤害风险的临床问题，也无法制订门诊稳定化计划，那么根据美国法律要求，为了确保患者即刻的人身安全，可能必须要采取住院治疗。幸运的是，在过去十几年间，研究者开发了大量不同版本的门诊患者稳定化计划。也有研究者将其称为"安全计划"（Stanley & Brown, 2012）或"危机反应计划"（Rudd et al., 2001），这些方法明确地纠正了使用"不自杀协议"或"安全协议"等不明智的做法，但后两者在当前的心理健康照护中仍有不少人使用。

30 多年前，我第一次在一家精神卫生住院机构做照护人员，在允许患者出院以前，主治医生会吩咐我们"先让患者对自身安全做出承诺，然后才能出院"。我们会尽职尽责地执行这个程序，而患者通常会迫不及待地同意，因为他们知道想要出院就必须这样做。但问题是，我们很少谈到，甚至完全没有涉及，一旦他们又想自杀，他们在黑暗时刻要怎样做！传统的无伤害协议，其最糟糕之处在于，它经常沦为一场游戏，而双方都清楚它起不到实际作用。很多时候，我们的患者知道为了住院或出院必须说什么、不说什么。更糟糕的是，我们知道他们知道我们知道。因此这样做完全没有意义。尤其当患者真的想自杀时，强调其**不要**做什么而不是**可以**做什么，就更加没有作用。与之不同的是，各种版本的稳定化计划深入地讨论了当患者想自杀时，他们可以努力去做些什么，这就更为有用和实际。第 4 章将进一步讨论上述问题，尤其是当前的 SSF–4 中所包含的这一版 CAMS 稳定化计划。我们也会在第 4 章中，探讨"驱动力导向"的治疗，它是在 CAMS 初始会谈制订治疗计划时，随着问题 2 和问题 3 的先后确定而展开的。驱动力导向的治疗是 CAMS 的特色，是其区别于其他自杀循证治疗方案的重要特征。

SSF 的 D 部分：补充性临床文档

20 世纪 90 年代，美国国会通过了一项对健康照护行业影响深远的重要法案——《健康保险携带与责任法案》（*Health Insurance Portability and Accountability Act*，简称 HIPAA[1]）。这项法案的（部分）通过，保证了病例记录的隐私和安全，也规范了对个人健康信息的操作（例如对电子传输的规定）。这项法案要求，自 2003 年 4 月 13 日起，健康照护行业内的所有从业者都必须完全遵守。HIPAA 对于所有的健康照护从业者都有深远的影响，其中包括心理健康从业者。因此，SSF 文档的很多方面整合了 HIPAA 的关键要素。

CAMS 每个阶段的 SSF 中都有我们简称为"HIPAA 页"的特定文档（附录 A 中 SSF–4 的第 4、6、8 页），这些阶段包括初始会谈，所有的中期会谈以及最终会谈。将这些文档纳入进来的目的是，保存一份符合 HIPAA 要求的综合病例记录。如第 8 章所述，缜密的文档记录在应对治疗不当诉讼时，具有非常重要的保护作用。鉴于上述多种原因，SSF 的特殊设计**既能**降低潜在的治疗不当的可能性，**同时**也是一份完全遵守 HIPAA 要求的综合病例记录。我通常推荐将 SSF **作为**每个有自杀倾向的患者的专门病例记录，以之取代常规的临床记录文档，直到患者的自杀风险解除。换言之，在 CAMS 中使用 SSF 对患者进行评估、追踪和治疗时，没有必要准备额外的记录文档（除非临床工作者自己愿意）。当自杀风险在 CAMS 中得到了成功解决，那么临床工作者就可以换回自己常用的普通病例记录。

CAMS 已经被用于各种各样的临床场所（例如：门诊诊所、咨询中心、医院、危机中心），因此可能需要根据不同的场所对 CAMS 和 SSF 进行调整。例如，一些大学的咨询中心选择不使用 SSF 的 HIPAA 页，他们认为咨询中心的工作性质不同，不必与 HIPAA 的要求完全一致。总体而言，我主张在使用 CAMS 和 SSF 时，根据场所和实践性质的不同对此加以调整。

---

[1] 需要记住这个英文缩写，在本章接下来的内容里，以及第 5—8 章中都会多次出现。

SSF 的追踪与更新（中期会谈）

以 CAMS 为导向的照护，具有另一项至关重要且独具特色的要素，即对患者进行临床"追踪"，直至其自杀风险消除，或出现其他结果（例如转介或脱落）。为达到这一目的，每次 CAMS 中期会谈都要使用 SSF 追踪与更新问卷，直到产生治疗结果。每次中期会谈开始时，需要请患者对 SSF 核心评估的 6 个变量（A 部分）进行相对简短的评分，以便了解目前的自杀风险；而结束时，双方要共同更新针对自杀的治疗计划（B 部分），具体做法在第 4 章和第 5 章中将有更详细的讨论。每次 CAMS 中期会谈结束后，临床工作者都要填写相应的 HIPAA 页，完成综合病例记录（C 部分）。

SSF 的结果与处置（最终会谈）

作为一种临床干预方案，CAMS 结束的标志是"风险解除"的标准达成或其他结果出现。如第 7 章所述，如果患者在连续 3 次会谈中显示总体自杀风险较低，并能成功地管控自杀观念和感受，且没有出现自杀行为，那么临床工作可以使用 SSF 的结果与处置文件，对 SSF 核心评估和自杀风险解除的标准（A 部分）进行最后的核查和确认。会谈的最后，临床工作者要填写患者的治疗结果和处置（B 部分）。

值得强调的一点是，在使用 SSF 的结果与处置文件时应该将发生的所有结果都记录下来。例如，一个患者的 CAMS 治疗可能以严重家暴导致遭到监禁而结束。有的患者可能从治疗中脱落或被送去住院。所有这些都要记录在 SSF 的结果与处置部分，以确保病例记录的完整，无论结果如何。与 CAMS 的其他阶段一样，最终会谈也有一张 HIPAA 页记录，在治疗后填写这份最后的文档也就完成了个案的综合病例记录（C 部分），这标志着 CAMS 临床工作的结束。

CAMS 的演变

1996 年的一天，我和两个研究生一起，坐在美国自杀学会（American Association of Suicidology）常务理事狭窄的办公室里。当时兰尼·伯曼的一个精神科同事负责一个大型的精神卫生管理式医疗系统。他想要召集一群临床研究者，找到一种更好的办法来评估和治疗该照护系统中普遍存在的有自杀倾向的患者。当时，关于 SSF 已有一些早期文献发表（如 Jobes, 1995a; Jobes & Berman, 1993），使该领域萌发了对 SSF 的独特评估方式的兴趣。这是个令人激动的机会，我受邀将 SSF 加以调整，使之适用于更大的精神卫生照护系统。此项工作最大的挑战是，想办法让患者尽量少住院（从而节约资金），同时仍然能有效地管理自杀风险。值得注意的是，当时已发表的一项 SSF 早期研究显示了颇为有趣的结果：患者和临床工作者对 SSF 各变量进行的独立评分具有明显差异（Eddins & Jobes, 1994）。我们在这项研究中发现，临床工作者（与患者的评分相比）对 SSF 的某些变量有高估的倾向，但他们显著地低估了烦乱（激越）这一潜在致命因素。他们在会议中问我，想要如何调和患者与临床工作者的评分差异，以便将 SSF 应用于更大的精神卫生系统。而后我突然想到，我们应该让患者和临床工作者**共同合作**完成评估。这个想法部分是受数据的启发，另一方面也受我当时正在教授的罗夏墨迹测验的影响，后者通常会安排施测者和受测者并肩而坐。罗夏墨迹测验的一个基本理念是：**患者**对墨迹刺激物的反应才是最重要的。因此，作为罗夏墨迹测验的施测者，临床工作者的评估工作非常简单，就是去了解患者在墨迹中看到了什么。换言之，我们努力通过患者的眼睛去看刺激物。这一理念此后成了 CAMS 的关键。我仍想强调的是，这一单纯的理念对有自杀倾向的患者同样适用；自此，**从患者的角度**直观地理解并充满共情地体会其内心世界，逐渐成为大范围临床自杀预防的焦点（参见 Michel & Gysin-Maillart, 2015; Michel & Jobes, 2010; Michel et al., 2002; Orbach, 2001; Tucker et al., 2015）。

将 SSF 作为自杀风险评估手段进行应用，是 CAMS 早期发展的核心。但很快，评估手段就演变成了一种专门针对自杀的临床框架和干预方案。随着 CAMS 的发展，偏重评估的 SSF 早期版本也演变成了一种更加多维的临床工具。今天，SSF-4 成为了结合评估、治疗计划制订、风险追踪，以及治疗结果等多种用途为一体的临床工具，在以 CAMS 为导向的照护中起到"路线图"的作用（Jobes, 2006, 2012）。因此，CAMS 的演变直接回应了以下的基本临床需求：

1. 建立强有力的临床同盟，增强患者的动机。
2. 全面彻底地评估自杀风险。
3. 制订并维持一个针对自杀、聚焦于问题的治疗计划。
4. 想办法持续追踪自杀风险，直到风险降低或解除。
5. 用临床记录反映服务的优质，以此降低法律风险。
6. 跨越理论取向、训练背景、临床场所的灵活性和适应性。
7. 相对容易学习，能够快速熟练或掌握。
8. 对于自杀风险照护而言，比较有性价比。
9. 在处理自杀风险方面符合最少受限制的原则。
10. 能够有效治疗自杀风险，且有循证依据。

起初，我们在临床上推广 CAMS，并在"现实世界"的治疗环境中实施临床研究的工作是断断续续的（参见 Jobes, Bryan, & Neal-Walden, 2009），但随着时间推移，CAMS 的应用以及相关的临床研究还是不断地演化成熟。以 CAMS 有效性研究（有成功也有失败）为基础，CAMS 作为一种干预方案得到了相当大的发展（Jobes, Comtois, Brenner, & Gutierrez, 2011）。在对有效性不断研究的过程中，我们发现并巩固了一些重要的观点。其中最重要的，是将 CAMS 视为照护的一种**哲学理念**和专门为自杀设计的一种**理论框架**。此外，我们发展出以驱动力为导向的治疗，它标志着自杀照护方面一个激动人心的创新点。目前，我们仍在研究中对这个方面继续加以完善（Jobes, Comtois, Brenner, Gutierrez, & O'Connor, 2016）。下面我将简要介绍迄今为止支持 CAMS 的证据基础。

CAMS 的开放性实验和相关研究

如表 2.1 所示，针对 CAMS（SSF 的应用被嵌入其中）的有效性，目前有 7 项已发表的非随机临床调查研究，在多种临床环境下和不同的有自杀倾向的患者样本中展开。

两项针对自杀倾向大学生的研究使用了不同的研究方法，结果均显示，使用SSF进行治疗后，组内得分具有显著差异（Jobes et al., 1997）；且使用重复测量线性分析发现，总体症状以及自杀想法均随CAMS治疗而显著下降（Jobes, Kahn-Greene et al., 2009）。另两项研究，将CAMS用于丹麦社区精神卫生照护系统中的自杀倾向门诊患者，组内的前测和后测结果显示了CAMS在另一种文化中的影响力（Arkov, Rosenbaum, Christiansen, Jonsson, & Munchowm, 2008; Nielsen, Alberdi, & Rosenbaum, 2011）。尽管CAMS最初被设计为一种门诊干预方案，但在瑞士进行的一项未发表的研究首次对其进行了改编，并将其有效地应用于住院患者样本（Schilling, Harbauer, Andreae, & Haas, 2006）。梅宁格诊所（Menninger Clinic）的研究合作者发表了一系列文章（Ellis, Allen, Woodson, Frueh, & Jobes, 2009; Ellis, Daza, & Allen, 2012; Ellis et al., 2015），探讨在住院条件下将调整后的CAMS（用CAMS-M来表示，"M"表示梅宁格诊所）应用于住院患者。这个团队发表了一个被试内设计以及一个开放性实验研究，讨论CAMS在长程精神科住院环境中的有效性（Ellis et al., 2012）。在梅宁格进行的另一项研究显示，被试在总体自杀想法以及自杀相关认知上，出现了显著的组间改变（运用"倾向得分匹配法"创造了一个匹配的控制组）（Ellis et al., 2015）。

表2.1 SSF/CAMS 的相关研究和开放性实验

作者	样本和场所	样本量 n	结果显著的项目
Jobes et al.（1997）	大学生；大学咨询中心	106	前测和后测的痛苦水平；前测和后测的SSF核心评估
Jobes et al.（2005）	空军军人；门诊诊所	56	组间的自杀想法；初级医疗和急诊预约量
Arkov et al.（2008）	丹麦门诊患者；社区精神卫生诊所	27	前测和后测的SSF核心评估
Jobes et al.（2009）	大学生；大学咨询中心	55	痛苦和意念的线性下降
Nielsen et al.（2011）	丹麦门诊患者；社区精神卫生诊所	42	前测和后测的SSF核心评估
Ellis et al.（2012）	精神科住院患者	20	前测和后测的SSF核心评估；自杀想法、抑郁、绝望感
Ellis et al.（2015）	精神科住院患者	52	自杀想法和认知

在一项以 55 名有自杀倾向的空军军人为样本的非随机病例对照研究中，在自然条件下将 CAMS 应用在美国空军的两个精神卫生机构之中（Jobes, Wong, Conrad, Drozd, & Neal-Walden, 2005）。在这个事后回溯设计的相关研究中，运用 CAMS 早期版本进行治疗的患者与接受"常规治疗（treatment as usual，简称 TAU）"的患者相比，前者的自杀想法明显下降得更快。此外，间断时间序列分析的结果显示，CAMS 治疗组的基本医疗预约量和急诊访问量都有显著下降。尽管这些相关性的数据显示出良好的治疗效果，但我们仍不能对 CAMS 的影响做出**因果**推断，因为研究既没有做随机化处理，也没有正式检验治疗者是否遵守并准确地实施 CAMS，这显然影响了研究的内部效度。尽管如此，上述档案研究是在个案治疗**结束之后**才实施的，这意味着研究发现的外部效度很高；研究中的患者是在自然条件下接受治疗，并非作为研究对象参与其中。此外，我们进行了一系列事后比较分析，试图找到可能影响研究显著性的"第三变量"（例如药物或治疗师等因素）。而这些分析并未显示出结果的总体模式有任何改变，这显示出 CAMS 照护始终如一的优越性。

CAMS 的随机对照实验

因果关系是科学的核心目标，因此我们目前将 CAMS 研究聚焦于随机对照实验设计（Jobes et al., 2016）。我们发表的第 1 项随机对照实验研究是一个小规模的可行性研究，以社区中的自杀倾向门诊患者为样本，将 CAMS 与"增强版常规治疗（enhanced care as usual，简称 ECAU）"进行对照（Comtois et al., 2011）。该研究将 32 名自杀倾向门诊患者，随机分配到市区一家大型医疗中心的心理健康治疗门诊下的两个不同治疗部。尽管小样本在统计上的说服力有限，但初级和次级测量的所有指标都呈现了显著的实验结果，包括自杀想法、总体症状、生存理由，以及乐观和希望感等指标的组间差异（见图 2.7）。

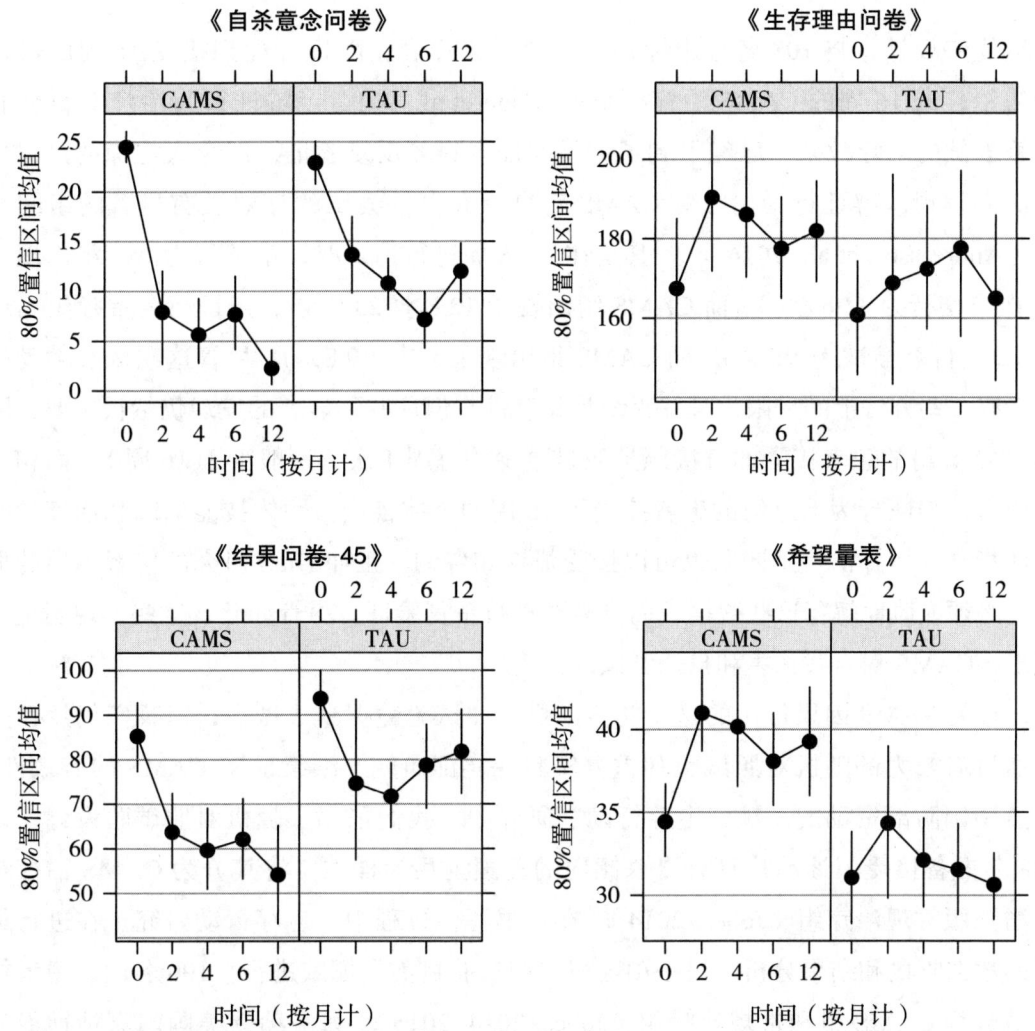

图 2.7 在哈珀维医疗中心（Harborview Medical Center）进行的随机对照实验结果

值得注意的是，组间差异在最末端的评估时点（治疗开始 12 个月以后）最为稳健，这表明，治疗结束后（平均约 8 次），CAMS 具有长期持续影响。最后，接受 CAMS 治疗的患者，对治疗的满意度评分显著高于对照组，也能更好地坚持治疗。

第 2 项随机对照试验研究由丹麦哥本哈根的同事实施。"DiaS[1]" 实验采用了平

---

[1] 原文也是直接用缩写来指代这个研究的。翻阅了一些资料，还不是很确定这个缩写代表的具体意思。

行组优势设计,将108名有边缘特征的自杀未遂者,随机分配到接受16周的辩证行为治疗或16周的CAMS治疗(Andreasson et al., 2014)。辩证行为治疗对自伤和自杀尝试的治疗效果,已经得到了大量实证资料的反复验证,但令人吃惊的是,这项研究发现,辩证行为治疗和CAMS对自杀和自杀尝试的疗效**没有**显著的组间差异(Andreasson et al., 2016)。尤其是在第28周进行追踪时,辩证行为治疗组出现了21次自伤行为(36.8%),而CAMS组出现了12次(23.5%);辩证行为治疗组出现了12次自杀尝试(19.3%),而CAMS组出现了5次(9.8%)。尽管这项雄心勃勃的研究有一些方法上的局限,且并无统计显著性,但这些不显著的发现仍然很重要,因为CAMS组的患者接受的直接照护明显更少(每周1次,一般少于16周);而相比较而言,辩证行为治疗组的患者接受了16周的个体咨询、团体技能训练和治疗师的电话指导,另外治疗师团队也可以接受督导和咨询。正如DiaS研究的作者指出的那样,必须谨慎地解释这些数据,而且需要进行重复验证。尽管如此,这些发现还是体现出,CAMS对自我伤害和自杀尝试的作用。

有关CAMS因果作用的这些初步随机对照试验数据令人振奋,但我们仍然在努力通过有效力的随机对照试验和重复实验等实证研究,继续证实CAMS的有效性。在美国国防部资助的一项"生存行动"研究中,我们采用了随机对照试验设计,以148名准备接受门诊治疗且有自杀倾向的美国士兵为样本,将其分为CAMS治疗组与增强版常规治疗组(Jobes, 2014)。在本书写作过程中,生存行动研究正在进行最后的数据收集和结果分析。另一项随机对照试验目前在挪威进行,100名门诊患者样本被分为CAMS组和常规治疗组(Jobes, 2014, 2015)。另一项受美国国家精神卫生研究所(National Institute of Mental Health,简称NIMH)资助的小规模随机对照试验,正在内华达州立大学的咨询中心进行,研究采用了"连续多任务随机试验"(简称SMART[1])设计,将CAMS组、常规治疗组、辩证行为治疗组三者进行对照。在该研究第1阶段和第2阶段中,随机地向62名有自杀倾向的大学生,给予不同剂量的几种类型的照护,以期有效地治疗不同的自杀状态(Pistorello & Jobes, 2014)。最后,还有一项随机对照试验研究受到资助,用来重复和扩展先前针对自杀倾向门诊患者的

---

[1] "S"指连续的(Sequential),"MA"指多任务的(Multiple Assignment),"RT"指随机试验(Randomized Trial)。

研究结果（Comtois et al., 2011）。在"康复期照护研究（Aftercare Focus Study, 简称 AFS）"中，接受精神科住院治疗或急诊治疗后出院的 200 名自杀未遂者，将被随机分配到 CAMS 组和常规治疗组，在"隔天预约（next-day appointment，简称 NDA）"的临床照护模式下，研究的核心内容是"照护的转变"，以及患者从上述机构出院后已知的高风险阶段。

对 CAMS 培训的研究

最后，对 CAMS 培训的研究也值得关注。正如皮萨尼、克劳斯和古尔德（Pisani, Cross, & Gould, 2011）在文章中谈到的那样，CAMS 培训是美国目前仅有的几种专门针对自杀的专业培训之一。一些尚未发表的研究证据表明，CAMS 培训能有效改变临床工作者对自杀风险的认识和态度。舒伯格及其同事（Schuberg et al., 2009）开展了一项研究，被试是退伍军人事务部 165 名接受 CAMS 培训的心理健康临床工作者，研究发现，临床工作者对处理自杀风险的总体焦虑感，培训后的明显比培训前降低了（$p<0.05$），而对评估和治疗自杀风险的信心则明显增强。在与自杀患者建立同盟、增强患者的动机，以及实施安全计划等方面，也发现了培训前后的显著差异。我们对原始样本的一个子集（$n=36$）进行了 3 个月的追踪评估，发现 CAMS 培训前后的显著效果得到了保持。

克劳利和阿恩科夫等人（Crowley, Arnkoff, Glass, & Jobes, 2014）在线调查了 120 名心理健康从业者，根据调查对象的自我报告，他们对 CAMS 治疗哲学理念的遵守程度达到了中度到高度，这一结果与其他聚焦自杀的训练的效果不相上下。参与者还进一步报告，他们对 CAMS 实践方法的遵守程度比较高，而且与针对其他心理问题的干预措施相比，他们对 CAMS 的遵守情况要更好。对 CAMS 哲学理念和实践方法的总体遵守情况，并不随背景变量（例如，临床工作者的学科背景、实践场所的类型或 CAMS 训练的不同形式）而发生改变。

我们还发现，在线学习的方式对 CAMS 训练具有积极作用（Marshall et al., 2014）。在该项研究中，来自美国退伍军人事务部 5 个从业地点的 215 名心理健康从业者，被随机分配到 3 个条件中：69 人接受 CAMS 在线学习，70 人接受 CAMS 现场训练，其余 76 人分到不接受任何训练的控制组。研究发现 CAMS 现场训练和在线训练都被顺利地接受，临床工作者对两种训练方法的评分没有显著差异。该研究显示，为各个领域的心理健康从业者提供能够在线获得的、应用范围广泛的 CAMS 训练课程，可能非常有价值。

尽管上述对训练的研究具有局限性（例如，研究采用了自我报告法），我们仍然了解到，临床工作者能够迅速地掌握 CAMS 的核心理念，并在获得支持和指导的情况下，常常能在第 1 个个案中就能运用 CAMS。目前还在进行的研究正在进一步调查，经过训练而掌握 CAMS 的临床工作者所产生的实际**行为改变**（Jobes, 2015）。

本章小结

在 25 年的临床实践和研究中，SSF 不断地演化发展，一种针对自杀的循证干预新方法随之诞生。CAMS 如今更多地被视为一种照护的哲学理念、一种心理治疗的框架。CAMS 的设计意图在于加强治疗同盟，并促进患者**求生的动机**。CAMS 在临床上既有稳定自杀患者的作用，也能让他们完全参与到治疗过程中。在聚焦于问题的同时，能系统化地锁定并治疗患者自己定义的自杀驱动力。在充分发挥作用时，CAMS 能有效地治疗患者的自杀驱动力。另外，临床工作者也会和患者共同探索"自杀风险过后"的生活，一种有目的、有意义，同时对未来具有规划、目标和希望的生活，以此帮助患者找到一套全新的应对方式。

第 3 章
临床照护体系及 CAMS 的最佳使用

针对自杀风险的成功临床评估和治疗，需要具备以下**两方面**的因素：既需要照护体系确实适宜接待自杀风险患者，同时也需要临床工作者以值得信赖和能够胜任的方式处理风险。为达到这个目标，我们所期待的临床环境是，自杀征兆能够被尽早发现，潜在的风险能够尽可能地得到"追根溯源"的有效处理。在这样的临床环境中，CAMS 导向的照护才能蓬勃发展。在过去 10 年中，我在公共和私人部门的临床治疗场所，以及大型医疗卫生系统中，实施过多项过程改进方案。这些方案的实施，常常是由于发生了特别重大的或一连串的自杀事件，或是治疗不当导致当事人死亡引起了法律诉讼。这些事件提示，现有的做法需要全面彻底地检查（其目标是对现有做法进行改进）。在任何一项有效的过程改进方案中，都有许多方法可以改进自杀风险的识别、临床评估、治疗、记录，以及照护过程的跟踪管理，以获得最佳效果。实现这些改进措施不仅能挽救生命，也能降低因治疗不当遭到起诉的风险。

从独立诊所到医院网络，无论规模大小，由美国天主教大学自杀预防实验室（也是我们密切的合作者）开发并使用的过程改进模式，均包括 3 个明确的阶段：（1）对针对有自杀倾向的患者的现有照护体系进行评定和需求评估；（2）为该体系内的心理健康从业者提供定制的培训，并根据体系的特点提供与之相适应的 CAMS 调整版本；（3）提供后续的专业指导并进一步评估干预效果，以保证干预质量（Archuleta et al., 2014）。在私人医疗中心、大学咨询中心、收治住院患者的精神卫生医院、社区精神卫生系统、形成庞大网络的退伍军人事务部医疗中心，以及军队的治疗机构等场所，我们实施过大量的过程改进方案；由此，我们非常了解如何在不同的临床环境中照护有自杀倾向的患者。在过去的经历中，我实施过过程改进方案，提供过专业指导，训练过数不清的心理健康专业人员，并且在法庭上以专家的身份，处理过与自杀有关的治疗不当侵权行为诉讼案件。在上述经历中，我既见过在应对自杀风险上卓有成效的体系，也见过极度缺乏经验、完全不恰当、远不能有效地照护有自杀倾向的患者的做法（还有很多处在两者之间的情况）。一般而言，如果照护体系能遵循本章讨论的

4个基本步骤，那么它就能显著地改善，针对有自杀倾向的患者的临床实践。尤为重要的是，这4个步骤既适用于居家办公的私人从业者，也适用于国家层面的整个心理健康服务行业的自杀预防计划。此外，这些步骤也会极大地促进CAMS导向的照护的成功实施。

第1步：制订政策和程序

制订与自杀风险相关的书面政策和程序非常重要。根据实践和照护体系的规模和范围，这些政策和程序可能简明适度，也可能非常详尽具体。无论如何，如果原告律师想对心理健康从业者，或更大的照护体系的治疗不当行为提起诉讼，他们通常不会放过任何与自杀风险有关的政策和程序，并要求被告出具这些材料。因此，如果没有针对自杀的政策和程序，就显得临床工作者对自杀风险没有充分预期，也没有建立"一般和惯用"的方式，以系统地处理自杀事件，在这种局面下，就更可能因自杀而引起诉讼事件。采取这种思路时应该注意的是，只有在心理健康从业者确实遵循政策和程序时，之前建立的、针对自杀的政策和程序，才能展现出好的实践效果！针对自杀制订有效的政策和程序，至少具有两方面作用：首先，让临床工作者知道他们可能会接待自杀患者；其次，能大体介绍有效的、惯用的实践程序，对患者进行常规评估、跟踪及治疗。就实践政策和程序的制订而言，大多数专业的心理健康行业协会，都能对此提供一般性指导；另外一个重要环节是，找到熟知国家精神卫生法律及行业标准的律师，获取他们对政策的审核和认可。

第2步：找到可靠的方法尽早识别自杀风险

临床工作者如果不知道自杀风险的存在，显然就不可能有效地进行治疗。临床自杀干预的根本要点是，掌握可靠而有效的方法，尽早识别自杀风险。在这方面，可以常规性地适时使用传统方法和新方法，为可能挽救生命的治疗做好准备。

通过访谈直接识别自杀风险

如第 2 章所述,我们曾经对执业的临床工作者评估自杀的做法,开展过一项调查研究(Jobes et al., 1995)。除调查数据之外,从这项研究中得到的几点普遍印象值得注意。首先,让我印象深刻的是,临床工作者对自己的临床判断的自信,这种自信近乎傲慢。尤其在回答开放式问题时,他们批评自杀评估工具具有公认的测量学局限性,也批判使用心理测验来评估自杀风险的做法;与之形成鲜明对比的是,他们对自己的临床判断表现出明显的自信,而这种临床判断的根据是,以访谈方式提出的评估问题以及临床观察。在这一点上,已故的保罗·米尔(Paul Meehl)所做的一系列重要(但未得到充分重视)的研究吸引了我,这些研究关于临床判断的明显局限性,它与精确的评估形成了鲜明对比(Dawes, Faust, & Meehl, 1989; Meehl, 1997)。根据这一系列研究,使用评估工具**总是**优于临床判断,而在我的经验中,临床工作者似乎并不相信这些数据,反而对他们仅仅依靠访谈技术做出的"直觉"判断,保持着过度自信。

鉴于很多临床工作者回避使用自杀评估工具或症状筛查工具,因此他们需要对任何患者都可能出现自杀想法这一始终存在的可能,保持敏感性和临床适应性。因此,至关重要的是留意倾听患者表达出的绝望感,或流露出的没有希望、感觉受困的处境。当一个患者说出"我太累了,我想放弃了"或"我感觉被困住了,我真的别无选择"或"对我来说问题永远不会解决,这又有什么意义?"这样的话时,临床工作者就应该特别留意。在听到这种模糊的暗示性表达之后,接下来临床工作者应该直接询问患者,是否具有自杀观念。临床工作者应该以共情的、不会让患者感到羞耻的方式,做出类似这样的表达:"听起来你现在的情况真的很危急,很令人绝望。你有想过用自杀的方式来应对这种状况吗?"提问时遵循上述原则,并且越直截了当越好。但毫无疑问的是,只有临床工作者愿意直接询问患者的自杀风险,才能接着开展挽救生命的临床工作。如果临床工作者不愿意使用筛查或评估工具,来常规性地评估自杀风险,那就必须从患者谈话的字里行间,来获取自杀的线索和模糊的参考依据,然后立即共情、诚挚地询问患者自杀的可能性。记住,在识别自杀风险时,不应该使用引导性或让患者感到羞耻的问题,如:"你没有想要自杀,对吗?你怎么可以这样对你的妻子?"

尽管有证据表明，应该使用精确的评估方法，但我仍然认为，在患者知情的条件下进行的访谈评估非常有效，同时访谈本身还可能具有治疗作用。事实上，作为埃希团体的创始成员之一，我参与编辑了一本著作，讲述如何利用临床访谈进行评估才能做到有效和有治疗作用，以及如何在不同情境中灵活运用访谈（Michel & Jobes, 2010）。埃希的自杀风险临床工作方法强调，以不让患者感到羞耻和非评判的方式与自杀愿望共情，跟随患者的脚步，倾听患者的"自杀故事"。多年来，埃希大会（Aeschi Conference）一直在瑞士举办，现在则是在美国。会议提供了一个难得的机会，展示 SSF 和 CAMS 的发展和成熟过程，因为 CAMS 导向的照护与埃希的核心观点是一致的。

间接识别自杀风险

心理健康专业工作者都知道，说自己有"自杀想法"患者中有这样一类人，他们实际的自杀风险微乎其微，甚至根本不会自杀。这是我们在心理健康领域中，所要面对的最复杂的问题之一。很多慢性心理疾病患者，将自杀作为一种威胁方式，以此达到各种目的（如关注、逃避或者食物），他们的存在困扰着整个心理卫生系统。他们通过自杀威胁或非致命行为达到目的，这样的行为具有"工具"特征，它们所带来的重大挑战并不属于我们这里讨论的范围。简单说，有时工具性的自杀风险非常易于辨别，但有时又很难与"真正的"风险相区分，后者可能造成严重的自伤甚至死亡。由于很多评估方法是直接地询问自杀，因此如果患者具有工具性的自杀倾向，经过评估就易于得到有自杀倾向的结论；而如果患者想要隐藏自己真实的自杀倾向，直接评估反而可能得到没有自杀倾向的结论。鉴于这种棘手的矛盾情况，人们越来越关注使用非透明化或**间接**的方式来识别自杀风险，以便患者不知晓自己的自杀风险正在受到评估。自杀风险的间接评估有时被称为"隐藏"的或潜在的自杀风险评估（例如，Claassen & Larkin, 2005），下面列举了几个例子。

凯斯勒的"K-10"

上文提到，我们的研究团队对 SSF 进行了大量的心理测量学研究，并在此过程中创建了一个数据库，其中包含大量有自杀倾向和无自杀倾向的精神科住院患者

(Conrad et al., 2009)。基于这份梅奥诊所的数据资料，我们对隐含式的间接自杀风险进行了研究（O'Connor, Beebe, Lineberry, Jobes, & Conrad, 2012）。我们对凯斯勒（Kessler）的"K-10"（一个简短的症状清单，仅包含10个条目，其中**没有明确关于自杀风险的问题**）的使用进行了研究。对149名住院患者的"K-10"得分进行因素分析，结果产生了2个因素，分别描述为抑郁和焦虑。研究发现，上述因子载荷（factor loading）与可靠的自杀风险测量工具高度相关，并且能够有效地区分有自杀倾向和无自杀倾向的患者。因此，我们可以利用诸如此类的间接评估，来引导进一步的评估，以便引导患者寻求和接受针对自杀的临床照护，这有可能挽救他们的生命。

脑激活的评估技术

既往有实验使用脑激活技术，研究了高自杀风险与中枢神经系统激活之间的关系。例如，古德曼（Goodman, 2012, 2015）将电子传感器放置在被试眼睛周围，测量被试因受到电脑屏幕上出现的一系列视觉刺激而产生的眨眼反射。此项研究中，研究者给有自杀想法、有过一次自杀尝试、有过多次自杀尝试的几组被试，均呈现了令人愉快、中性以及令人不愉快（例如一个人用枪指着自己的头）的几组照片。眨眼反射的数据表明，有过多次自杀尝试的被试对令人不愉快的照片反应特别强烈。这些数据反映出，多次自杀尝试者具有习得性的情感敏感性（或缺乏情绪调节能力）。尽管这些数据本质上来自横断研究和相关研究，但还是引起了研究者的兴趣。它们可能反映了托马斯·乔纳（Joiner, 2005）的观点，即接触自杀（例如多次尝试自杀）可以让人获得"自杀能力"。

在另一项研究中，法米罗尼和拉斯姆森（Familoni & Rasmusson, 2012）使用军事热影像技术，测量被试面部和拇指上毛孔的扩张，以此作为自主神经系统激活的指标。此研究在现役军人中进行，研究人员用高分辨率的热影像技术测量被试面部和拇指上毛孔的实时扩张，发现与战争相关的创伤后应激障碍类问题与自杀之间显著相关。需要再次说明的是，尽管这些相关研究的数据引起了研究者的兴趣，但是我们不能基于这些数据对潜在的自杀风险进行任何**因果关系**的推断。但是将此方法与其他评估方法相结合，可以逐步地提高我们理解潜在自杀风险的能力。

内隐联想测验

哈佛大学的马修·诺克（Matthew Nock），使用内隐联想测验（Implicit Association Test，简称 IAT）的方法，编制了间接评估潜在自杀风险的重要工具。诺克利用内隐联想测验，编制了"客观的"或"行为的"评估工具，来测量**潜在**自杀尝试。在一项关键的研究中，诺克及其同事（Nock et al., 2010）以 157 名在精神科急诊的患者为被试，测量他们对死亡和自杀的内隐联想。结果发现，内隐联想测验将被试 6 个月后的潜在自杀尝试行为的预测准确度提升了 6 倍。尤其值得注意的是，在电脑上操作内隐联想测验配对刺激时，对"死亡"刺激（相对于"生存"刺激）反应时较短的被试，其自杀尝试的潜在风险更高（即被试对上述语义刺激的行为反应，揭示了其自动化的心理联结）。内隐联想测验实验是过去 10 年间评估研究领域最为重大的突破之一。为了更加深入地认识，对自杀相关行为的潜在风险进行的客观（也是间接）评估的本质，当前研究者正在进行大量的内隐联想测验研究（Glashouwer et al., 2010; Harrison, Stritzke, Fay, Ellison, & Hudaib, 2014; Randall, Rowe, Dong, Nock, & Colman, 2013; Tang, Wu, & Miao, 2013）。

使用症状筛查工具识别自杀风险

自杀死亡已成为美国医疗机构的头号"警讯事件"。2010 年，对美国医疗机构进行授权的联合委员会发布了自杀评估方面的"全国患者安全目标"（The Joint Commission, 2010; Mills et al., 2010）。此外，如第 1 章所述，联合委员会关于重要警讯事件的警报（The Joint Commission, 2016），进一步强调了这一点，他们主张不管在非急症还是急症的医疗场所，对自杀想法进行测定都至关重要。美国的医疗行业由此面临着这样的挑战：他们需要找到简短的、对使用者友好的、具有良好测量学信效度的、对预测自杀具有高度敏感性和特异性的、免费的自杀筛查工具。但令该领域许多从业者感到遗憾的是，这样的工具**尚未**出现。现有的筛查工具很多，但预测效度都较为有限，且大多是有专利权的（也就意味着使用并不广泛）。尽管如此，相关的问题还是越来越得到关注，包括增进整个医疗行业对自杀风险的系统性筛查，以及制订有效的方针促进筛查工具的开发和使用（Boudreaux & Horowitz, 2014）。尽管现存的筛查工具有局限性，但也有优点。依照程序性和系统化的方式，这些筛查工具可以切实地询问潜在的自杀风险，由此为进一步开展深入的自杀风险评估及可能挽救生命的治疗创造了机会。下面我们将简要回顾一些现存的筛查工具，它们或许能有效地识别风险，以便进一步使用 CAMS。

《症状清单–90》和《简明症状问卷》

我们在美国天主教大学咨询中心进行 SSF 的研究时（Jobes et al., 1997），用到的第 1 个测量工具就是《症状清单–90》（Symptom Checklist–90，简称 SCL–90）。最初的《症状清单–90》是一份对公众开放的测量工具，由德罗盖迪斯及其同事编制（Derogatis, Lipman, Rickels, Uhlenhuth, & Covi, 1974; Derogatis, Rickels, & Rock, 1976）。最初的量表提供了一般症状困扰的总体严重性指数，并包含不同的临床分量表。尽管一些患者会抱怨 90 个条目的评估过长，但它仍然是治疗前后测研究的一个很有价值的工具。自我们开始最初的研究以来，德罗盖迪斯已经对该测量工具进行了完善，条目显著减少到了 53 个，临床分量表的结构和心理测量学指标也有所完善（Derogatis & Savitz, 1999）。现在该测量工具被称作《简明症状问卷》（Brief Symptom Inventory，简称 BSI）（Tarescavage & Ben-Porath, 2014）。

《行为健康量表》

约翰斯·霍普金斯大学咨询中心使用《行为健康量表》（Behavioral Health Measure，简称 BHM），并取得了临床与研究上的巨大成功。《行为健康量表》由科普特和洛瑞（Kopta & Lowry, 2002）编制，是一份包含 20 个条目的自评量表，测量一般的症状困扰。《行为健康量表》具有优良的结构效度、共时效度和重测信度（0.71 到 0.83 之间；Kopta & Lowry, 2002）。《行为健康量表》的一个明显优势在于它非常简短，在所有临床情境中都可以轻松使用。在任何一个治疗过程中，临床工作者都能在多个时间节点上采集数据，这样就可以密切追踪照护的过程和结果。约翰斯·霍普金斯大学将《行为健康量表》作为一种例行测验重复使用，这让我们在研究中能够进行更为复杂的线性分析（如多层线性分析和多层线性模型），以便更好地理解治疗过程和结果（Jobes & Kahn-Greene et al., 2009; Kopta et al., 2014）。《行为健康量表》中有一个专门询问自杀想法的问题，可以以此判断接下来是否需要使用 CAMS。在使用《行为健康量表》这类简短的评估工具时，需要特别注意其局限性。例如，一些篇幅较长的量表能全面地捕捉到更为严重的心理疾病，而《行为健康量表》则不能。虽然将《行为健康量表》应用在功能较好的大学生群体中，并没有出现明显的问题，但当涉及的心理疾病范围更加广泛时，它可能就不再适用（Bryan et al., 2014; Bryan, Corso, Rudd, & Cordero, 2008; Kopta et al., 2014）。

《结果问卷-45》

《结果问卷-45》（Outcome Questionnaire-45，简称OQ-45）由兰伯特、汉森及其同事编制（Lambert & Hansen et al., 1996），这是另一个基于症状的工具；由于足够简短，它可以在任何临床条件下使用。《结果问卷-45》是一份包含45个条目的自评量表，与上述两个量表一样，也能测量总体的症状困扰，它还提供了3个分量表，分别测量主观不适感、人际关系和社会角色功能。《结果问卷-45》有良好的内部一致性（$r=0.93$; Lambert & Hansen et al., 1996），3周后的重测信度为0.84（Lambert & Burlingame et al., 1996）。兰伯特和同事进一步报告了《结果问卷-45》有良好的共时效度，并对照护过程中的治疗改变很敏感。特别是在重复施测后，患者对《结果问卷-45》变得很熟悉，用5分钟乃至更短的时间就能完成。此外，《结果问卷-45》还有在线版本，这为施测提供了多种可选方式。我喜欢《结果问卷-45》的原因在于，它能够测量多种心理疾病。《结果问卷-45》的第8个条目"我有结束自己生命的想法"，在我们对空军的研究中，能成功地用来判断是否需要继续使用CAMS，同时这个条目也是自杀想法的代用指标（Jobes et al., 2005）。

"可以询问医疗场所中每个人的自杀筛查问题"

霍洛维茨及其同事（Horowitz et al., 2013）在直接回应联合委员会较早的指示时，提出了一个包含两个问题的自杀筛选方法，称作"可以询问医疗场所中每个人的自杀筛查问题"（Ask Suicide Screening Questions to Everyone in Medical Settings，简称AsQ'em）。其作者主张将询问的重点问题放在受试者当下的念头和既往的行为上，它们是自杀死亡最为关键的风险因素。这个方法的两个问题是：（1）"在过去一个月内，你是否有过自杀念头？"（2）"你以往是否尝试过自杀？"如果患者对任何一个问题回答"是"，紧接着我们会问："你现在有没有自杀念头？"该筛查方法基于美国国家卫生研究所研究组成员先前所做的工作，他们对儿科和青少年样本使用过与之相似的简短问题进行自杀筛查（如 Ballard et al., 2013; Horowitz, Bridge, Pao, & Boudreaux, 2014）。用"可以询问医疗场所中每个人的自杀筛查问题"对 331 名成人住院患者进行筛查的可行性研究，结果如下：筛查大约用时 2 分钟；87% 的患者报告对筛查感到舒适；75% 的护士和全部社会工作者都认为，所有住院患者都可以从这个简单而直接的筛查方法中受益。

《患者健康问卷》

西门及其同事（Simon et al., 2013）对《患者健康问卷》（Patient Health Questionnaire，简称 PHQ-9）进行过一项重要研究，该问卷被广泛用于抑郁的筛查。《患者健康问卷》之所以得到普遍应用，部分可能是由于它没有专利权，且很容易从网上获得。研究人员从一处大型综合医疗系统的电子病历中，提取出患者的《患者健康问卷》得分，来研究它是否可用于评定患者接下来的自杀尝试和自杀死亡风险。研究者采用的样本包含 84,418 个门诊患者，结果显示，该问卷的第 9 个条目（认为自己最好死掉，或想以某种方式伤害自己）与自杀尝试和自杀死亡的高风险有着显著关联。尽管有些人批评这个条目是复合性提问（同时询问自杀和自伤），但数据结果仍然令人印象深刻，而且《患者健康问卷》还具有免费、易得等重要优点。

临床可以使用的针对自杀的评估工具多达数 10 种，本章中不会逐一讨论。此外，尽管这些工具往往不被广泛使用（Jobes et al., 1995），但仍有许多结构良好、心理测量学上出色的工具（尤其是由宾夕法尼亚大学阿隆·贝克实验室开发的工具）。我最喜欢的两个评估工具是《自杀意念问卷》（Scale for Suicide Ideation，简称 SSI; Beck & Steer, 1991）和《贝克绝望量表》（Beck Hopelessness Scale; Beck & Steer, 1993）。我也喜欢玛莎·莱恩汉的《生存理由问卷》（Reasons for Living Inventory; Linehan, Goodstein, Nielsen, & Chiles, 1983）。凯莉·波斯纳（Kelly Posner et al., 2011）的《哥伦比亚自杀严重程度评定量表》（Columbia Scale for Suicide Severity Rating Scale），有一个复杂的在线选项用于完成重复评估，目前在临床实践中受到极大关注。如前文所述，专门评估自杀的工具有太多，我们无法尽数充分探讨。（针对成人的评估量表可参阅 Brown, 2001；针对青少年的评估量表可参阅 Goldston, 2003）。目前研究者正在进行缜密的研究，在美国军方内部，调查一些最具潜力的量表的预测效度，这些研究应该能提供有用的数据，来说明一些主要量表和评估方法的实用价值（Joiner, 2015）。

第3步：寻求临床指导

定期地寻求临床指导，既符合伦理上的期待，也符合专业实践的要求。尤其在针对复杂个案做出临床决定时，其他专业人员的介入特别有价值。日常的专业研讨相对简单，可以在朋辈的同事之间非正式地进行。对于特别复杂的个案，则推荐寻求同行专家的深入指导，这可能降低因治疗不当而引发法律诉讼的风险。在寻求指导时，一定要将其内容写在医疗记录中，尤其要重点记录自杀风险评估和针对自杀的治疗计划制订。

第4步：使用专门针对自杀的文档记录

在医疗记录中应该保存针对自杀的专门文档，对于这一做法的重要性，再强调也不为过，这一点我们会在第8章中更为详尽地讨论。针对自杀保留即时的、完备的文档，是高品质的临床实践所不可缺少的；而且一旦患者自杀死亡，文档记录也是减少因"过失致死"而引发的治疗不当诉讼的最重要的手段（Simpson & Stacy, 2004）。因此在陈述策略和过程时，应该进一步强调，对自杀风险评估和治疗进行即时的临床文档记录的价值。

CAMS 的最佳使用

我们在上文中已经讨论了临床照护体系，以及优化临床自杀管理的 4 个步骤，这些讨论为 CAMS 的最佳使用奠定了基础。现在让我们将注意力聚焦在 CAMS 上，首先我们需要强调一些基本理念，正是这些理念使 CAMS 独具特色而引人注意，并且对心理健康临床工作者和自杀患者而言**都是**如此。

反移情和自杀

约翰·马尔茨伯格（John Maltsberger）和丹尼尔·布厄（Daniel Buie）是两位具有开创性的精神分析师，他们的一篇文章在自杀学领域非常著名。1974年，他们在《普通精神病学档案》（*Archives of General Psychiatry*）上发表了《治疗自杀患者时的反移情憎恶》（*Countertransference Hate in the Treatment of Suicidal Patients*），这篇经典文章揭露了一个严酷的事实：临床工作者常常对自杀患者怀有一系列独特的负面感受。值得注意的是，文章的题目中使用了"**憎恶**（hate）"一词。很明显，憎恶比"不喜欢（dislike）"或"不愉快的感受（unpleasant feelings toward）"语气更加强烈，作者特意用这个词来强调，临床工作者对自杀患者可能怀有的感受的强度。两位作者还描述了一些反移情的反应和行为模式，它们能反映出临床工作者深深的**怨恨**（malice）和**反感**（aversion）。在这篇重要的早期文章中，马尔茨伯格和布厄明确而直接地指出，临床工作者可能怀有强烈的负面感受，这些感受可能决定他们能否有效地治疗自杀患者。

这篇理论文章写得很好，而且在直觉上有说服力，因此多年来被作为临床事实得到引用和参考，但文章的观点和理论本身并未得到实证研究的验证。为了研究该理论，我的3名美国天主教大学的学生，试图在其博士论文中验证马尔茨伯格和布厄的反移情理论的要点。最后，我们发现，用实证方法研究精神分析的这个理论建构颇具挑战。我们越是努力将理论构想进行量化和实证化，就越发现它失去了临床上的丰富性和应用价值。尽管如此，我们仍然坚持尝试通过类比和调查的方法，对指向自杀患者的独特反移情反应进行研究（Crumlish, 1996; Jacoby, 2003）。然而，这些研究都没能证实，临床工作者对自杀患者的感受，与对其他（非自杀）患者的感受有什么不同。

尽管如此，一篇未发表的学位论文的确发现，临床工作者**谈论**自杀患者的方式确实不一样（Judd, Jobes, Arnkoff, & Fenton, 1999）。在这项研究中，我们让不了解研究目的的大学生对80份逐字稿进行评分，这些材料记录了在马里兰州栗子小屋（Chestnut Lodge）医院每周召开的个案研讨会（在20世纪四五十年代间进行）上，临床工作者的案例呈报过程。我们复印了书记员记录的首次案例呈报过程的逐字稿（即临床工作者在这个专业研讨会上第1次向同事谈到个案的情况），并让大学生编码人员对这些逐字稿进行评估。40个样本中有一半的患者有自杀倾向,并且最终自杀死亡;而另外一半患者(匹配了性别、诊断和年龄)既没有自杀倾向也没有自杀死亡。统计检验结果的差异量虽然只有中等,但还是显示,临床工作者在个案研讨会上谈到有自杀倾向的患者时更为消极(例如有更多批评性的描述和负面的评价),这至少为马尔茨伯格和布厄的理论提供了一些支持。

这种负面情绪不仅出现在理论和研究中,也出现在实践中,许多临床工作者在与一些患者,尤其是有自杀倾向的患者工作时,很容易感受到强烈的负面情绪。在我举办的很多次培训工作坊中,临床工作者对这类患者的强烈感受常常让我感到困扰。如第1章所述,临床工作者对自杀患者常怀有明显而强烈的担忧。比如,自杀状态很难评估和治疗,我们可能因医疗保险的限制而束手束脚;而且如果我们没能阻止自杀的发生,原告律师随时可能因过失致死而起诉我们。所有这些顾虑使许多临床工作者在治疗自杀患者时非常谨慎,这是可以理解的。但考虑到自杀倾向既常见又影响重大,我们必须找到其他办法来处理这些针对患者的负面感受和反应,这样才能让我们的干预更加有效。

我们在当下的照护中还面临另一项挑战:许多临床工作者所接受的基本训练是,只要患者提到自杀就马上建议住院;而现状是,保险公司对住院收治标准的限制越来越严格,能够住院的时间不断骤降,因此我们必须努力想办法让有自杀倾向的患者接受更深入的**门诊**治疗,并与其建立有意义的人际联结(Jobes, 2000; Jobes & Bowers, 2015)。如前所述,做到与自杀状态共情非常困难,但如果我们想要成功地治疗自杀患者,我们就必须想方设法做到共情。如果我们能做到与自杀的愿望共情,我们就可能打开联结与合作的通道,而**不必**赞同将自杀作为应对痛苦和折磨的方式。我在其他文章中曾深入地讨论过(Jobes & Maltsberger, 1995),与自杀患者工作的关键是做一个"治疗师-参与者",怀着共情的勇气引导来访者。相反,我们应该尽力避免做一个"治疗师-偷窥者",不要因为共情的恐惧而回避全然参与。

我们必须改变对待有自杀倾向的患者的态度和工作方式(也需要考虑当前精神科住院治疗的局限性),这一点需要一再强调。如第1章所述,在我个人的职业发展中,我经历了态度和方法的转变,尤其是因为我早期的大部分训练是在精神科住院条件下进行的。然而,随着我成为一名门诊心理治疗师,我的职业临床培训不断地向前推进,我逐渐感到越来越强烈的恐惧和焦虑,这就是我对有自杀倾向的患者的反移情感受（Jobes, 2011）。随着我对这些复杂的感受有更深入的理解，我开始意识到我的焦虑很大程度上是因为，我无法从根本上完全控制住患者的行为，而这些行为可能威胁患者的生命，同时我也担心接受治疗的患者如果真的结束生命可能会带来的影响。当然，这些恐惧和焦虑并不是我独有的。从我在工作坊培训经验来看，临床工作者通常都会谈到类似的恐惧和担忧。与我的许多同事一样，我深深地担心，即便我对自杀风险进行了完善的临床评估，也提供了妥善的治疗，患者**仍然**可能会自杀死亡。

但随着从业年限的增长，我的观点也不断地发展变化。从患者身上，我对自杀状态、有效的临床评估和治疗方案有了越来越多的了解，这让我有了不同的看法。经过多年的临床实践和研究，我对自杀者的心理有了更好的理解，这使我能为自杀患者提供更好的服务。我的知识让我确立了这样的自信：采取恰当的治疗态度并借助合适的临床工具，我们能极大地降低自杀结果出现的概率。我接待的大部分自杀患者都并非毫无希望，也并没有让我觉得一定要逃开。不如这样说，我遇到的大部分有自杀倾向的患者都明显失去了生机和活力——他们感觉被困住了，除了自杀没有其他方法可以应对。但在得到恰当的临床治疗以后，**大部分**患者能够在几周之内对自杀照护有良好的反应（Lento, Ellis, Hinnant, & Jobes, 2013）。这些认识和态度上逐渐的转变，使我从恐惧和担忧变得相对自信，这种自信的根本基础是临床能力的增长。其他一些志同道合的临床自杀学家，他们在另外的临床和研究文献中讨论过上述态度和方法的转变，以及对待自杀患者的心态，读者可以参考以下文献：莱恩汉及其同事（Linehan et al., 2015）、布朗和贝克（Brown & Have, et al., 2005）、布莱恩和勒德（Bryan & Rudd, 2006, 2010）、埃利斯（Ellis, 2004）、谢亚（Shea, 1999）、米歇尔（Gysin-Maillart et al., 2016; Michel & Gysin-Maillart, 2015; Michel, Valach, & Waeber, 1994）、勒纳尔斯（Leenaars, 2004），以及我们之前提到的奥巴赫（Orbach, 2001）和马尔茨伯格（Maltsberger, 1994）。与自杀患者工作的这种态度上的共同转变是埃希（Michel & Jobes, 2010）的关键特征，你不必成为自杀学专家，也能采取这种临床态度。

在我过去 30 年的从业经历中，最让我感到欣慰的是：虽然我无法保证患者一定不会自杀，但我能为有自杀倾向的患者提供**现存最佳的临床照护**。我们能为痛苦的患者及其家人所做的最好的事，就是提供具备临床智慧并得到严格科学研究支持的照护。在明白这点以后，我们就获得了一种解脱：在面对自杀风险时我们不必感到无力；我们可以相信自己有能力针对自杀开展有效的照护。

传统的"指导性"方式

在 1999 年的美国自杀学会年会上，我以主席的身份进行了演讲，在这次演讲中，我有些忧虑地公开批评了我称之为"传统"的自杀风险临床处理方式（Jobes, 2000）。我批评了高度指导性的自杀风险处理方式（尤其是那些强制性的方式）。我挑战了这些处理方式对精神科住院治疗和药物治疗的过度依赖，以及对"不自杀"或"非伤害"协议的惯常使用。根据当时的研究，我进一步反对在处理自杀问题时，首先聚焦于治疗心理疾病，然后将自杀风险降级到症状地位的临床做法。图 3.1 描绘了这一批评意见的要点。对当时临床现状的这次重要分析，所得到的回应大多是积极的。在之后的这些年间，很多临床自杀学问题毫无疑问得到了改善，但还有一些并没有发生明显的变化。

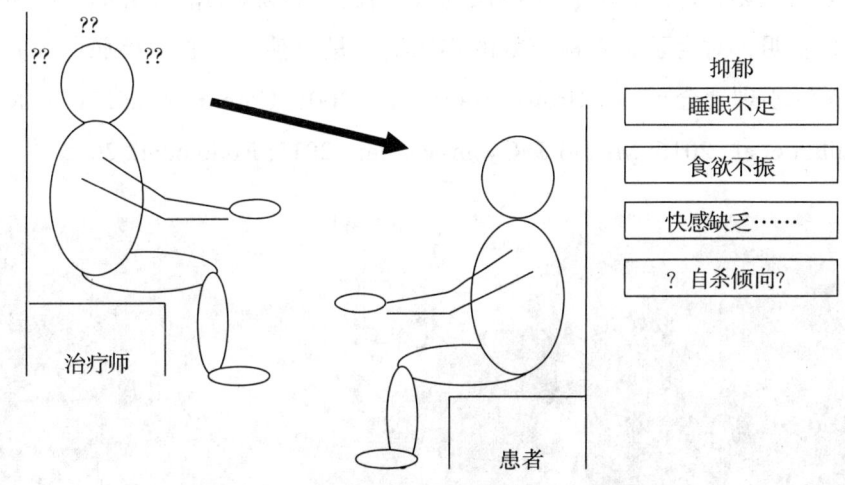

图 3.1 对自杀风险的还原主义工作方式

根据还原主义的模式，自杀等于精神病理学的一种症状；而传统的治疗则等于收治住院、治疗精神疾病，加签订不自杀协议。

如前所述，医疗改革和自杀照护的庞大花费持续影响着心理健康实践（Jobes & Bowers, 2015）。住院治疗的时间变得更短，降低了住院的效果。过去 10 年间有了一个积极的进展，有的随机对照试验研究显示，一些精神药物对治疗自杀风险具有积极作用（Gibbons, Brown, Hur, Davis, & Mann, 2012; Mann et al., 2005; Meltzer et al., 2003; Tondo, Hennen, & Baldessarini, 2001; Zisook et al., 2011）。然而也存在与之矛盾的临床实验数据，这些数据没有证明药物能够可靠和有效地治疗自杀想法和行为（Fergusson et al., 2005; Gunnell, Saperia, & Ashby, 2005）。显然，还需要开展更多的研究来进一步澄清这些相互冲突的发现。

另一方面，与自杀患者签订"非伤害"协议和"安全承诺"等做法也一直存在问题，这些固有问题越来越受到业内关注。在处理自杀风险上，思维方式的转变应部分归功于斯坦利和布朗的工作（Stanley & Brown, 2012），他们开发了"安全计划"这一临床干预手段，用以替代"不自杀"协议。业内专家们的集体智慧认为，"安全协议"并没有临床效果（Bryan & Rudd, 2006），而且还可能会**增加**患者自杀后，临床工作者因治疗不当被起诉的风险（Jobes et al., 2008）。因此，安全计划以及相关的干预措施，如"危机反应计划"（Rudd et al., 2001）或"稳定化计划"（Jobes et al., 2016），在更广阔的心理健康领域中越来越重要。尽管专家的观点已经发生了众所周知的变化，但有时我仍会遇到热心地拥护非伤害协议的人。在自杀风险的治疗方面，随机对照试验的数据充分表明，对自杀患者最有效的临床治疗是，独立于心理疾病诊断并明确聚焦于治疗**自杀**的心理社会干预（Brown, Have et al., 2005; Comtois et al., 2011; Jobes, 2012; Gysin-Maillart et al., 2016; Michel & Gysin-Maillart, 2015; Rudd et al., 2015）。

我最初的批评意见的最后一个方面是，我非常关注在传统的指导性方式下，临床

工作者与患者之间常见的动力关系。这种动力困扰我的地方在于，临床工作者扮演着积极主动的专家，在比喻意义上是一种"占上风"的角色，而患者处在一个"占下风"的被动位置，单纯地接受临床工作者的治疗。在这种动力关系中，临床工作者有责任**替**患者决定怎样做最好；患者的角色被降低到先是认定心理疾病症状，而后按照诊断接受治疗。

有趣的是，我的实验室针对自杀状态开展的现象学研究显示，心理疾病的症状很大程度上**不是**自杀患者的关注点。我们对 152 名有自杀倾向且寻求治疗的患者开展了一项质性研究，研究对 SSF 中与自杀相关的 636 条回答进行了高信度的编码，其中 67% 的答案可以归为 4 类主题（Jobes et al., 2004）。这些主题显示，自杀患者的困扰主要集中在关系问题（22%）、职业问题（20%）、自我的问题（15%），以及痛苦的症状和心理疾病（10%）。尽管在患者对自杀的回答中，只有 10% 与心理疾病的症状相关，临床自杀预防的文献却压倒性地聚焦在心理疾病和精神病理上。也许弗洛伊德（1961）多年前的观察是对的：生活的快乐来自人类对**工作**的需要和**爱**的力量。在我们的研究中，患者确认了这些确实是自杀斗争的核心议题。

CAMS 的合作方式

如图 3.2 所示，CAMS 与有自杀倾向的患者的工作方式是完全不同的。在 CAMS 导向的临床照护中，**自杀倾向**是治疗师和来访者共同认可的临床焦点；我们的宗旨是，关注**在患者看来**自杀意味着什么。换言之，CAMS 治疗师必须专注于患者的自杀现象学；对我们而言，患者对自杀意义的内在主体性理解更为重要。我接待过的所有自杀患者，在其自杀的语言、想法和行为背后，都有合理的需要。例如，为了结束似乎无法承受的煎熬，为了让精神病性幻听安静下来，为了让其他人明白自己有多痛苦，为了逃避无法忍受的完全被困住的感受——所有这些都可以理解而且需要得到有效的解决，这样才能防止自杀行为的发生。因此，临床上需要讨论的最为重要的问题是：自杀是否是唯一的出路。对于一个认真考虑自杀的患者而言常常似乎只有自杀一条路。而从我们的临床视角和个人观点来看，可以找到除自杀以外的很多其他选择。

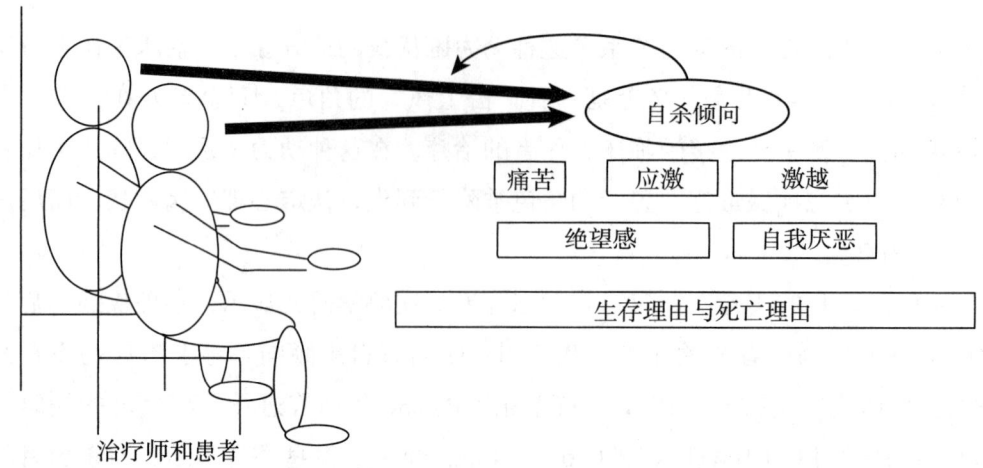

图 3.2　CAMS 对自杀风险的工作方式

CAMS 识别并指向**自杀**，将其作为评估和干预的首要焦点。CAMS 评估将 SSF 做为工具，对"功能性"自杀进行解构。CAMS 在干预上强调聚焦问题、集中展开、适用于门诊患者、专门针对自杀的工作方式，也注重与患者"共同创作"完成治疗计划。

尽管 CAMS 治疗师没有忽视精神疾病，但还是会优先关注患者提出的自杀驱动力，即患者想要结束生命的原因。我们并不预先假设自己知道患者产生自杀想法和行为的原因（如心境障碍），而是努力与患者共同用 SSF 解析其自杀倾向。我们在 CAMS 中采取并肩而坐的姿势，这一做法的重要性体现在很多方面。最重要的可能是，它将我们从面对面的坐姿——可以比喻为敌对姿势——转变到肩并肩的合作坐姿上。用这种方式完成 SSF 评估和治疗计划的各个部分，传达出对自杀风险的共同理解，也体现出咨访双方要为**共同**制订的治疗计划而努力。就这样，CAMS 先是通过对自杀风险的合作式评估将其**解构**，而后以此为方向针对自杀进行治疗，治疗中**重构**出其他的应对方式，同时对患者提出的自杀驱动力进行干预。临床工作者与有自杀倾向的患者并肩而坐，这一做法传达出完全不同的临床信号："问题的答案在你的心中，我会做你的治疗伙伴，帮助你找到这些答案、学会不同的应对方式，并努力帮助你发现一种值得过的、有目的和有意义的生活。"

我们通过这种临床态度和方式将自杀倾向**客观化**，使它成为一个可以与患者一同审视和解决的问题。从这个意义上讲，CAMS 工作者并不将自杀当作潜在的威胁，或临床上的对手，而小心翼翼地接近；而是通过聚焦自杀风险，切实地促进治疗联盟的建立。CAMS 并不针对患者能否结束生命的问题与其进行权力斗争，而是通过另外的

提议避免斗争："让我们看看能不能一起找到除了自杀以外其他可行的办法，能更好地解决你的痛苦和折磨"。CAMS工作者力图用这种方式建立一种有意义的治疗关系，这能最终激发对治疗成功而言最为根本的要素——**患者的**求生动机。可以这样想，我们的一个目标是将患者训练成"初级自杀学家"，让他们意识到自杀在其生活中的作用，这样他们才可能从自杀的诱惑中解脱出来。

使用CAMS前的准备

为了成功实施CAMS导向的照护，临床工作者必须做好准备，在尽早识别出自杀观念（通过筛查或当面询问）之后，无缝地引入SSF，进行更为详尽的CAMS自杀风险评估。这意味着临床工作者在每次临床会谈开始之前，都必须准备好可供使用的SSF文档。临床工作者还应该预期到，在CAMS评估和治疗计划制订的某些环节中，需要采用并肩而坐的姿势，因此座位的空间位置必须能摆放成能并肩而坐或彼此相邻的状态。我在办公室里不使用双人沙发（距离太近）；我会将椅子挪到与来访者相邻的位置上，来创造CAMS所需要的动力。

基于多年使用 CAMS 的经验以及患者的反馈，我们发现仅仅是治疗师从座位上挪到与患者相邻的位置上这一举动，对患者而言就已经颇具意义，对临床关系也具有重要影响。例如，在治疗空军患者时，我们发现这种座位的设置是非常有效的，因为临床工作者是军官，而患者通常是应征入伍的士兵——这是一种基于等级的实实在在的权威式动力关系，当患者和临床工作者达成共识，结成团队，这种动力关系就突然发生了改变。这种身体位置上的变化并不是微不足道的，我们可以想想经典的弗洛伊德式精神分析对位置的设定：分析师坐在被分析者的**后面**，被分析者是躺在躺椅上；坐到患者身边去的举动，从来不是轻描淡写的行动；必须真诚地提出请求，同时对个人空间、当时的情形、创伤史、性别和文化等因素保持敏感。

本章小结

本章，我们讨论了自杀风险照护体系，以及如何最恰当地应用 CAMS 导向的治疗。如前所述，能显著改善自杀风险临床照护的途径是：制订针对自杀的政策和程序，尽早且可靠地识别潜在的自杀风险，定期寻求临床指导，以及恰当地使用专门针对自杀的文档，来记录风险评估和治疗计划。CAMS 的最佳使用可以通过以下方式进一步达成：理解与自杀风险相关的反移情，对自杀风险采取合作式的（非指导性的）方式（配合开展工作之前的妥当准备）。通过改善照护体系，我们能够最大程度地发挥 CAMS 的效果，也就是说凭借尊重和共情的态度，我们能成功地让自杀患者参与到治疗中，以便了解在患者的现象学世界中的自杀的方式、时间、地点和原因。合作式地理解患者自杀的本质，是 CAMS 照护的一个先决条件，之后需要识别患者自定义的自杀驱动力，并对其进行系统的锁定和治疗，努力让患者逐渐放弃自杀这种最为可怕和极端的"应对"方式。除了提供更好的应对方式以外，有效的 CAMS 照护还要帮助患者追求有目的和意义的生活。当 CAMS 临床照护的这些关键要素确实得以具备，我们就可能深刻地改变患者的生命，真正将其从自杀的绝望深渊中挽救出来。

第 4 章

CAMS 风险评估

合作式地使用 SSF

从多方面而言，本章是整本书最重要的章节之一，因为正确地进行自杀风险评估非常有利于形成治疗同盟和提升治疗动机，评估本身也颇具治疗效果。在本章，我将从概念和具体的操作步骤两方面，介绍以 CAMS 为基础的自杀风险评估。**如何**进行评估非常重要，因此在评估过程的每一节点上，我都会提供可能用到的语句脚本。它们仅仅是供参考的例子，我并不希望读者逐字逐句地使用这些脚本。但每个例子都体现了 CAMS 合作评估取向的重要精神，它们可以指导和激发读者以自己的语言和风格表达相似的内容。

CAMS 风险评估的分步说明

如第 3 章所述，在治疗早期识别自杀风险非常重要，尤其对新接诊的患者而言。临床经验和我们的研究都表明，在初始会谈中首次进行 CAMS 评估并制订治疗计划，至少需要 30~40 分钟，但通常会占用全部 50 分钟（Archuleta et al., 2014; Comtois et al., 2014）。对于初次使用 CAMS 的临床工作者而言，初期干预的整体节奏是最大的挑战之一。一些人观察过我所演示的 CAMS 评估，他们说我的评估进行得很快，但是并没有感到匆忙和着急。找到 CAMS 评估的适当节奏需要具备经验和娴熟的技术。我与患者的互动比较多，我常常会说："好的，这听起来真的很重要，让我们记住它，稍后再讨论。"大体而言，CAMS 初始访谈（即首次会谈）可以按如下节奏进行：A 部分评估占用 20 分钟，B 部分评估 10 分钟，C 部分治疗计划（包括 CAMS 稳定化计划）20 分钟。对于 50~60 分钟的治疗而言，这确实内容有点多，但是随着时间的推移和实践经验的增长，临床工作者会逐渐操控自如。

出于对节奏的考虑，我们需要明确强调的是，在会谈开始后 5~10 分钟内，就要提出自杀的主题（无论是否使用基于症状的筛查工具）。很多临床工作者不愿意在临床接触的早期特意强调自杀风险，尤其是在与一个新患者初次见面时。持怀疑态度的临床工作者认为，如此直接地讨论这一敏感问题可能让患者感到不愉快，而且会干扰患者原本准备讨论的内容。然而，如果以共情的态度就事论事地提出自杀主题，则大部分没有自杀风险的患者不会因此受到影响，而有自杀风险的患者则会停在这个话题上，并常常非常渴望就此进行讨论。自杀关乎生死，以直接的方式尽早地进行讨论，百利而无一害。根据我的经验，与真正有自杀风险的患者推迟讨论自杀，往往会使这个本来就很棘手的临床问题更加复杂。参加培训工作坊的临床工作者们不止一次地提到，"我无法想象和患者在首次会谈中使用 CAMS，我们还没有建立治疗同盟"。对此我的回答正好相反，我们往往能够清晰地看到，与自杀患者进行 SSF 评估有助于在自杀危机的严峻考验下，快速建立牢固的治疗同盟。临床实践和研究均表明，使用 CAMS 确实能够快速地形成牢固和信任的临床治疗同盟。此外，与常规的临床治疗相比，有自杀倾向的患者**更喜欢**这种方式（Comtois et al., 2011）。元分析表明，基于 CAMS 的评估**具有治疗作用**，因为它强调高度的个性化和合作性，并且能获得大量的即时反馈（Poston & Hanson, 2010）。

促进治疗同盟是 CAMS 的一个基本目标，因此我们强调临床工作者和患者之间的临床合作。CAMS 通过结构化的评估过程，深入地、共情地探索患者的**痛苦和煎熬**，这也是我们前期的重点。虽然在 CAMS 中实施 SSF 评估的直接原因，是当前的自杀想法，但是我们初始的评估重点，主要关注心理痛苦和煎熬，而不是自杀本身。实际上，更为具体的自杀相关问题在接下来的评估过程会出现（B 部分）。毫无疑问，自杀的主题对一些患者而言是敏感的，但是快速转到痛苦和煎熬的话题上，并进行深入而有意义的讨论往往深受欢迎，并且其实能让患者感到安心和舒服。然而，临床工作者**如何**引入 SSF 是成败的关键。

提出自杀风险的主题

临床工作者开始访谈的经典问题可能是"今天你想谈什么？"接下来患者通常会谈及主诉、担忧以及与症状相关的问题。如第 3 章所述，在访谈初期使用筛查工具或进行筛查评估非常有用，这样做能有效地让临床工作者了解，患者是否存在自杀风险。即使已经筛查过了自杀风险，我们仍建议留给患者 5 分钟时间，让他们讲述所经历的事情，然后以如下的方式转向自杀风险的主题：

> "你现在似乎正在经历很多事情，我非常高兴你能来寻求帮助。你好像完全被压垮了，而且非常痛苦。而且你现在的处境似乎非常艰难，以至于你真的有过自杀的想法，你在等候室里填写的评估量表反映了这一点。我理解，这样的想法真的反映出你的处境非常艰难，因此我想要进行一个更加深入和全面的评估，来了解你的心理痛苦和情绪困扰。为此，我这里有一份评估工具，它对我们会非常有帮助，我希望我们能共同来完成它。我可以把椅子挪到你旁边，然后我们一起完成这个评估吗？"

如果不使用筛查工具，那么临床工作者就尤其要负责任地仔细聆听一些关键信息，诸如失望、绝望、逃避的愿望和无望感等。当你意识到可能隐隐存在一种自杀的"氛围"时，就要尽快地直接讨论自杀的主题，这一点很重要。这时我可能会这样说：

> "唉，你的情况听上去真的非常糟糕和痛苦。我很高兴你能来寻求帮助！我想知道有时候它痛苦到什么程度？你又是怎么度过的？你知道一些人在遭受这样的煎熬时可能会想到自杀，这并不罕见。听到你描述的处境，我想知道你有过这些想法吗？如果有的话，我们可以共同完成一个评估过程，它可以帮助我更加深入地理解你的处境。我可以把椅子挪到你旁边，然后和你一起完成这个评估吗？"

我想强调上述两段对话的一些关键特征。第一，我会再次向患者强调，寻求帮助是好的做法——我们一定要给患者提供希望，肯定他们寻求治疗的决定。第二，我会表明我能够感受到患者被彻底压垮的感觉，我也理解患者内心正在遭受煎熬。患者需要知道我理解其状况的程度。第三，我把自杀解释为患者的艰难和痛苦处境的一个标志，那么根据痛苦的严重程度，患者产生自杀的想法就可以理解了。第四，我有意转移我们的临床重点，强调与患者**共同地**进一步评估**痛苦和煎熬**，这会帮助我们共同澄清患者表现出的困扰。第五，我礼貌地请求坐在患者的旁边以便完成 SSF。患者将知道我没有任何假设，我最关心的是患者是否愿意继续。

填写 SSF 的 A 部分

在这里有必要回顾一下第 1 章中比尔的案例。尽管比尔有些不安，但他还是同意我的建议，完成了更加全面的评估。我搬起椅子坐到他旁边，并且将笔记板上的 SSF 拿给他。当他接过笔记板时，我说：

"比尔，这个评估工具是 SSF。完成问卷的各部分，能帮我们更好地理解你内心的痛苦和煎熬，你想要自杀可能就与这些感觉有关。我会帮助你完成评估的第一部分，在这个过程中我可以回答你的任何疑问，这样你就能更清楚地回答。完成这个评估对我理解你目前的状态非常有帮助。"

SSF 核心评估

在 SSF 首次会谈的评估阶段开始时，**患者**拿着笔，完成 A 部分所有的等级量表和质性问题。尽管存在一些特例，我还是强调应该由患者——**而不是临床工作者**——来填写 SSF 的首页，因为这样做能传递出一种完全不同，而又非常重要的评估动力。患者最了解自己的自杀痛苦和煎熬；我们的评估工作是在患者努力表达时，忠实地跟随并给予支持。

接下来，患者开始填写 SSF 核心评估的初始问卷（即心理痛苦、应激、激越、绝望感、自我厌恶和总体自杀风险）。在每个等级评定项后面，临床工作者应鼓励患者补全不完整的语句。在填写 SSF 的 A 部分期间，临床工作者是顾问、指导者和合作者，帮助澄清患者提出的任何疑问，协助患者完成问卷。在一些需要填写的题目上，患者没有填也没有问题（其实，不回答也可能是有用的数据）。临床工作者应当鼓励并且帮助患者，使其不要在某个条目上陷入停顿；在"数据收集"过程中，要让患者保持连续作答，这一点很重要（即不要在任何一项回应上过深地追究）。SSF 核心评估完成后，临床工作者指导患者根据主观意愿，按照 1 分最重要到 5 分最不重要的顺序，将 SSF 核心评估的条目进行排序。

请根据你现在的感觉，对下列各条目进行评估并填写相应的内容。然后按照条目对你的重要程度，用 1~5 进行排序。

排序（1 表示最重要，5 表示最不重要）。

3	1. 评估心理痛苦程度（心中的创伤/苦恼/不幸；<u>不是压力</u>；<u>不是生理痛苦</u>）： 　　**痛苦程度低**：1　2　3　4　**⑤**　：**痛苦程度高** 我觉得最痛苦的是：<u>我的生活，我的婚姻</u>
4	2. 评估应激程度（总体上的压迫感或超出负荷的感觉）： 　　**应激程度低**：1　2　3　**④**　5　：**应激程度高** 我觉得应激最大的是：<u>所有的事情</u>
5	3. 评估激越程度（情绪上的急迫感/感觉需采取行动；<u>不是易怒</u>；<u>不是烦恼</u>）： 　　**激越程度低**：1　2　**③**　4　5　：**激越程度高** 我觉得必须要采取行动的时候是：<u>和妻子吵架以后</u>
1	4. 评估绝望感程度（觉得无论自己做什么，事情都不会好转）： 　　**绝望感低**：1　2　3　4　**⑤**　：**绝望感高** 最让我感到绝望的是：<u>生活的意义</u>
2	5. 评估自我厌恶程度（总体上感觉不喜欢自己/没有自尊/无法自重）： 　　**自我厌恶感低**：1　2　3　4　**⑤**　：**自我厌恶感高** 我觉得最讨厌自己的部分是：<u>我感觉自己被困住了</u>
不适用	6. 评估总体自杀风险：**风险极低**：1　2　**③**　4　5　：**风险极高** 　　　　　　　　　　（不会自杀）　　　　　　　　　　（会自杀）

图 4.1　比尔的 SSF 核心评估

如图 4.1 所示，比尔顺利地完成了 SSF 核心评估。我们看到生活和婚姻方面的很多问题让他感到痛苦，这些痛苦与自杀风险密切相关。根据施奈德曼的自杀立方体模型，我们看到心理痛苦的评分是 5，压力是 4，激越是 3，也就是 5–4–3 评分。虽然不如 5–5–5 评分（它是明确且危急的风险的操作性定义）令人担忧，但我们仍认为比尔的风险水平令人不安。令我安慰的是，幸好他对激越一项的评分较低，因为激越是完成自杀的致命心理力量。但是比尔的绝望感是 5，自我厌恶是 5，这无疑吸引了我的注意，因为我们的研究表明，这两个变量能够显著地影响总体自杀风险，而且他将总体自杀风险评为 3（Jobes & Kahn-Greene et al., 2009）。在根据重要性对 SSF 核心变量进行排序时（从 1 到 5），排第一和第二的分别是绝望感和自我厌恶，这也是值得关注的。比尔有关"受困"的绝望感以及将自己称为"失败者"的行为，都很明显地预示着一个令人担忧的潜在组合；他绝望地感到陷入困境，并且充满了自我憎恨。

自我取向和关系取向的自杀

接下来，SSF 的 A 部分将评估的重点从 SSF 核心评估转向如下两个问题：患者的自杀风险是指向"自我"的，还是指向"他人（关系）"的（还是两者皆有或皆无）。我早期做过一些相关的理论工作，阐述了**内在心理现象**与**人际心理现象**两种自杀状态（Jobes, 1995a）。对于内在心理现象的患者而言，其自杀倾向来自内部或是聚焦于自我。与之相反，人际心理现象的自杀倾向则深深植根于关系中。理论上，对于有自杀倾向的患者而言，内在心理现象的患者**完成**自杀的风险更大，而人际心理现象的患者**尝试**自杀的风险更大。矛盾的是，相关理论以及我们的一些数据表明，内在心理现象的有自杀倾向的患者可能较少寻求治疗，但是如果接受治疗则会有较好的效果。相反，人际心理现象的有自杀倾向的患者更可能寻求治疗，但是对标准化的心理健康治疗反应较差（Jobes, 1995a; Jobes et al., 2005; Fazaa & Page, 2005）。如图 4.2 所示，我们看到比尔将两个条目评定为 5，这促使我们不由自主地进行了简短地讨论：他如何"再也受不了了"，以及为什么他觉得家人"没有我在身边会更好"。他的评分以及我们的讨论，毫无疑问地引起了我的注意，比尔既将自杀当作逃离痛苦的方法，同时也当作送给爱他之人的一份令人不安的"礼物"（这与乔纳在 2005 年提出的"累赘感知"的概念一致）。此外，我们的研究表明，自我和他人两项评分都高的患者，其总体自杀风险的评分也会明显较高（Lento, Ellis, & Jobes, 2013）。更确切地说，研究发现在"自我"条目上评分高的个体，其《自杀意念问卷》的评分也相对较高，然而这一趋势被"他人"条目评分的调节作用所缓冲。也就是说，与"自我"条目评分高和"他人"条目评分低的个体相比，同时在这两项上评分都高的个体在《自杀意念问卷》上的得分较低。奥康纳、史密斯和威廉姆斯（O'Connor, Smyth, & Williams, 2014）的研究进一步支持了此结果，他们发现高水平的**自我取向未来思维**（intrapersonal future thinking）（例如，只有对自我而没有对其他人的想法）与反复的自杀尝试相关。

（1）自杀念头与你对<u>自己</u>的想法和感觉有多大关系？**完全无关**：1　2　3　4　(5)　：**完全有关**
（2）自杀念头与你对<u>他人</u>的想法和感觉有多大关系？**完全无关**：1　2　3　4　(5)　：**完全有关**

图 4.2　对自我取向和关系取向的评分

生存理由与死亡理由

CAMS 首次会谈中，A 部分的下一项评估是"生存理由"与"死亡理由"，此部分可以按照患者偏好的方式完成。例如，一些患者会从死亡理由开始，在临床工作者的鼓励下才不情愿地将注意力转向生存理由。患者应当尽可能多地填写对他们有意义的答案，以确保适当地完成此部分，但是他们并不需要把每个空白处都填上。在列出所有回答后，请患者按照 1 最重要到 5 最不重要的顺序对所写条目进行排序（分别在生存理由和死亡理由的前面填写排序序号）。与所有的 SSF 质性评估一样，患者不需要填完生存理由或死亡理由的全部 5 项条目——回答的相对完整性（或不完整）是有用的信息源。

对于比尔而言，我们看到，他的生存理由全部集中在家人上；矛盾的是，他的一个死亡理由也指向家人——这是自杀心理的本质。其他的死亡理由都集中在困顿感、失败感和痛苦上，这与他在 SSF 核心评估中的回答很相似。比尔缺少其他生存理由，尤其是缺少未来思维的相关内容，这有些令人担心，因为我们发现，在 SSF 的**任何部分**中，有关未来思维的表述都可能是保护性因素（Jobes, 2004b; Nademin et al., 2005）。

排序	生存理由	排序	死亡理由
1	妻子	3	妻子和孩子们
2	孩子们	1	被困住、想逃避
		2	我是个失败者
		4	痛苦

图 4.3 比尔的生存理由和死亡理由

生存愿望与死亡愿望

在完成生存理由与死亡理由评估后，鼓励患者完成关于"生存愿望"与"死亡愿望"的 0~8 级评定，这项评估受到第 2 章提及的科瓦奇和贝克（Kovacs & Beck, 1977）的研究的启发。当他们首次介绍"内部挣扎假说"理论时，科瓦奇和贝克同时介绍了一个关于自杀想法的矛盾本质理论，以及将自杀风险分等级的初步方法。贝克及其同事们多年监测自杀患者的大样本数据，几年后他们指出，对生存愿望与死亡愿望的简单自评，其显著优势比与真正自杀行为相关（Brown, Steer et al., 2005）。换句话说，患者对生存愿望和死亡愿望的评定，可以构成等距量表（称为自杀指数得分；Suicide Index Score，简称 SIS），计算方法是将死亡愿望得分减去生存愿望得分。布朗、斯蒂尔及其同事（Brown & Steer et al., 2005）的研究表明，死亡愿望得分高的患者实施自杀尝试及自杀死亡的可能性更高。

美国天主教大学自杀预防实验室的研究团队，已经将自杀指数得分的方法用于多个横断面研究（Corona et al., 2013; O'Connor, Jobes, Comtois et al., 2012; O'Connor, Jobes, Yeargin et al., 2012）和治疗效果研究（Jennings, 2015; Jennings et al., 2012; Lento, Ellis, Hinnant, & Jobes, 2013）。我们的实验室考察了 SSF 中，生存愿望和死亡愿望的 9 点量表（能被 3 整除，这与科瓦奇和贝克采用的原始方法一致）。生存愿望和死亡愿望的得分转换成 3 点量表后，自杀指数得分的取值范围在 +2（高生存愿望）到 -2（高死亡愿望）之间。与贝克团队的研究相似，我们发现将自杀指数得分分为 3 个不同的组很有意义：生存愿望组（得分为 +2 和 +1）、中间组（自杀指数得分为 0）和死亡愿望组（得分为 -1 和 -2）。如图 4.4 所示，将比尔在 SSF 中的生存愿望得分 2 和死亡愿望得分 6 进行转换后，我们可以看到他的自杀指数得分（1–3 = –2），这让他处于令人担心的死亡愿望组——他与自杀的心理联结很强。

我想要活下去的程度： 　　完全不想：0 1 ② 3 4 5 6 7 8 ：非常想
我想要死的程度： 　　　　完全不想：0 1 2 3 4 5 ⑥ 7 8 ：非常想
让我感觉不再想自杀的一件事是：_解脱出来——摆脱受困的处境_

图 4.4　比尔的生存愿望与死亡愿望以及 SSF "一件事反应"

"一件事反应"

SSF 的 A 部分的最后一项评估是"一件事反应"，我有时称为"魔法棒"评估。换种方式表达就是，"如果我们能够以某种方法神奇地改变你生活中的一件事，并因此彻底消除你的自杀风险，它会是什么事？"患者有时会给出不可能的甚至是虚幻的回应，如"救活我的丈夫"，或者"我想乘时光机将所有事重做一遍"，这些回应不具有临床意义。而有些回应在临床上是可及的，如"摆脱我是一个坏家长的内疚感"，或者"找到能稳定我的情绪的药物"。"一件事反应"的范围和内容可能非常有趣。与 SSF 的其他开放式条目一样，患者可以以他们喜欢的任何方式回答。例如，一些患者会给出多个答案，而另一些患者完全不知所措。临床工作者既不要过于指导，也不要过分限制患者如何回答此题以及 SSF 的其他质性评估。

回到比尔的例子上，在图 4.4 中我们又一次看到了一个模糊的提示："解脱出来——摆脱受困的处境"，这是比尔在 A 部分中第 3 次提及被困住的感觉。在 SSF 评估的过程中，一个或两个主题反复出现并不罕见。而且我们从威廉姆斯（Williams, 2001）和奥康纳（O'Connor, 2011）的研究中得知，"被困住"是困扰许多自杀患者的常见现象学体验。近期一项纵向研究调查了一组自杀未遂者，发现他们在填写问卷的 4 年之后，只有困顿感和既往自杀尝试次数，是日后自杀行为的显著预测因素（O'Connor, Smyth, Ferguson, Ryan, & Williams, 2013）。由此可见，自杀可能是逃离的机制，逃离是自杀状态理论（Baumeister, 1990）和 SSF 研究中另一个常见的心理结构（Jobes & Mann, 1999, 2000）。

A 部分总结

如前文所述，临床工作者和患者双方在完成 SSF 首页时，需要在迅速推进和深究细节之间保持平衡，既不能急于求成，也不能在任何一部分停滞不前。我认为，以这种合作的方式让患者，用 15~20 分钟完成 A 部分，对于 CAMS 取得成功是至关重要的。通过指导、澄清和协助，促使患者与临床工作者之间形成重要的合作力量，这是 CAMS 工作的基础。如果将来我们对 CAMS 起作用的机制进行分解研究，我相信合作式的 SSF 初始评估过程会是治疗发生变化的重要机制。在理想的状态下，SSF 初始评估会让患者形成深刻而难忘的印象："我真诚地希望了解你的经历，理解你的痛苦和煎熬。"

填写 SSF 的 B 部分

完成 A 部分后，接下来的重要工作是转换到 B 部分。临床工作者仍然与患者并肩而坐，拿回 SSF 并完成 B 部分（临床工作者评估部分）。正如第 3 章所述，这一部分包括一系列重要的、经过实证检验的自杀危险因素和警告信号。为了完成评估的过渡并进一步引导患者完成 SSF 的 B 部分，临床工作者可以在这部分开始前这样说：

"我们刚刚完成了评估中的一个重要部分,我觉得我对你的痛苦与煎熬有了更好的理解,它们也是你想要自杀的原因。现在还有一些问题需要我们一起讨论。将这些有关自杀的问题与第 1 页的信息相结合,可以帮助我们制订一个能有效处理痛苦和煎熬的可行治疗方案。"

以实事求是的态度与患者共同完成 B 部分的问题,这一点很重要。每道题以直接的方式呈现给患者,并且在临床工作者的话语中,不能带有任何评价性的暗示或对患者如何作答的期待。在完成 B 部分评估的过程中,由临床工作者填写 B 部分的各个条目,而患者在一旁观看。图 4.5 继续展示了比尔案例的 B 部分。

B 部分(临床工作者):

(有) 无 自杀意志　　描述:大多数是晚上,睡觉之前
- 频率　　　　　2~3次 每天　　　　每周　　　　每月
- 持续时间　　　　　　 秒　　 30 分钟　　 2 小时

(有) 无 自杀计划　　时间:晚上,深夜的时候
　　　　　　　　　　地点:在他家里的书房
　　　　　　　　　　方法:枪射击脑门　　 是否有可用的手段:(是) 否
　　　　　　　　　　方法:　　　　　　　 是否有可用的手段:是 否

(有) 无 自杀准备　　描述:已经草拟了遗书

(有) 无 自杀演练　　描述:曾拿枪指向头部

有 (无) 自杀尝试史
- 尝试一次　　　描述:不适用
- 尝试多次　　　描述:不适用

有 (无) 冲动性　　　描述:没有人说我是容易冲动的

(有) 无 物质滥用　　描述:酗酒——之前有过清醒的时期

有 (无) 重大丧失　　描述:不适用

(有) 无 关系问题　　描述:人际退缩/婚姻问题

(有) 无 成为他人累赘　描述:我不在了他们会更好

有 (无) 健康问题与生理疼痛　描述:不适用

(有) 无 睡眠问题　　描述:经常失眠——有睡眠障碍史

(有) 无 法律与财务问题　描述:没有法律问题,但有经济上的压力

(有) 无 羞耻感　　　描述:失败者——我真失败

图 4.5　比尔对 SSF 的 B 部分的回答

下面我们对 B 部分中每个基于实证研究的评估条目进行说明，临床工作者可以借此熟悉每个条目，以便澄清并有效地收集关键和必要的评估信息。我会继续参照图 4.5 的回答，进一步说明与我们的案例相关的关键信息。还需要指出的是，可以被纳入 B 部分的潜在自杀风险因素有**上百种**（Maris, Berman, & Silverman, 2000），但是出于简洁和有效性的考虑，我们只保留了在实证研究中效果稳健，且在临床应用中显著有效的部分风险因素。

自杀意志

SSF 的 B 部分的第 1 项是对自杀意念（suicide ideation）的评估。显然，所有的自杀行为都暗示着对自杀的认知思维（Jobes, Casey, Berman, & Wright, 1991; Rosenberg et al., 1988）。从临床工作的角度考虑，患者自杀想法的本质和内容十分重要。其自杀想法只是一闪而过的念头，还是已经被深入而具体地思考过？当我们询问自杀意念时，我们会努力评估患者对此问题的认知参与度。因此，我们会让患者描述自杀意念，并说明自杀相关想法的频率和持续时间。自杀意图（suicide intention）是与自杀意念相关的一个重要概念，它是自杀研究者和临床工作者多年来一直着力解决的问题（Wagner, Wong, & Jobes, 2002）。临床工作者显然最担心患者在心理意图上想彻底结束生命。但是，在临床上绝大部分自杀患者远远没有完全下定决心去死，因此我们必须努力理解患者自杀想法的目的和意义。如果我们可以与患者在合作的基础上，共同理解患者生活中的目标、自杀意图的本质和自杀想法的功能，我们将更有可能真正挽救患者的生命。

自杀计划

理解患者的自杀计划是接下来的关键一步，自杀计划能揭示出心理意图的关键因素，尤其是当自杀计划具有**致命性**（即特定的自杀方式带来的客观生理风险）的时候。敏锐地评估患者的自杀计划的严重性非常重要（Stefansson, Nordström, & Jokinen, 2012）。有趣的是，乔纳及其研究团队（Joiner et al., 2003）发现，最糟糕时刻的自杀计划和自杀准备可以预测日后的自杀死亡（而当前或最糟糕时刻的自杀想法和自杀愿望不能预测日后的自杀死亡）。基于上述原因，虽然我们关注自杀意念的作用，但是计划自杀和准备自杀的程度和严重性也是至关重要的（这也是它们出现在 SSF 的 B

部分中的原因）。

由此，我们发现自杀计划的清晰性、特异性和具体性是判断自杀意图和致命性严重程度的重要依据。换句话说，如果某人的自杀计划是模糊的、不确切或不具体的，那么他自杀死亡的可能性就比较低。相反，如果某人有具体而详细的自杀计划，包括特定的地点、日期和时间，那么他在心理层面对自杀的投入要多得多，进而反映出更严重的自杀意图。值得注意的是，根据以上原则，我们发现老年患者的自毁行为更加坚决，他们有更完整的自杀计划，会使用暴力程度较低的手段，并且很少发出潜在自杀意图的预兆（Conwell et al., 1998）。自杀计划至关重要。

为了进一步评估自杀意图的严重水平，SSF 中还附带了额外的问题来了解自杀计划的"时间"和"地点"；另外还有一个问题询问了患者是否有自杀工具（例如，患者有没有藏匿可致命的药物或拥有枪支），进而了解自杀计划"如何"实施。在 SSF 评估的这个步骤中识别自杀计划的具体信息，也可以为接下来在 CAMS 稳定化计划中制订"工具限制"策略提供有用的信息。

回到比尔的案例中，对 SSF 中 B 部分的问询让我了解到一些关键细节，他说他已经选好了"最喜欢"的手枪，并在会谈中声称"我会朝我的眉心开枪"。他曾想过把枪口放进嘴巴里，但他担心自己有可能活下来，成为植物人。比尔没有考虑过其他方法，只是大概地想过过量服药，但是他同样意识到有存活的可能性。这个致命计划的具体程度和详细程度令我非常担忧。比尔考虑这个计划已经有一段时间了，并且似乎不想留下任何存活的余地。因此，我开始非常担心他潜在的自杀风险。需要注意，SSF 自杀计划的问询可以涉及两个独立的自杀计划，但这种情况并不常见。尽管患者有时会有其他计划，但几乎没有多于两个计划的情况，因此通常我只会问及前两个计划（Florentine & Crane, 2010; Hawton, 2007）。

自杀准备

许多自杀的人在尝试自杀或自杀死亡前都会进行具体的准备（Rudd, 2008; Rudd & Joiner, 1998）。大体而言，准备行为往往围绕着自杀尝试进行，例如采购致命工具、上网了解并确定药物的致死量，或者寻找不太可能被干扰或救助的合适地点。准备行为还可能包括安排个人事务、写遗嘱、写遗书、拍摄告别视频、在社交网站上发含义隐晦的信息、最后一次做喜欢的事、向朋友和家人做最后的告别，或者赠送珍贵的财物。所有这些行为都能推断出极大增加的自杀风险，意味着患者的行为在朝自杀行动上"升级"。如前所述，比尔确实已经草拟了给妻子和孩子的遗言，并且已经安排好了自己的事情，这两件事都毫无疑问地反映出他在结束自己生命上所进行的心理投入和准备行为。

自杀演练

自杀演练是不同于自杀准备的另外一系列行为（Rudd, 2008）。此类行为通常是指将计划好的自杀尝试付诸实际行动或进行预演。例如，一个人可能会将绳子系上扣，在车库里找到横梁，确保绳子足够长，放好矮凳，甚至踩到矮凳上，将绳子缠绕在脖子上，就差踢开矮凳尝试自杀。这样的演练行为是非常危险的，有时患者甚至会意外地死于自杀演练，而并不是真的想死。我们知道许多自杀死亡的人选择了枪支，他们将上膛的枪顶在自己的头上，朝头部的不同部位开枪，也可能是对着自己的嘴。如前所述，比尔已经充分考虑了朝身体的哪个部位开枪，这清晰地反映出潜在的致命意图。一般而言，识别自杀演练行为非常重要，它们是所有准备行为中最危险的。打个比方来说，在进行演练时，自杀患者就像走到了死亡的悬崖边，正在摇摇晃晃地向下看。

自杀尝试史

一直以来，既往自杀尝试史都被认为是未来自杀行为的重要风险因素（Sveticic & De Leo, 2012）。勒德和乔纳（Rudd & Joiner, 1998; Joiner et al., 2005）的研究表明，仅有自杀想法（愿望）的人，进行过一次自杀尝试的人，以及进行过两次及以上自杀尝试的人之间存在显著的差异。既往有过自杀尝试行为，尤其是多次尝试，会显著地增加未来自杀的风险。临床工作者在此部分主要评估"真正的"自杀尝试行为，而不是诸如划伤或轻微过量服药等表面上的非致死行为。尽管自杀尝试史是风险评估很重要的部分，但是法国一项针对自杀死亡者和自杀未遂者的研究表明，与自杀未遂者相比，男性自杀死亡者较少存在自杀尝试史，此研究再一次证明性别因素可能与自杀风险相关（Younes et al., 2015）。

回到比尔的案例中，尽管他既往没有自杀尝试行为，但他的自杀意图和自杀计划具有高风险。他在SSF评估中提到，他每天想到自杀2~3次，每次持续30分钟到2小时。上述情形往往发生在深夜，比尔独自在书房中，那会儿他很有可能是醉醺醺的状态，而他最喜欢的手枪就在他手边桌子的抽屉里，因此这些尤为令人担心。

冲动性

自杀尝试往往发生在激越、失常和极度冲动的状态下，因此了解患者对自己冲动性的评价是非常有用的。通常而言，广义上的冲动性以一系列未经深思熟虑的行为和活动为特征（Anestis, Soreray, Gutierrez, Hernández, & Joiner, 2014）。如果这些行为本质上是自我毁灭性的，自杀风险会进一步地升高。例如，自杀尝试与打架斗殴的历史（Bridge, Reynolds et al., 2015; Simon et al., 2002; Simon & Crosby, 2000）、品行和冲动控制障碍（Nock et al., 2009），以及预先谋划能力的缺失有关（即思考个体行为后果的能力不足；Klonsky & May, 2010）。冲动性其实是一个有些复杂的概念，它包括很多亚成分（例如，状态性冲动和特质性冲动），这使得它难以简单地用是或否来回答。但是对冲动性的询问给患者提供了一个从多方面思考此类行为模式的机会——他如何看待自己的冲动性，其他人如何评价他的冲动性，以及哪些活动能够用来评估冲动性。在比尔的案例中，他说他的行为很有条理——"没有人会说我是个冲动的人"。

物质滥用

自杀行为的另一个常见的风险因素是物质滥用（Esposito-Smythers & Spirito, 2004: Nock et al., 2009）。我们知道物质滥用能降低总体冲动控制水平，进而明显地导致冲动行为。很多人是在醉酒状态下完成自杀的（Borges & Rosovsky, 1996; Hufford, 2001）。在研究论文中，酒精与自杀的关系已经被充分证实了（Wilcox, Conner, & Caine, 2004），许多研究表明物质滥用与自杀在短期（Hufford, 2001）和长期（Esposito-Smythers & Spirito, 2004）内均存在明确的关系。比尔承认自己多次酗酒，但是也提到确实有过长达 2 年的戒酒期。他提到的近期酗酒行为是一个重大问题，可能在很大程度上增加他的风险。

重大丧失

多年来，自杀学家认为自杀常常受到丧失的影响，丧失似乎触发了自杀行为（Maris, Berman, & Maltsberger, 1992）。丧失可大可小；它可能是一次特别重大的丧失，或者是多个小的丧失的累积。例如，离婚、失恋、财务危机、喜欢的人或宠物的死亡——任何有意义的事件都可能具有重要影响（例如，Ajdacic-Gross et al., 2008; Brent et al., 1993; Joubert, Petrakis, & Cementon, 2012; Stack & Scourfield, 2015）。此外，引发自杀的丧失也可以是象征性的——例如，从充满意义的职业生涯中退休。尽管丧失往往构成了自杀前的情境，但这样的丧失通常并不是自杀的唯一原因（Maris et al., 1992）。在比尔的案例中，并不存在导致自杀风险的明显重大丧失。

关系问题

根据社会学家的研究，我们知道社会因素在许多人的自杀行为中发挥着隐含的作用（Durkheim, 1951）。我们进一步知道社交关系和社会融合保护着个体不去自杀（Daniel & Goldston, 2012; Eisenberg & Resnick, 2006; McLaren & Challis, 2009; Rowe, Conwell, Schulberg, & Bruce, 2006），且这种作用横跨各个年龄阶段。从临床干预的角度，努力避免高自杀风险个体独处，十分重要。比尔并不算特别孤立，但是他也承认自己有意避开家人和朋友，独自在书房中度过漫长而痛苦的夜晚，在那里反复地思考自杀。更为具体地说，在这个问题上我们发现，研究中大部分有自杀倾向的患者都认为关系问题是与自杀相关的首要问题（Jobes et al., 2004）。这些导致自杀的关系问题可能与恋爱相关，也可能集中于朋友与家人（详见 Joiner, 2005）。在比尔的案例中，他想自杀在很大程度上是由婚姻问题导致的。

成为他人累赘

根据乔纳的工作（Joiner, 2005），除孤立状态或关系问题之外，"累赘感知"是影响自杀的另一个因素。感觉自己是别人的累赘，这种消极的想法会带来一种危险的倾向：为了不给关心自己的人添麻烦、拖累他们，而将自杀作为一份"礼物"送给他们。在一些案例中，我发现这样的看法几乎成了一种固执的妄想。在我的办公室里，曾有一个 17 岁的男孩一再安慰泪流满面地恳求他的妈妈，虽然在他死后的一年内妈妈也许会很艰难，但是从长期而言，她会庆幸他不在了；母子俩就这个问题争论起来，而爸爸惊恐地在一旁看着他们。比尔确定地认为他的家庭会因为他的死而获益，尽管这可能不是妄想。

健康问题与生理疼痛

各种各样的资料表明，自杀状态中可能隐含着健康相关的问题，尤其是慢性健康问题（Giner et al., 2013; Maris et al., 2000; Sanna et al., 2014）。许多遭受慢性躯体疼痛的人过着自然的生活，但是有些人完全无法忍受这样的状态，他们可能会因为逃避痛苦而导致自杀风险升高（Hooley, Franklin, & Nock, 2014; Smith, Edwards, Robinson, & Dworkin, 2004）。在比尔的案例中，不存在增加他自杀痛苦的明显健康问题。

睡眠问题

在过去的 10 年间，研究者越来越多地关注睡眠障碍对自杀风险升高的潜在作用，尤其是失眠的致命性作用（Pigeon, Pinquart, & Conner, 2012）。与失眠、嗜睡和梦魇相关的睡眠问题被证实能够显著提高青少年的自杀风险（Goldstein, Bridge, & Brent, 2008）。此外，一项涉及 423 位自杀死亡的退伍军人的研究发现，睡眠障碍与短期自杀风险存在一定的关联（Pigeon, Britton, Ilgen, Chapman, & Conner, 2012）。值得注意的是，比尔最近有过几次阶段性失眠，之前的睡眠也不规律。他还提到酗酒能帮他"昏睡过去"，但是他会在午夜醒过来，感到晕头转向并且难以入睡。

法律与财务问题

法律上的问题也可能显著地导致自杀风险（例如 Brent et al., 1993）。发生在监狱或拘留所（常常是因为酒后驾车）的自杀尝试乃至自杀死亡的问题，确实是值得关注的。个体首次面临法律指控时，往往会伴有相当大的自杀风险（Oordt et al., 2005）。财务问题同样可能导致自杀风险升高，包括贫穷、失业、信用卡债务、发薪日贷款、欠税，以及单纯的收支不抵（Coope et al., 2015; Pompili et al., 2011）。比尔的案例中没有明显的法律问题，但是有一些经济上的压力。

羞耻感

羞耻感是最后一项与自杀相关的独特风险因素。如果个体想要避免为人所不齿的既往过失或经历被公开，这时羞耻感就会起到非常重要的作用。例如，牧师在面对儿童虐待案件的指控时，他们宁可尝试自杀或一死了之，也不愿面对漫长诉讼的痛苦，因为那是对他的职业和个人的羞辱。另一方面，被虐待的经历在受害者的自杀和自毁行为中起着非常关键的作用（Linehan, 1993a）。在对军人群体的研究中，我们发现羞耻感是现役军人重要的自杀风险因素，因为力量和坚韧是军队文化的核心（参见 Bryan, Jennings, Jobes, & Bradley, 2012; Bryan, Morrow, Etienne, & Ray-Sannerud, 2013; Jobes, 2013c）。我的患者比尔因为成为"失败者"和过着"失败"的生活而感到羞耻。

B 部分总结

完成 SSF 的 B 部分后，临床工作者和患者就可以过渡到 SSF 的 C 部分。C 部分的核心工作是在合作的基础上聚焦于以下两个方面：一是针对自杀制订稳定化计划，二是针对驱动力制订治疗计划，两者是 CAMS 照护的核心特征。在完成 SSF 初始会谈的评估工作时，我通常会说：

> "感谢你愿意和我一起完成这些评估。对于你的经历和你想自杀的原因，我想我们两人都有了更清楚的理解。知道你为什么想自杀非常重要，这有助于我们找到应对你的痛苦和煎熬的其他方法。在我们开始讨论你的治疗计划之前，你还有其他问题吗？"

个案示例：比尔自杀风险的总体阐述

综合考虑比尔在 A 部分和 B 部分中的各项评估数据，我认为他潜在的自杀风险很高。实际上，其自杀风险之严重让我甚至很震惊他还活着，也非常惊讶他愿意见我。考虑到比尔存在极高的自杀风险，大多数临床工作者会让他立即住院，我自己也认真地考虑了住院问题。然而，在 CAMS 导向的照护框架下，我们会尽最大的努力**避免**他住院治疗，我们往往将住院治疗作为最后的治疗手段。比尔的 SSF 核心评估显示他相当痛苦，而他的自我厌恶和绝望感是我关心的主要问题。他核实了自己的自杀风险与自我意识和重要关系均有关。比尔想死的理由超过了想活的理由，总体而言他与死亡的联结似乎比与生存的联结更紧密。此外，比尔被困住的心理感受也让我特别担心。

在 SSF 的 B 部分，我们看到比尔投入了相当多的时间和精力来思考怎样用最致命的方法结束自己的生命。他已经把个人事务安排妥当，并草拟了自杀遗书。他酗酒的历史和心理健康治疗效果欠佳的历史也不是好兆头。值得庆幸的是，虽然具有一系列高危的自杀风险因素，但是他没有自杀尝试史。此外，比尔现在仍坐在我这位临床心理学家的办公室中，而我正在不断地收集他自杀问题和自杀历程的重要信息。他还活着、还在表达自己，而没有选择就此默默地结束生命，这个事实可能是我们此刻了解到的最重要的、甚至是令人鼓舞的评估信息。

本章小结

在首次会谈中与患者共同完成 SSF 的 A 部分和 B 部分，对于成功运用 CAMS 至关重要。所有关于 CAMS 导向的自杀风险评估都有加强治疗同盟的目的，同时也有让患者更深入地参与照护过程的目的。A 部分的重点是要向患者强调，他们是自己的经验的专家。临床工作者的工作是通过患者的眼睛来理解他们的自杀风险。患者对痛苦的感知是评估的黄金标准；为了共情地理解患者的重要感受，临床工作者要做一名探索者，去探寻自杀的真相。

如上文所述，A 部分着重强调痛苦和煎熬而非自杀本身。完成对痛苦和煎熬的评估后，B 部分转而更加明确地聚焦于评估经过实证验证的自杀风险因素和危险信号，进而为各种自杀相关变量提供客观的视角。我们特意将 B 部分放在 A 部分后面，因为 B 部分更加明确地聚焦于自杀，而 A 部分更关注患者关于自杀的现象学和主体内在性体验。通过上述风险评估方式，我们强调以共情与合作的态度与患者共同努力，避免就能否住院进行权力斗争。这样做提高了建立合作同盟和鼓励患者的治疗动机的可能性，这些都可以在患者自己提出的、驱动力导向的、针对自杀的 CAMS 治疗计划中得到体现和实施。

在比尔的案例中，我们在治疗上面临着巨大的挑战。回顾比尔对 SSF 的 A 部分和 B 部分的回答，我们有充足的理由担心他的自杀风险。比尔无疑应该被看作高危自杀个体，他有唾手可及的致命工具，与死亡的心理联结也非常紧密。考虑到他的总体自杀风险很高，不让他住院治疗非常具有挑战性；然而在 CAMS 框架内，我们将尝试这样做。接下来我们会努力制订一个对自杀门诊患者展开照护的治疗计划，它是为了挽救比尔这类患者的生命而专门设计的。

第 5 章

CAMS 治疗计划

针对自杀共同制订治疗计划

众所周知，心理健康治疗的文献中有几百种心理疗法和临床治疗手段。我最初教授研究生课程时往往聚焦于 3 大理论流派：精神分析学派、行为学派和人本学派。如今，这些主流的理论得到了进一步发展与融合。例如，精神分析理论演变成各种各样的"心理动力"学派，包括自我心理学、驱力理论、客体关系、自体心理学等。还有很多满怀热情的临床工作者采用人本的、以患者为中心的、存在主义心理治疗的方式，而且来自这些传统的概念和思想被广为使用。在过去的几十年里，行为治疗（尤其是行为唤起；参见 Dimidjian et al., 2006; Martell, Dimidjian, & Herman-Dunn, 2013）与认知取向相结合，已明显发展壮大，并且得到的数据支持最多。在认知行为治疗的框架内，新一代强调正念的"第三浪潮"心理疗法正在全面地占据重要地位。这些疗法包括正念认知疗法（Segal, Williams, & Teasdale, 2012），接纳与承诺疗法（Ducasse et al., 2014; Hayes, Strosahl, & Wilson, 2011），以及其他类似的整合治疗取向（Kahl, Winter, & Schweiger, 2012; Roemer & Orsillo, 2009）。

除了不同学派和种类的心理疗法，心理健康从业者的"工具箱"里还有不计其数的其他治疗方法。延长暴露疗法（Foa, Hembree, & Rothbaum, 2007; Powers, Halpern, Ferenschak, Gillihan, & Foa, 2010），认知加工疗法（Matulis, Resick, Rosner, & Steil, 2014; Resick & Schnicke, 1992），以及眼动脱敏与再加工疗法（Shapiro, 1996）等创新疗法可用于治疗不同类型的创伤。贝特曼和福纳吉（Bateman & Fonagy, 2006, 2009）提出了心智化理论，这是治疗复杂人格障碍患者的新疗法（参见 Allen, Fonagy, & Bateman, 2008）。近年来，人们使用生物反馈（Nestoriuc, Martin, Rief & Andrasik, 2008; Siepmann, Aykac, Unterdörfer, Petrowski, & Mueck-Weymann, 2008）和临床催眠（Patterson & Jensen, 2003）治疗一系列的精神障碍和心身问题。在医学领域，精神药物林林总总（Mark, 2010），此外，电休克疗法（Kayser et al., 2011）和经颅磁刺激（Slotema, Blom, Hoek, & Sommer, 2010），以及静脉注射氯胺酮的应用也很有前景（Price, Nock, Charney, & Mathew, 2009）。从心理健康治疗的形式来看，有个体心理治

疗、团体治疗、伴侣治疗、家庭治疗以及行为的**体内暴露**治疗，既可以在公众场合，也可以在患者家里进行。最后，临床治疗设施也非常多样，包括门诊、咨询中心、危机应对小组、住院照护、社区心理健康部门、部分或日间治疗场所等。

作为一名务实的临床工作者，只要能够有效地治疗心理疾病、减轻症状，并且最终缓解患者的痛苦和煎熬，无论何种理论、治疗方法与形式（或者混合疗法）我都认可。根据我25年的临床经验，许多有效的治疗方法尚未得到研究数据的支持，但是作为一名学院派的临床工作者与研究者，我倾向于强烈支持有实证数据支持的干预方法。在同等的情况下，我明显偏爱既有临床效果又有实证支持的治疗方法。

考虑到众多可选的治疗方案以及心理健康领域关于治疗起效的各种"真相"，我从未想象我会深入地坚守某个特定的学派或者将我的临床实践限制在某个特定的理论或治疗框架之中。我最初的训练是从心理动力学视角进行个案概念化，并据此理解自杀风险（参见 Jobes, 1995b; Jobes & Karmel, 1996）。多年来，我仍然特别欣赏心理动力学取向对防御的分析（参见 McWilliams, 2011）。然而现在，我的实际临床实践已经融合了领悟取向和认知行为技术，还有很多成分取自人本、人际和存在主义取向。与领域内的许多临床工作者一样，我的临床实践显然是整合取向的。此外，我还知道团体心理治疗的巨大价值，精确的处方和定期随诊的精神药物的功效，伴侣治疗的价值，以及临床催眠的效用。

在我的职业生涯早期，有一个经历让我印象深刻，我观察到电休克治疗给一位重度抑郁并伴有自杀倾向的患者所带来的惊人转变。这个患者曾经是一位骄傲而杰出的联邦政府高级职员，但当时他每晚大小便失禁，个人卫生状况显著恶化。令我们所有人感到震惊的是，在接受第3次电休克治疗后，同样的一个人在早晨简直是跳出了他的房间，笑容满面地问候前台的工作人员："大家早上好，今天真是太棒了！"当一个临床工作者见证了各种各样的治疗方法对一些最严重心理疾病的治疗功效后，他很难不去务实地欣赏治疗灵活性的优势并充分利用可供选择的治疗方案。作为一名心理健康从业者，为了努力帮助饱受煎熬的患者，我会运用自己掌握的所有心理治疗方法。

然而，我了解到许多临床工作者不接受整合的治疗取向。实际上，许多心理健康专家都深度认同某一种临床取向或理论取向，这是一个苛刻的考验，它影响着CAMS这类自杀管理方法能否在专业上被广泛和常规性地使用。如第1章所述，多年来，发展 CAMS 的主要目标一直是构建一整套干预策略，让各种理论取向、治疗方法、受训背景和从业地点的临床工作者都能用它治疗自杀风险。但在临床实践和评估方面，CAMS 确实存在一些前提条件。CAMS 的标志性特征是针对自杀制订治疗计划，这个计划可以囊括任何理论和治疗方法，只要它们能成功治疗患者定义的自杀驱动力。在这点上，我一直主张（例如，Jobes & Drozd, 2004），CAMS 既不能取代临床判断，也不能限定必须使用的理论或治疗方法。因此，本章将首先阐述 CAMS 治疗计划的宽泛概念，然后对 CAMS 治疗计划的过程进行分步讲解。

CAMS 治疗计划概述

在针对自杀制订治疗计划时，有一个与之相关的一般性问题，你总是需要问自己："如果自杀是患者应对痛苦和煎熬的最好选择，**那么这个患者为什么会跟我这个心理健康专业人员探讨这个主题**？"这个问题的答案往往是，患者与你讨论是因为，他还没有下定决心将自杀作为解决痛苦和煎熬的最好办法；患者的心态是**矛盾的**，这就可能创造一个出口，治疗双方可以借此共同寻找挽救生命的临床干预措施。

尽管自杀患者的心态往往是矛盾的，但自杀的潜在诱惑仍可能强烈而急切。就这一点而言，临床工作者必须有技巧地与患者协商治疗计划的持续时间。时间因素非常重要，因为高风险的自杀患者不太可能**无限期地**"放弃"将自杀作为一种解决问题的选择。相对的，我认为临床工作者与患者商定在一段时间内给临床治疗一个机会，把自杀的选择放到内心的备用位置，这样做反而是合理的。我会用这样的方式邀请患者进入治疗：

> "在你为了结束痛苦而自杀前，我这里有一套针对自杀的治疗方法，它得到了实证研究的支持，能帮你找到其他的应对方式，让我们给它一个公平的机会。当然还有很多其他选择——比如自杀——治疗结束后你可以重新考虑它。"

这段话的最后一部分可能听起来过于冒险，但在临床情境下，辅以合适的语气和语调，这样的论述不仅是合理的，也充满了共情，通常这样说可以在患者能否自杀的问题上降低与患者进行权力斗争的可能性。最值得一提的是，这段话不会从已经很脆弱的患者手里夺走自杀在心理上带来的权力感和控制感。在我看来，与自杀患者工作时最有力的临床干预就是，直接与其协商把自杀延后。这里我们要考虑这样一些核心议题：临床工作者对有自杀倾向的患者的合理预期是什么？反过来，从患者的视角来看，如果他预计这个治疗方法最终可能救他的命，那么目前他在多大程度上愿意继续忍受难熬的、想要自杀的痛苦？

我会向我的自杀患者强调，在临床上，协商一个有限的、针对自杀的门诊治疗计划是合理的也是有必要的。在 CAMS 框架内，我们要求患者在一段特定的时间内遵守双方共同商定的针对自杀的治疗计划。此外，在 CAMS 中我们不可以在临床或道德上胁迫患者，也不提倡开放式的治疗计划。如前所述，当我与患者协商针对自杀的治疗计划时，我会坦诚地告知患者他可以**在之后**（当他不再参与任何挽救生命的治疗时）结束自己的生命。但是我会一再坚持强调，在患者就其自杀问题进行治疗的这段特定时间内，他和我都必须完全遵守这个挽救生命的治疗计划。这个治疗方案会不断地全面地探寻替代自杀的可行选择。

除此之外，我还会明确地告诉患者，一旦他们有明确而危急的针对自己或他人的危险（患者在接受治疗之前会按照 HIPAA 的规定签署知情同意书），我会毫不犹豫行使我的专业职责强制他们住院，这符合临床工作者在此情境下必须遵守的法律规范（Jobes & O'Connor, 2009）。但是只要还未达到医学和法律上要求的临界点，我们和患者就还有足够的空间做周全的规划，共同努力协商出一个能挽救生命的治疗计划。我往往会强调，给治疗一个机会对患者百利而无一害。

对于成功地协商治疗计划至关重要的是，患者需要知道在给予治疗方案一个公平合理的机会**之后**，他们仍可以结束自己的生命，这样他们就能维持一种控制感。每当我说这些话时，我都明确地说我不认为自杀是可行的选择，我也绝不赞同将自杀作为最好的应对方式，我不会那样做。因此，我治疗的自杀患者需要做一个重大抉择：他们要不要再活一段时间，看看治疗能否让他们不再这么痛苦地活着？还是选择不接受治疗，继续经历难以忍受的煎熬和其他明显的影响？这确实是一个重大选择，但是我认为必须向患者如实地指出。因此，临床工作者需要巧妙地向有自杀倾向的患者提出一个涉及特定时间的治疗选择，这至少在当时会激发患者**选择活下去**的愿望，进而抱着一线**希望**去寻找其他的可能性。

与第1章所说的"聚焦"思想类似,我经常通过下面的比喻来说明CAMS治疗计划:

> "我希望你与我一起踏上这个治疗旅程。在这个旅程中你是司机,而我是导航员。我以前多次走过这个旅途,我对路很熟悉,而且我有精确的地图和全球定位系统(Global Position System,简称GPS)。但是对任何结伴而行的两个人而言,这段旅程都不是完全一样的路线。这段旅程对每个司机都是独特的,我们共同决定旅行方式——走哪条路,什么时候停下,要走多快或多慢。想要让这段旅程获得成功,你必须像我一样忠于我们的旅行计划。我知道我们想要的治疗终点可能很难达到,坦白地说我们也有可能在旅途中走岔路。但是我仍坚信,只要我们结伴同行,我们就可以到达我们想去的地方。"

> "我知道你非常痛苦,所以我只邀请你与我一起旅行一段时间,最少3个月。在那之后,我们共同决定是要继续结伴同行还是分道扬镳,如果你选择后者,那接下来你可以依靠自己,也可以换一个导航员。尽管你正在经历煎熬,但我还是觉得这个要求是合理的,因为我们期待的目标很有可能达成,而且自杀的后果会很严重。"

> "如果你同意在我们都认可的这段时间内与我一起旅行,那么我们双方都需要认真地全然投入这段旅程。这就意味着你必须全心全意地坐在车上,锁上车门,系好安全带,双手都放在方向盘上。如果你坚持让车门半开着,方便你在道路崎岖不平时跳下车,那么这段旅程将会失败。如果你一定要那样做,我们就得帮你找一个别的导航员,或者也许你还没有准备好和我这样的人开始这样的旅程。"

> "作为你的导航员,我会一直陪在你的身边,在我们承诺的时间内,用我的专业知识、地图、GPS和经验促成这段旅程,让我们找到共同寻求的治疗终点。我可以保证这个终点比你现在停留的地方要好得多,你的痛苦和煎熬会大大减少,你应对生活的能力会明显提升"。

我想强调，想要稳妥地进行这个象征性的旅程，两人必须完全地坐在车里——关着车门，不可以象征性地将脚留在车外面。我们要求患者承诺，反过来患者可以预想到我们也会承诺：将两边的门关上、上锁，然后将安全带系紧。我们承诺一起踏上这段旅程去寻找一个理想的目的地，它是患者独自旅行所无法到达的。如果患者还没有准备好以这些为前提开始旅程，那么我会给他们提供 3 种选择：（1）如果患者有危急的风险，则转为住院治疗；（2）转介给其他的临床工作者，以其他的方式和前提进行治疗；（3）如果**没有危急**的风险，患者也可以在没有我的帮助或指导的情况下独自继续旅行（这在心理健康治疗中显然也是一种选择，但它常常被忽略；Jobes, 2011）。

我曾撰文讨论过（Wise, Jobes, Simpson, & Berman, 2005）针对自杀患者的"特定时间和有条件的治疗计划（time-specific contingent treatment palnning）"，它可能不适用于临床工作者遇到的每个可能自杀的患者（尤其是那些存在发展缺陷、急性精神病，或严重人格障碍的患者）。但是临床工作者有义务明确地告知可能存在风险的患者（尤其当自杀风险已经很明显的时候），从专业的角度出发什么样的临床计划更加合理，什么样的照护能让患者最大限度地获益。患者也是消费者，应该让他们自己决定是否"购买"这个治疗，而不对其进行任何潜在的威胁，也不在临床上对其施以压力。另外我想说，虽然在临床上我不喜欢以强制的方式预防自杀，但我仍然认为在一些情况下应该强制自杀患者住院，即便这有时会违背他们的意愿。如前所述，我会遵守法律法规的要求，在患者表现出**明确且危急**的针对自己或他人的风险时，我会强制他们住院。但是如果没有发生这类极端情况，我会热切地与患者进行合理的协商，争取关键的时间和信任，建立紧密的治疗联盟，并努力增强患者求生的动机。

这里我想强调 CAMS 的一些核心理念，作为对以上论述的总结。本书阐述的是自杀的合作式评估与**管理**。许多年前，我就认为处理自杀风险相关的方法应该强调**管理**而不是**治疗**。因此我们将其称为 CAMS 不是 CATS[1]。虽然有关治疗的内容贯穿本章和本书，但是 CAMS 的重点是在临床上管理潜在的自杀风险，直至患者的求生意志完全"获胜"。当患者与自杀的联结断开，CAMS 照护才算成功。事实上，自杀患者真正地放弃自杀是因为自杀在其生活中的目的和价值被淘汰了，而不是因为我们告诉

---

[1] CAMS 中的字母 M 代表管理（management），CATS 中的字母 T 代表治疗（treatment），作者在此强调两者的不同。

他们不要自杀。CAMS 的核心目标是帮助患者从生活中淘汰自杀选择，转换思维，重新与生活建立联结。

面对自杀勒索时的临床治疗计划

临床工作者常常害怕，如果他们不配合或者拒绝向自杀患者妥协，患者就可能尝试自杀或者真的自杀死亡，那么临床工作者就会被指责，甚至很有可能因为治疗不当而被起诉。在本书第 1 版中，我直言不讳地将这种现象称为"自杀勒索"。那是我初次涉足这个棘手的问题，我用了整整一章内容讨论与自杀勒索有关的伦理困境和风险管理（Jobes, 2011）。有些案例在开始时可能不易察觉，但后来会逐渐升级，直到临床工作者意识到患者有可能自杀，变得就像"被车灯吓呆的小鹿"。还有些案例可能一开始就有明显的斗争。在这样的案例中，临床工作者一天 24 小时随时可能接到患者的电话，他们改变自己惯用的治疗方式，调整边界，在一个严重的甚至是令人痛苦的案例上花费大量的时间。我就亲身经历过这样的案例（完整的案例请参见 Jobes, 2011）。

面对不断升级的自杀风险，即便是尽职尽责的临床工作者也会不知所措。就像刚刚提到的，在处理自杀风险时，临床工作者可能不得不违背自己的意愿做事，改变原则和惯用的治疗方式。因此，在他们能够觉察之前，治疗已经偏离了轨道，甚至失去了控制。这样的治疗可能会越来越被动和混乱，就像那个荷兰小男孩的故事，他试图堵住堤坝上的裂缝[1]。更重要的是，事实上这样的治疗完全不符合患者的最大利益。即便是有能力和责任心的临床工作者，也会被这样混乱的治疗弄得精疲力竭，最后只剩下痛苦和无力。所有这些因素，至少在某种程度上促成 CAMS 框架内相对结构化的、清晰的、直截了当的治疗方式。

对于这个主题我还有一个观点，就是有自杀倾向的患者显然可以考虑**不接受临床治疗**，这个可行的选择常常被患者和临床工作者忽视。我知道对一些人来说这可能是临床邪说，但我仍坚信这点，并且特别注重最大限度地争取积极的治疗结果。根据直

---

[1] 这个故事源自玛丽·梅普斯·道奇（Mary Mapes Dodge）的小说《银冰鞋》（*The Silver Skates*）或者又名《汉斯·布林克》（*Hans Brinker*）。

接的临床经验和实证研究的结论，要想让治疗起效，自杀患者必须有想要接受治疗的适当动机，并且愿意与临床工作者真诚地合作。为了合理地激发患者有诚意的动机，临床工作者有责任营造明确而清晰的治疗框架，阐明治疗如何工作，使得患者可以在信息充足的情况下做出是否进行治疗的最佳选择（参见 Street, Makoul, Arora, & Epstein, 2009）。

我认为在与自杀患者工作时，临床工作者尤其要非常坦率地告诉患者，自己打算做什么以及为什么这样做。我们的工作是为患者的最大利益提供专业意见，并将这一点明确地传达给患者。我们应该如实地呈现最适合患者独特问题的治疗计划，这样患者才能在知情的情况下做出是否参与治疗的决策。实际上，无论自杀风险是否存在，临床工作者都应该这样做。然而，如果患者想要自杀，我的意见是向患者直接而坚定地表示，自杀是**首要的**临床议题。针对自杀威胁，我们与患者必须有直接而明确的共识。在这一点上，我是比较死板的，即必须建立某些前提，才能让我有信心与自杀患者工作。相应地，患者可以决定如何继续（或不继续）治疗，来回应我的专业判断和基于我的经验提出的最佳照护条件。

举个例子，让我们讨论一个发生在临床工作者与有自杀倾向的患者之间备受争议的议题。想象一个自杀风险很高的患者来寻求治疗，并且承认他家里有唾手可得的枪支。在讨论枪支问题时，尽管临床工作者要求，但患者表示不会将枪支从家里拿走，即便短期也不行（例如一个月）。这个治疗僵局很棘手。一方面，患者可以合法拥有枪支；另一方面，疾控中心和其他研究人员的监控数据表明，家里拥有枪支会明显地危及患者的生命（CDC, 2010; Lahti, Keränen, Hakko, Riala, & Räsänen, 2014; Stroebe, 2013）。作为一名临床工作者，我可以赌一把，默许患者的拒绝行为；但我也可以把它作为一个不能通融的条件，告诉患者，在面对武器带来的威胁，并且患者拒绝在治疗期间移除武器的情况下，继续治疗会让我感到不舒服。我将患者的拒绝解释为缺乏治疗诚意。在我看来，患者这样的立场会直接威胁我们的治疗计划，严重地损害我们保护其生命的治疗努力。因此我不得不做结案处理，并将患者转介给其他临床工作者。明确地说，这不是政治或法律议题，而是关于患者最佳利益的临床判断。我不是说我的患者不能拥有枪支，我要表达的是，在我们同意针对自杀主题工作的这段时间内，为了让治疗顺利进行，我保留维持基本原则的权利。在临床层面，我不想与枪支的诱惑进行斗争。

说到这里，我们需要对临床上的一个伦理议题"遗弃"给予适度的关注（Jobes, 2011）。遗弃在伦理上最引人关切的问题是，临床工作者单方面地突然中止临床照护，让患者陷入困境。在临床遗弃的案例中，患者被突然中止临床照护，以及临床工作者没有努力确保患者接受持续的治疗照护或支持，会让患者处于脆弱易感的状态。然而以下却是一种完全不同的情况：临床工作者为了患者的最佳利益，采取慎重考虑、有原则的立场，最终不得不结束治疗。如果临床工作者因患者拒绝遵守某些合理的治疗条件，因此不得不结束治疗，那么在这种情况下有一些重要事项需要考虑：（1）明确地为了患者的最佳利益而工作；（2）对于治疗的必要元素（以及为什么这些元素是必要的）完全清楚；（3）尽最大的努力做出转介，引导患者接受其他合适的治疗；（4）寻求专业指导；（5）详细记录关于患者最佳利益的决策（最好也记录专业指导的意见）。

下面几个案例可供参考。几年前，我的一位资深同事向我咨询了一个特别复杂的案例。之前的咨询让我对这个复杂案例相当熟悉。我的同事已经与这位女性咨询了将近3年，她被诊断为心境恶劣障碍和边缘性人格障碍。治疗过程很激烈并充满争议，伴有持续的自杀威胁，并且患者出现过两次服药过量的自杀尝试和一次精神科住院治疗。这次，我的同事不得不再次找到我，因为他们原本已经问题重重的治疗关系又出现了新的裂痕。在缺席了一周的会谈后（她每周会谈两次），患者宣布不再找她之前的精神科医生治疗，并且现在正在和新的医生做治疗，这个医生完全改变了她的药物治疗方案。我这名拥有临床心理学背景的同事对这个突然的发展感到震惊，并且坚持让她签署一份同意书，让他能够与这名新的医生取得联系。患者拒绝了，并且坚称不让治疗师她的新医生谈话，她坚持认为新医生也会接受这样的安排。我的同事解释，专业实务准则和伦理守则都要求临床上的协商，如果不能与治疗团队的其他成员协商，会违背患者的最佳利益，并且他完全无法接受这个新的安排。患者不让步，事实上，我的同事发现她似乎以这种方式"享受"着反抗他的过程。我和同事在讨论了个案的历史、伦理、他的反移情以及一系列其他问题后，我们的结论是，我的同事必须保持坚定的立场，如果患者不愿意让他与新的精神科医生协商她的照护，他们的治疗就应该中止。他给了患者3周的时间来改变她的主意。但是在第3周结束时，患者仍然固执己见，于是他们动荡的治疗不得不结束。在最后一次会谈中，他回顾了这样处理的原因，并且提出将她转介给别的临床工作者。如果她改变了主意，他甚至愿意给她继续治疗。然而她没有改变主意，她怒气冲冲地离开了，并表示她将在新的医生那里同时接受药物和心理治疗。尽管从结果而言，这个案例不是令人满意的，但是我认为我的同事别无他选，他以一种完全合乎伦理的恰当方式做出了必要的结案处理。

这里的重点是，一定要清楚并且坚持自己对于治疗**应该**如何进行的临床判断。如果患者拒绝配合某些必要治疗前提，通常我会这样说：

> "在我看来，在治疗过程中你不能保留杀死自己的权利；这种方式对我们来说是行不通的。如果一定要这样，你就需要另找一个治疗师了，当然我会帮你找。或者也许你应该彻底重新考虑一下你有没有准备好接受心理治疗。"

我对患者的立场常常让前来参加我的工作坊的临床工作者感到震惊。作为回应我需要澄清的是，我并不是在用一种自相矛盾的干预方法，也不是在刺激患者。我只是在清楚地说明我的局限，以及我能够并且愿意提供的治疗的限制条件及其原因。我建议有自杀倾向的患者，在做出自杀这一极端选择**之前**，应该认真地考虑接受符合其最大利益的临床治疗。但是如果他们想跟我做治疗，那么我要求他们全身心地投入治疗——在治疗过程中不能随时准备"跳车"。因此，公开临床治疗过程、认真地建立治疗计划和协议，以及在特定的时间段内工作，这些都非常重要。我们不能让患者的个人议题、自杀威胁或病理性人格本末倒置地决定本该符合患者最佳利益的恰当治疗。重要的是，在每个约定的治疗期限结束时，临床工作者应与患者共同讨论以决定是否进入下一个临床阶段。

经常有人问我："如果严格按照你的方式，告诉患者，因为他拒绝你的一个前提条件，所以他还没有准备好接受治疗，然后他就在回家之后的当晚自杀了，那么这样的话会发生什么？难道你不用承担责任吗？"这样的情形无疑是一个悲剧，如果它发生了，我一定会感到非常难过。但是坦白地说，无论是否采用我提出的方案，这样的事情都可能发生在任何自杀患者身上。这是我们都要面对的风险。然而，不论我是否认为患者不宜接受治疗（例如患者拒绝遵守一个重要的治疗前提），责任都将取决于事后追溯时一个关键问题：患者离开我的办公室时，是否有明确而危急的风险？如果有，那么应该送患者去医院（患者自愿，或者必要时用强制方式）以确保他不会实施自我伤害行为。在这种情境下，临床工作者没有让患者住院，因而可能确实需要承担责任。但如果不是上述的情况，那么虽然这的确是个悲剧，但事实是这个潜在的患者既不能也不愿意接受一个合理的、有时限的、致力于挽救其生命的治疗方案。在这种情况下，虽然我不能保证临床工作者不被起诉，而且我也深知原告律师即使在证据极其薄弱的个案里，也会努力寻找临床工作者不当治疗的证据，但是临床工作者必须清楚他们常规而惯用的治疗方法——为什么做出这样的决定，以及如何回归到患者的最大利益上。如果这一立场能够得到理论尤其是数据的进一步支持，那么在事后追究的情境中，对他们会更有保护作用。我还会在第 8 章中再次提到，医疗事故的案例中总会发生后见之明的"马后炮"，因此详细完整的记录非常重要。

经验表明，替代我的想法的其他选择是站不住脚的，即临床工作者与患者开始或继续一段治疗关系时，有意地放弃了必要的关键治疗前提。这就像与有自杀倾向的患者有意地开始或继续一段有潜在风险的航行，但船体上有一个大洞；这对临床工作者和患者而言是双输的局面。如果临床工作者默许这样的基本照护前提，就等于向患者传达他的不可理喻是被接受的（即中途不见临床工作者，不遵守合理的、有时限的、能拯救性命的治疗方案也是可以的）。与许多读者一样，我也曾经这样做过。这样的方法对患者没有用，显然对临床工作者也没有益处。面对自杀勒索时，临床工作者这样的默许无益于最大程度地保障患者的利益，这也是我不能接受的（更多信息参见 Stefan, 2016）。

填写 SSF 的 C 部分

我们已经阐述了 CAMS 自杀治疗计划的总体概念，接下来让我们讨论 CAMS 治疗计划中的具体步骤。在第 4 章我们共同完成了 SSF 自杀风险评估的 B 部分（在首次 CAMS 会谈中）。如前所述，治疗双方需要花大约 30 分钟完成 SSF 评估的 A 部分（由患者填写）和 B 部分（由临床工作者填写）。合作式地完成自杀评估为针对自杀制订治疗计划奠定了适当的基础，下一步工作既包括完成 SSF 的 C 部分，也包括完成作为治疗计划一部分的 CAMS 稳定化计划。

协商治疗计划概述

为保证有自杀倾向的患者当前乃至未来的稳定性和安全性，在基于 CAMS 进行临床协商时，需要以下关键要素进行指导：

1. 使用 CAMS 的临床工作者应该向患者清楚地说明关于保密和紧急自杀风险的法律规定。通常要在知情同意书中列出这些重要信息，并且要和患者在临床会面和参与治疗前签署相关文书。取得执照的临床工作者有责任详细阐述并解答任何相关的问题。
2. 使用 CAMS 的临床工作者应强调共同付出与回报的重要性——让参与治疗的双方对彼此抱有合理的期待。
3. 使用 CAMS 的临床工作者应该与患者的自杀愿望共情，理解患者将自杀视为一种颇具诱惑力的方法用以应对似乎难以忍受的痛苦。然而，临床工作者可以紧接着敏锐地询问：自杀是应对和满足你的需求的最佳办法吗？
4. 出于对时间因素的考虑，使用 CAMS 的临床工作者应该与患者协商当前和未来的照护，并且不断探索推迟自杀行为的所有可能性。
5. 使用 CAMS 的临床工作者应该与患者努力达成一个合理的、真诚的、特定时间的共识，给可能产生作用的治疗一个公平的机会。我通常会要求治疗进行 3 个月（12 次会谈），因为研究表明大部分患者在 CAMS 的第 6~8 次会谈中就会见到效果（Jobes, 2012）。

如前所述，在标准的 CAMS 照护框架下，在首次会谈时应着重强调制订一项可行的门诊治疗计划，这就从根本上声明了门诊治疗的合理性，进而避免了住院治疗的需要。然而也存在例外情况，即当 CAMS 用于有自杀倾向的住院患者时，治疗计划应聚焦于出院的时机和恰当的处置（Ellis et al., 2015）。

在标准的 CAMS 门诊照护中，我通常用下列这段话介绍 SSF 的 C 部分，也就是治疗计划：

"现在我们要一起制订你的治疗计划，因此我们需要全面考虑目前了解到的所有信息，包括你的痛苦、煎熬和潜在的自杀风险。为了让计划行之有效，我们需要回顾先前评估的 A 部分和 B 部分，这能帮助我们确定问题、治疗目标和目的。我们必须认真地看待自杀问题，因此需要首先考虑如何应对你的自我伤害风险，然后我们再解决导致你自杀的问题。简单直白地说：我们将努力制订一项治疗计划让你**避免住院**。但是为了达到这个目标，我们必须制订一项针对自杀的门诊治疗计划，并且在此期间内，我们要共同遵守。"

具体而言，我们可以看到，首次会谈涉及的 SSF 的 C 部分（详见图 5.1），其表格中的治疗计划主要分为以下 4 个部分：（1）问题编号和问题描述；（2）目标和目的；（3）干预方案；（4）治疗时长。

C 部分治疗计划应该由临床工作者与患者协商完成，期间临床工作者仍坐在患者旁边。本着这种精神，我们将 CAMS 的患者看作治疗计划的**共同作者**。在 C 部分中，我们需要特别强调，如果我们想避免患者接受精神科住院治疗，那么问题 1（自我伤害的风险）是**无可**协商的。在重要的 CAMS 首次会谈中，治疗计划首先聚焦于自我伤害的风险，紧接着制订针对危机和自杀的稳定化计划。

C 部分（临床工作者）：

治疗计划

问题 #	问题描述	目标和目的	干预方案	治疗时长
1	自我伤害的风险	安全和稳定	稳定化计划已完成□	
2				
3				

是 ____ 否 ____ 患者是否了解并同意治疗计划？
是 ____ 否 ____ 患者是否有即刻的自杀危险（需要住院治疗）？

_____   _____
患者签名   日期   临床工作者签名   日期

图 5.1　首次会谈中 SSF 的 C 部分治疗计划

CAMS 稳定化计划

　　CAMS 治疗计划的首要重点是制订一个周全的、完整的稳定化计划，来保障患者的安全和稳定。在 CAMS 的标准化使用中，我推荐使用"CAMS 稳定化计划"（在 SSF–4 的第 3 页）。也可以采用斯坦利和布朗（Stanley & Brown, 2012）提出的安全计划干预（Safety Plan Intervention），或者勒德及其同事（Rud et al., 2001）提出的危机应对计划（Crisis Response Plan）达成类似的稳定化干预。这 3 种干预都能实现相似的目标，它们的基本作用都是提高患者应对当前和未来的危机的能力，以此消除或者至少推迟自杀风险。也就是说，这些计划都提供预先设定的步骤，指引遭受煎熬的患者度过想要自杀的时刻，进而避免自我伤害行为的产生。更为重要的是，这些针对自杀的、应对导向的稳定化计划绝对**不是**"不自杀"或"非伤害"协议的变体。数十年来，在门诊和住院的精神卫生机构中，让有自杀倾向的患者"保证安全"（有时直接强制要求）一直是标准的临床照护。令人遗憾的是，不自杀协议和安全承诺至今仍在使用，尽管它们遭到来自临床自杀学领域专家的严厉批评和摈弃（例如，Jobes et al., 2008; Stanley & Brown, 2012），他们指出这些手段缺乏实证支持，而且可能增加不稳定性（进一步的讨论参见 Lewis, 2007; Rudd, Mandrusiak, & Joiner, 2006）。但是，当患者陷入自杀危机时，关注患者可以**做什么**（稳定化步骤）与关注患者短期内**不做什么**（承诺不尝试自杀）存在显著的区别。

　　上文提到的所有稳定化干预策略都有相似之处，虽然格式不同，但它们通常都强调限制自杀工具，自我安抚，应对策略，转移注意力的技术，寻求关系支持的方法，以及在面临生死攸关的情境时如何寻求专业帮助。在 CAMS 照护框架下，稳定化计划是制订更系统的针对自杀的治疗计划的第 1 步。在 CAMS 照护过程中，每次会谈都要例行地回顾稳定化计划，同时系统地治疗患者界定的自杀驱动力，直到患者符合 CAMS 的风险解除标准（即连续 3 次会谈中，总体自杀风险显著降低，并且能有效管控自杀想法和感受）。

　　稳定化计划可以通过不同的方式进行，CAMS 临床工作者可以自由地创造有效的应对策略。在 CAMS 稳定化计划的一开始，首先要强调限制致命工具的重要性。这是有效实施稳定化计划的第 1 步。在很多情况下我们会采取真正的保护措施，从患者手里或周围环境中移除致命工具，例如，必须把枪支交给可信任的朋友或拆掉，或者类似地将药片存放在患者不能接触的地方。布莱恩、勒德和斯通（Bryan, Rudd, & Stone, 2011）提出创新的想法，通过第三方签字的"收据"来核实工具的移除；或者让第三方在临床工作者的语音信箱留言，证实工具已经被移除了。有的工具无法从患者所处环境中移除，例如，有的患者想要通过跳河或一氧化碳中毒死亡，那么应该尽量远离桥梁而减少对此类地点的接触，或者在不用汽车时由其伴侣安全保管车钥匙。然而有时候移除或限制致命工具是不现实的，但创造心理上的缓冲可以降低冲动自杀尝试的风险，并且它表明患者在真诚努力地为抵制致命诱惑而承担部分责任。

在 CAMS 照护框架下，临床工作者与患者在合作的基础上讨论工具的限制往往是他们之间的一个关键时刻，它考验了双方的决心：是否愿意在一段时间内联合起来，真诚地为挽救患者的生命而努力。讨论的过程可能是激烈而充满争论的。患者经常将藏药片看作"安全毯"[1]，想到在需要的时候无法回到致命工具的藏匿点，他们会非常恐惧。临床工作者一定要共情地接纳他们与此类安慰物的联结，但是要温和地挑战患者，让他们思考其他不威胁生命的安慰物。我常常说，对于 CAMS 这类挽救生命的治疗而言，致命工具与之构成了**竞争**关系。在我看来，患者真诚地愿意移除或者减少致命工具是治疗关系的关键里程碑。另外，患者在移除或减少致命工具上不让步，可能会阻碍门诊治疗的可行性。有时这个问题的僵局可能让我们不得不采用令人不愉快的方式，在自愿甚至强制的情况下进行住院治疗；尽管我不愿这样做，但面对极度致命的风险我必须如此。

除了解除致命工具，在自杀想法或自杀冲动出现时，保证患者有具体的应对计划也是非常重要的。一种实现方法是分层次应对，在 CAMS 稳定化计划中，对于"当我处于自杀危机之中，我能采取的其他应对办法"的诉求，我们会努力给予患者 5 个反应选项。可以做的事情通常涉及分散注意力或改变关注点，寻求他人支持，以及当患者感到不稳定时也能参与其中的具体活动。诸如此类的应对策略可以列在表格中，也可以写在临床工作者名片的背面，放到钱夹或口袋里，这样患者就可以随时看到危机卡。这一领域的其他研究者发表了很多关于应对策略的文章（例如，Linehan, 2014; Najavits, 2002）。

---

[1] 某种给人安全感的熟悉物体。

大体而言，应对导向的策略符合给患者赋权的 CAMS 合作哲学。具体而言，在治疗计划的进程中，重要的是让患者知道，一旦紧急情况发生，他有预先计划的步骤可以用于应对会谈以外的不同情境。在 CAMS 稳定化计划的适当时机，我会向患者提出，让我们一起想想他在危机发生时可以做的 5 件事。理想的情况是，由患者自己想出这些答案，并且答案必须是利于治疗的，通常包括行为激活和转移注意力技术。例如，出去喝醉酒是稳定化计划不能接受的回答。相反，类似于锻炼、有疗愈作用的写作、与能够提供支持的朋友聊天等，都是有益的应对策略的极佳范例。如果患者没有好的想法，我会提供一些建议。患者有时确实会因为难以想出积极的应对策略而感到不安。患者通常的应对策略是酗酒或吸毒，这些显然是有问题的。因此，对于气馁的患者，我会指出显而易见的事实：为挽救你的生命需要发展一套与以往不同的更好的应对方式。然后我会直接介入，提出各种行之有效的积极应对策略，鼓励患者逐个尝试，以便我们观察哪些能起作用，哪些没有效果。下面这个简短的清单列出了一些有利于治疗的应对策略，它们通常对有自杀倾向的患者具有效果：

1. 散步
2. 写日记
3. 洗个热水澡
4. 做指甲
5. 看体育类电视节目
6. 遛狗
7. 听音乐
8. 给愿意帮助自己的朋友发邮件
9. 小睡一会儿
10. 进行艺术创作
11. 阅读心理治疗的书籍
12. 梳 100 下头发
13. 去教堂祈祷
14. 冥想
15. 玩电子游戏

16. 看杂志
17. 看动物星球频道的节目
18. 给老朋友写信
19. 玩数独
20. 看网络视频

这个清单给出的活动类型就是一个合理的稳定化治疗所需要的——它们有利于治疗，能够让患者参与其中，改变患者的关注点，并唤起患者的行为去自我安抚或寻求他人的帮助。在写出 5 个应对策略后，我会郑重地加上第 6 条：一个紧急联系电话，患者打这个电话就可以直接得到临床照护。在我自己的案例中，这个号码是我的办公电话或个人手机号（这是我的"常规而惯用的"方式，但不是所有人都会这样做）。如果在机构或医院工作，这个电话可能是机构的紧急热线。在美国，我们可以提供国家生命热线（National Lifeline；800–273–TALK），接线员是危机中心的辅助性专业人员，他们在危机干预系统中接受过良好的训练，该干预系统得到了不断发展的证据的支持（Gould, Kalafat, Harris-Munfakh, & Kleinman, 2007; Gould, Munfakh, Kleinman, & Lake, 2012）。临床工作者对于给出自己的电话号码可能会感到纠结，对此我非常理解。但是，当把电话作为挽救生命治疗计划的一部分，并把它适当地解释为一种**特权**时，我发现它不会像想象的那样被滥用。临床治疗的证据表明，当应对无效时，提供获取支持的方法具有不言而喻的作用（例如，Linehan, 1993a, 1993b; Wenzel et al., 2009）。

无论案例的情况如何，我强烈建议，发生紧急危机时，应该有一种途径让自杀患者能够联系临床工作者或辅助性专业人员。关于这个议题，我通常对患者这样说：

"好的，这就是你的自杀应对清单，它是你稳定化计划的重要部分。一旦你发现自己处于危机状态，比如感到冲动、非常沮丧或者想自杀，你要遵守对我的承诺，根据整个治疗计划，完成这个列表中的每件事。我们的目标是让你学会与过去完全不同的应对方式，找到摆脱困境的办法。如果做完应对表中的所有事情，你还处于危机状态，那么就打电话联系我。如果我没有接到电话，你可以留言，我会尽快回复你。但是如果你还是需要立刻交谈，那就拨打生命热线，在我给你回电之前他们会帮助你。需要强调的是，我希望让你在生死攸关的危机状态时能够找到我。如果你做完了以上5件事，却还是感觉生命确实有危险，这就是真正的危机状况。再说清楚点，你只能在做完上面列出的5种应对方式后，才能给我打电话；如果这5种方式都不管用，你知道可以联系我。"

自杀应对清单的优点在于，它向患者清楚地传递了重要的治疗信息：你**能够**学会自己应对危机；如果上面的办法行不通，我会努力让你能直接跟我联系，提供危机时的支持。勒德及其同事（Rudd et al., 2001）将其称为自我调节训练，即危机应对的5个项目是用于提升患者处理危机的**内部资源**，而不是向**外部资源**求助，后者是指专业人员或辅助性专业人员的直接介入。这些也是斯坦利和布朗（Stanley & Brown, 2012）提出的安全计划的主要特征。该治疗理念强调让患者发展"更坚韧的心理防线"，以更好地抵挡生活中的跌宕起伏，即发生在我们所有人身上的失望、伤痛与伤害。认真使用预先计划好的自杀应对清单，是让患者直接学习培养心理防线的非常好的方法。

当我在工作坊中介绍自杀应对清单的使用时，我经常被问及：患者是否真的使用这些策略，他们会不会跳过1~5项应对策略，直接打电话给我？我的回应是，如果对干预策略的呈现和说明是合适的，那么绝大部分患者都能恰当地使用它。即使并非所有患者都能很好地使用它，但大部分都能领会干预策略的意图，这能在一定程度上澄清什么是心理健康危机，什么不是。在25年多的临床实务工作中，我只有2次被迫更换电话号码，以我这些年治疗的自杀患者的数量来看，这并不为过。

作为自杀应对清单的升级，我有时将它誊写到我名片的背面，制作更利于携带的危机卡（Crisis Card）。多年来，携带这样的卡片对许多患者都十分有效，很多时候起到不同寻常的作用。例如，许多年前我治疗过的一个患者，她只是拿出来这个卡片，看到上面的项目，就会感觉好一些。她没有做任何一个项目，只需看看就好。另一个例子是一名青少年患者，当我们完成卡片时，她热泪盈眶。她没有想到我会如此关心她，愿意把我的私人电话给她。还有一个成功运用危机卡的例子，患者起初完全质疑这种干预方法，在我们给她制订了危机卡的那个周末，她经历了一系列的冲突和失望。她小心翼翼地拿出她的卡片开始逐项去做，她当时确信这样做完全是浪费时间，她马上就需要给我打电话,因为这是唯一能解决她不断升级的危机的方式。首先,她去散了步;接着,她与室友进行了一次长谈,这些都不起作用。然后,她认真地去做项目3,小睡了一会儿。那天晚上她19点躺在床上,结果惊讶地发现自己在隔天早晨7点才醒来,这是长达12小时的小睡!她迫不及待地在接下来的那次会谈中告诉我,危机卡非常有效。在她确信她需要给我打电话时,她依靠自己度过了一个艰难的夜晚。我还要进一步说明,如果患者已经在手机上拍下了稳定化计划和应对清单的照片以备不时之需,那么也可以不用携带危机卡。

CAMS稳定化计划还要努力增强患者生活中的支持性关系。治疗双方列出愿意提供帮助的朋友、家庭成员、神职人员以及其他可能发挥支持性功能的角色。记录下他们的联系方式并获得联系他们的授权,这样做是为了必要时便于找到患者或者处理紧急的自杀危机。

最后,与其他有效的干预策略一样,患者定期参与会谈并且不过早地脱落也很重要。即便有良好的治疗意图,实际的困难也可能影响患者稳定地参与治疗。因此,要在首次会谈中尽可能多地找出影响治疗的障碍,并且采用头脑风暴策略解决它们。例如,对于低收入的患者,可能需要公共交通通行证或者其他交通工具。相应地,对于药物滥用的患者,会谈应安排在他最不可能喝醉的时候;对于失眠的患者,会谈应安排在他最可能清醒的时候。因此,提前讨论可能阻碍治疗的因素并想出解决办法是非常重要的。

问题2和问题3以及自杀驱动力的治疗

在首次会谈中,制订周全的稳定化计划自然非常重要,除此以外,随着临床工作者让患者写出SSF的C部分的问题2和问题3,CAMS"驱动力导向"也在这次会谈中开始了。患者应该将这两个问题看作是从根本上迫使他考虑自杀的两个最重要的问题。在首次会谈中识别这两个引发自杀的问题,是CAMS导向临床治疗的起点,在之后的治疗过程中需要与患者持续不断地讨论引起患者自杀风险的确切原因。在CAMS导向的照护框架下,在有自杀倾向的患者的思维过程中"连点成线"是非常重要的。换言之,任何自杀状态在根源上都存在正当的理由。在CAMS框架内,我们的目标是有效地识别、详尽地具体化并且理解这些自杀原因。然后我们在临床上努力矫治这些原因，在通过治疗消除了导致自杀的特定因素之后，患者就不再需要结束自己的生命。

因此，患者写出的这两个导致自杀的问题被记录在 SSF 治疗计划部分，并分别给出了相应的治疗目标和用于治疗它们的各种干预策略。例如，一名遭受过心理创伤的退伍老兵可能会说，"战争带来的创伤后应激障碍（post traumatic stress disorder，简称 PTSD）和婚姻破裂让我想自杀"。在这个案例中，CAMS 临床工作者可以针对 PTSD 带来的痛苦制订相应的治疗目的和目标，采取恰当的干预手段（例如，采用延长暴露疗法或认知加工疗法）予以缓解。与婚姻破裂相关的目标是提升沟通能力和挽救婚姻，进而进行沟通技巧的治疗干预并开始伴侣治疗。治疗计划的最后一步，是将可能的照护"剂量"写在表格中的"治疗时长"栏里（例如，4 次会谈或者每周 1 次会谈共 3 个月等任何合理的表述）。

在 CAMS 接下来的进程中，这些重要问题通常会随着我们对"自杀驱动力"的进一步讨论而发生变化。有关自杀驱动力会在后文中有更为深入的阐述，但大体而言，在 CAMS 导向的照护框架内，自杀驱动力通常有两种类型。一种是自杀的"直接驱动力"，它是患者特有的心理驱力（例如，各种各样的想法、感受和行为），它们可能驱使患者进入急性自杀状态。换句话说，直接驱动力是每个患者特有的自杀警示信号（Tucker et al., 2015）。自杀患者并不是一天 24 小时、一周 7 天都有急性的自杀危机。事实上只有当自杀的直接驱动力被触发或激活时，患者才会采取自杀的应对方式。相反，自杀驱动力的另一种类型"间接驱动力"是经常影响患者的问题或应激源，但它不会立即导致急性自杀状态。举例来说，间接驱动力可能是无家可归、失业，甚至是心理疾病，它们是患者生活中的应激源，但是还不足以驱使他们自杀。然而，间接驱动力会让患者的直接驱动力更容易在不知不觉中被激活或是突然被触发，进而使患者陷入急性自杀危机。总之，驱动力导向的治疗是 CAMS 导向的照护所独特和标志性的治疗方法，第 6 章将对此进行深入讨论。

遵守治疗方案

在首次会谈中，成功实施治疗计划的最后一步是回答最后两个题目：（1）"患者是否了解并同意治疗计划？"；（2）"患者是否有即刻的自杀危险（需要住院治疗）？"。

如果分别回答"是"和"否",则请患者在 C 部分的下方签名,临床工作者也签名。将 SSF 第 1 页和第 2 页以及稳定化计划的复印件或打印件给予患者一份,然后他就可以离开了。通常我们会鼓励患者建立一个文件夹保存 SSF 文档的复件。在我们以陆军军人为对象的随机对照实验中,我们通常会让临床工作者要求士兵折叠好每次会谈的表格,并将其放在袖子上的口袋里。研究中我最喜欢的患者会把他的 SSF 表格贴在家里的冰箱上,并在每次会谈结束后与妻子一起回顾当次的 SSF 评估和驱动力导向的治疗计划。他的妻子确信丈夫的自杀风险得到了定期追踪和治疗,她也是他治疗期间一个很好的伙伴。同样地,如果患者在手机中保存了这些文件的照片,SSF 的纸板复印件可能就不需要了,这在年轻患者中非常普遍。

如果合作式协商稳定化计划的过程不顺利,而且关于自杀,患者似乎对接受门诊治疗抱有非常矛盾的心态,那么临床工作者可能不得不安排患者接受精神科住院治疗。但需要再次说明,在 CAMS 导向的照护中,住院治疗是最后的手段(而不是首选措施),这个过程可以记录在治疗计划的最后以及 HIPAA 页中。

自我伤害简述

自我伤害行为普遍存在,而且与自杀风险具有复杂的关系,因此本章内容也涉及了自我伤害行为,以免对自杀治疗的讨论有所遗漏。许多临床工作者都会见到患者实施的各种自我伤害行为。有些行为可能是间接的自我伤害,例如我治疗的一名退伍军人,他每天抽 3 包烟,喝 5 杯伏特加,每天以超过 100 英里(约 160 千米)的时速在华盛顿环城公路上高速行驶。有些行为可能是更为直接的自我伤害,例如我治疗过的一个患者,她的手臂被严重的切割行为弄得惨不忍睹,留下了一道道长长的疤痕,而韧带和肌腱则受到永久损伤。她的胸部和腿部也遍布着自己用烟头烫的严重疤痕。在过去,我们熟知的这些负面行为被称为"准自杀(parasuicidal)行为";最近学者又提出"非自杀性自伤(nonsuicidal self-injury,简称 NSSI)"这一概念,并且作为有待进一步探索的问题被收录在《精神疾病诊断与统计手册》(第 5 版;*The Diagnostic and Statistical Manual of Mental Disorders*, Fifth Edition,简称 DSM–5;American Psychiatric Association,2013)之中。虽然自我伤害行为是临床工作者的噩梦,但是通常患者的行为目的并不是结束自己的生命。例如，许多边缘性人格障碍的患者都会出现高度的解离状态，这种状态能通过割伤自己的行为迅速地得到大幅缓解。在上述情况下，患者会感觉极度的迷失和脱离现实，割伤的功能是让患者与现实重新获得联结。显然，这种毁坏自己容貌的行为会导致非常严重的功能性损害。尽管如此，对于一些备受煎熬的患者而言，这些行为却可能颇具诱惑力。但是与成瘾性药物一样，这些行为能带来独特的"快感"，也存在心理依赖和戒断问题。患者常常发现必须割得更多更深才能达到相同的效果；而且自我割伤或烧伤的行为一旦上瘾就很难戒断（American Psychiatric Association, 2013; Nock & Prinstein, 2004）。

尽管自我伤害行为本身不是自杀，但它明显是有问题的，而且与真正的自杀行为并非完全没有关联。令人感到难办的是，自我伤害行为与真正的自杀想法和行为之间往往存在相当程度的重叠。患者在实施非自杀性自杀时，可能会行为失控或者判断错误。还有，虽然我们都知道边缘性人格障碍患者经常实施非致命的自我伤害行为，但他们也可能因巨大的痛苦而进入急性的自杀状态，出现自杀尝试，甚至自杀死亡。这种复杂的重叠有时令人难以分辨，也给临床工作带来了格外的挑战。

CAMS 不是特别针对自我伤害行为而设计的，CAMS 更适合解决自杀想法和自杀行为问题。如果患者的自杀风险中混杂了各种自我伤害行为，那么就有必要对自杀和非致命的自我伤害行为都给予评估和治疗。考虑到这一点，我建议在 CAMS 治疗计划中加入专门针对自伤的治疗措施。在这方面我推荐莱恩汉（Linehan, 1993a, 1993b, 2014）和沃尔什（Walsh, 2014）提出的治疗方案，两者都是照护和治疗自我伤害行为的有效而实用的方法。

完成 SSF 的 D 部分：HIPAA 页

首次会谈中 SSF 的 D 部分，可以大体称为"HIPAA 页"，该页涵盖了《健康保险携带与责任法案》（U.S. Department of Health and Human Services[1], 1996）所要求的主

---

[1] 即美国卫生与公众服务部。

要内容。HIPAA 是一部联邦法规，它规定了保存临床记录的要点，还特别对"病历"的保存和完整性有所要求。因此，如果要完整地记录 CAMS 导向的评估和治疗计划，应该在首次会谈后填写此部分内容。

尽管 SSF 在不同的临床环境中有不同的用途，但我仍明确建议使用 SSF 文档作为高危自杀患者的**专属病历**。在针对自杀的治疗过程中，使用 SSF 的 HIPAA 页显然可以为自杀患者保存完整而全面的病历。一旦患者满足了 CAMS 的"风险解除"（或其他的结果和处置）标准，干预就可以终止；临床工作者可以换回原来使用的病历记录。在我看来，使用 SSF 是建立一份完整的自杀相关档案的最佳方式，它往往能显著降低医疗事故风险（详见第 8 章）。下面我们来简要地说明 SSF 的 HIPAA 页的主要特征，以便进一步澄清这部分 CAMS 病历文件的重要性。

精神状态检查

根据 HIPAA 指南的要求，心理健康领域的临床工作者的一项常规工作是评估患者的精神状况，并记录相关信息。在 SSF 首次会谈的 D 部分中，精神状况的评估被相对简化，临床工作者只需圈选特定的项目，并附上简短的说明。

DSM 诊断和 ICD 诊断

尽管我曾批评过，我们在自杀风险的处理上过分强调了诊断（Jobes, 2000），但是我绝不是反对诊断。诊断非常重要，它为临床工作者提供了共通的语言，便于推断治疗方法和预后。因此，记录诊断印象是一项重要工作，诊断标准可以参照 DSM–5 的疾病分类体系（American Psychiatric Association, 2013）或《国际疾病分类》（第 10 版；*International Classification of Diseases*, Tenth Revision，简称 ICD–10；World Health Organization, 1992）的诊断系统。

自杀风险的总体水平

从临床概念化的角度来看，对患者的总体自杀风险水平做出专业判断也很重要

（Maltsberger, 1994）。评估结束当天，临床工作者必须对自杀的风险做出有根据的判断，并且清晰明确地记录临床判断过程。如第 2 章所述，数据可以很好地说明该判断。对生存与死亡愿望，以及生存与死亡理由的实证研究表明（Brown et al., 2005; Corona et al., 2013; Jennings, 2015），可以通过数据判断患者的总体自杀风险，总体自杀风险低的患者保持着与生存的联结（即生存愿望更强烈，且生存理由比死亡理由更多）。相比之下，还有总体自杀风险为中等的患者（即生存愿望与死亡愿望基本持平，生存理由与死亡理由也基本相等），而总体自杀风险高的患者与死亡有着更紧密的联结（即死亡愿望更强烈，且死亡理由比生存理由更多）。要将总体自杀风险可靠地分为 3 级，可以参考的数据不限于上述几项；但要对自杀风险做明确的界定和记录，就必须对上述数据给予充分考虑。

案例记录

最后，临床工作者应该照例写下案例记录，包括总体诊断、功能状态、治疗计划、症状、预后，以及当前进展。此记录类似于常规地录入标准病历中的总体进展记录。

个案示例：比尔在首次会谈中的治疗计划

在顺利完成 CAMS 评估（A 部分和 B 部分）后，我们在制订比尔的治疗计划上最初有些争议。一方面比尔明确表示他非常不想住院，而另一方面，当我们着手为他制订 CAMS 稳定化计划时，我坚持要求他确保枪支的安全，这是**不住院**的首要条件，而他却对此强烈反对。我们的谈话内容如下：

临床工作者：很好，有关你想要自杀的痛苦和煎熬，我们已经了解到这么多重要的信息。现在我们接着讨论治疗计划，我希望尽可能找到让你不住院的安全方式。

比尔：太对了，我一点也不想进精神病院！

临床工作者：很好，看来这是我们的共同目标。但是为了不让你住院，我们要仔细地制订一个稳定化计划，你可以看到，这个计划首先要减少你获得致命工具的机会，所以根据你的情况，你需要把全部的枪支放在安全的地方……

比尔：（**显而易见的愤怒**）等一下，你休想拿走我的枪，我享有（美国宪法）第2修正案赋予的权利！这是我的枪，医生，我无意冒犯，但不管是心理医生还是政府官员都不能剥夺宪法赋予我持有武器的权利！

临床工作者：（**长时间的沉默，平静而坚定地看着比尔**）比尔，我说得更清楚些，这与宪法无关，也与你的法律权利无关，这是在救你的命！我也不想跟你争论宪法赋予你的持枪权利。我是一名有执照的心理健康临床工作者，我有责任在我的专业范围内，保护我的患者，不让他出现明确而紧急的危害自己或他人的风险。而根据我们之前的评估，我判断你现在很可能对自己造成伤害！

比尔：（**愤怒稍微平息**）好吧，事情真是一团糟，我确实感到很绝望……

临床工作者：我听到了，也看到了，但无论如何你还是来到了这里！难道我们不应该向你寻求帮助的那部分致敬，并且尽最大的可能挽救你的生命吗？你看，你抽屉里的手枪正在挑战我们为挽救生命开展的治疗，想要挽救你的生命，我们就必须移除枪支的诱惑。我可以肯定地说，如果你开枪自杀，治疗就前功尽弃了！

比尔：（**微微一笑**）好吧，我觉得有道理，你说得对……

临床工作者：好，那么为了不让你住院，我们需要把你的生活环境变得安全一些，这就意味着在接下来的3个月内你要确保枪支的安全，在此期间我们会通过治疗努力挽救你的生命。另外，我希望你尽可能少喝酒或是彻底戒酒，因为喝酒无疑会让你更危险。你告诉过我，你最想自杀的时候就是喝醉的时候，对吧？我只要求3个月的时间内，我们真诚地一同努力挽救你的生命。对你而言这百利而无一害。

比尔：（**更加平静而温和**）嗯，我明白你的意思……好吧，现在我接受了，但是这对我而言真的很难。你觉得应该怎么处理我的枪呢？

尽管这段互动有些急躁，但它的确展示出临床工作者为了患者的最佳利益，如何坚持维护挽救生命的治疗计划。另外，这个例子也反映出我所说的"治疗师的坚持（therapist backbone）"，即根据法律法规、职业伦理、实证研究以及最佳临床实践，坚决甚至固执地维护患者的最佳利益。如前文所述，临床工作者面对自杀勒索时经常退缩，这既不符合患者的最佳利益也不符合临床工作者的最佳利益（Jobes, 2011）。幸运的是，比尔很快就意识到我解决这个议题的决心。但是如果我们不能圆满地协商解决这个关键议题，那么考虑到比尔明显的高风险和潜在的致命性，无论自愿还是强制，我都会将他转为住院治疗。值得一提的是，在我们会谈期间，比尔给他的哥哥打了电话，让他在当天晚上去自己家拿走所有的枪，而且比尔答应在晚上9点前给我语音留言，确保枪支已经被拿走。尽管他的哥哥觉得这个要求有些古怪，但他还是毫不犹豫地答应了。我觉得治疗同盟的开头还不错，如果收到了比尔的语音留言，我们就真正确立了相互信任的同盟关系。但是我也表示如果我没有收到确认的留言，我会认为出现了明确而危急的突发情况，并且报警来进行干预。比尔理解了这些情况，我在晚上6点左右收到了确认的语音留言，比尔表示他感到如释重负！

这个重要而有争议的议题解决后，随着我们共同制订稳定化计划，比尔的情绪略有好转。如图5.2所示，我们可以看到比尔提出的应对策略包括许多行为激活和转移注意力的方法。根据我在临床上的习惯做法，我给比尔提供了我的私人电话号码（我说明了它的使用权限和在真正紧急情况下的使用方法）和国家生命热线（800–273–TALK）。

制订出一份合理的稳定化计划让我们备受鼓舞，进而我们可以继续讨论比尔需要治疗的两个主要问题（见图5.3）。比尔毫无迟疑地表示，让他想要自杀的两个问题是：（1）婚姻失败（问题2）和（2）绝望感（问题3）。从图中可以看到，针对这两个促使自杀的问题或驱动力，我提出的治疗策略包括：伴侣治疗、领悟取向和支持性的心理治疗、行为激活，以及在为期3个月的CAMS治疗中针对希望感开展干预。

另外，图5.4是在CAMS首次会谈中比尔完成的HIPAA页。

CAMS 稳定化计划

采取以下办法减少获得致命手段的机会：
1. 把枪交给我哥哥，我会在晚上9点前给他留语音信息
2. 减少饮酒或者考虑参加嗜酒者互诫协会
3. ___

当我处于自杀危机之中，我能采取的其他应对办法（可将这一条视为危机卡）：
1. 遛狗
2. 观看体育娱乐节目
3. 出去打篮球
4. 写日记
5. 试着与妻子或孩子聊天
6. 生死危急时刻的联络电话：555-123-4567 DJ的手机号
   生命热线 800-273-TALK

我可以寻求帮助的人，或能让我减轻疏离感的人：
1. 我的哥哥
2. 我的邻居弗雷德
3. ___

按约定时间出席治疗：

潜在的困难：　　　　　我会尝试的解决办法：
1. 我会来的　　　　　（不适用）
2. ___

图 5.2　比尔的稳定化计划

C 部分（临床工作者）：

治疗计划

问题#	问题描述	目标和目的	干预方案	治疗时长
1	自我伤害的风险	安全和稳定	稳定化计划已完成 ☑	3个月
2	婚姻失败	拯救婚姻 改善沟通	伴侣治疗、领悟治疗、认知行为治疗、行为激活治疗	3个月
3	绝望感	提升希望	虚拟希望工具箱，阅读《选择活下去》	3个月

是 √　否 ___　　患者是否了解并同意治疗计划?
是 ___　否 √　　患者是否有即刻的自杀危险（需要住院治疗）?

患者签名　　　　　　　　日期　　　　临床工作者签名　　　　　　　　日期

图 5.3　比尔的 SSF 的 C 部分治疗计划

D 部分（临床工作者在会谈结束后评估）：

精神状态检查（圈选适当的项目）：

意识： （清晰） 瞌睡 昏睡 昏迷
其他：_____

定向感： （人） （地点） （时间） （评估的原因）

心境： （平稳） 高涨 烦躁不安 激越 愤怒

情感： 淡漠 迟钝 受限 （适切） 不稳定

思维联想： （清晰且连贯） 目标导向 离题 病理性赘述
其他：_____

思维内容： （正常） 强迫观念 妄想 牵连观念 怪异 病态
其他：_____

抽象思维能力： （正常） 过于具体化
其他：_____

语言： （正常） 快速 缓慢 口齿不清 贫乏的 不连贯
其他：_____

记忆力： （基本完整）
其他：_____

现实检验： （正常）
其他：_____

值得注意的行为表现：　大致配合，谈到枪的问题时比较烦躁

诊断印象／诊断（DSM/ICD 诊断）：

　待确诊
　排除重度抑郁障碍和广泛性焦虑障碍
　监控饮酒和失眠

患者的总体自杀风险水平（选择一个并说明）：
☐ 轻度（想活的程度／活下去的理由）　　说明：
☑ 中度（矛盾）　　风险相当高，但可以接受 CAMS 治疗，把枪放到哥哥
☐ 重度（想死的程度／死的理由）　　那里可以降低风险

个案记录：
比尔 50 岁，白人，男性，抱怨婚姻不幸和绝望感。心理健康服务依从性较差。当前心情低落而且酗酒。他同意把枪送走并愿意尝试 CAMS 治疗。考虑进行伴侣治疗，可能还会考虑药物治疗、认知行为治疗和行为激活。

下次会谈时间：_____　　治疗模式：_____

_____　　_____
临床工作者签名　　　　　　　　日期

图 5.4　比尔的 D 部分 HIPAA 页

本章小结

本章阐述了针对自杀的（驱动力导向的）治疗计划的基本理念和具体临床程序，该治疗计划是 CAMS 照护的标志性特征。我要明确指出，CAMS 从根本上是一整套独特的自杀风险管理方式。如本章所述，CAMS 适用于不同的理论取向和临床技术，临床工作者可以在 CAMS 框架内运用一切方法，来治疗患者自己界定的自杀驱动力。在 CAMS 照护中，首次会谈的参与度和进程对照护过程的顺利进行至关重要。CAMS 治疗计划的顺利进行，既需要患者全然参与，也需要在 SSF 指导下针对自杀风险进行初始评估。在 CAMS 评估过程中临床工作者与患者并肩而坐，这样做凸显出照护过程需要双方协同合作，临床工作者要从患者的视角看待问题。这一独特的评估过程为随后针对自杀制订治疗计划奠定了基础，制订治疗计划包括制订稳定化计划和识别导致患者自杀的问题。如前所述，在 CAMS 框架内，SSF 文档记录是照护顺利进行的关键。每次 CAMS 会谈后，只有填写完 HIPAA 页，完整的 SSF 记录才算正式完成。CAMS 的合作精神在初始会谈中就会体现出来，进而创设一种非对抗性的治疗方式，形成紧密的治疗联盟。良好的治疗联盟能激发患者的希望感和关键的动机，进而促使其探索其他更好的应对方式来满足其合理的需求，与此同时，患者的自杀驱动力在 CAMS 导向的临床照护框架下也得到了有针对性的治疗。

第6章

CAMS 中期会谈

自杀风险评估的追踪和治疗计划的更新

在以 CAMS 为导向的照护过程中，首次会谈至关重要。如前所述，今后对 CAMS 的分析研究可能会突出首次会谈的重要性，因为首次会谈特别重视共情、合作式的评估和治疗计划的制订。然而，CAMS 的重要意义不仅限于首次会谈。认真思考就会发现，随着干预的发展和成熟，人们对 CAMS "中期会谈"的作用有了越来越好的理解，中期会谈对 CAMS 照护的成功也日益发挥着更为核心的作用。明确地说，中期会谈指的是首次会谈之后、"最终处置"之前的阶段。CAMS 的中期会谈并无次数限定。中期会谈的次数可以根据需要安排，最终达到 CAMS 解除自杀风险的标准，或达成其他临床结果与处置（我将在第 7 章深入讨论这一问题）。我们的临床研究表明，绝大部分接受 CAMS 的个案会在 12 次会谈内解除自杀风险（Jobes, 2012），而一般的情况是经过 6~8 次会谈就能解决（如，Comtois et al., 2011; Jobes, Kahn-Greene et al., 2009）。本书的第 1 版出版后，我们又对 CAMS "驱动力导向"的治疗和干预不断地进行研究、发展和临床完善，因此中期会谈可能是 CAMS 中变化最大的部分（Jobes et al., 2011, 2016）。

我们要首先大致了解如何在 CAMS 的框架内开展中期会谈，然后再将注意力转向在中期治疗的过程中如何具体针对患者认定的自杀驱动力进行聚焦和治疗。如何选择性地使用 CAMS 治疗工作清单（CAMS Therapeutic Worksheet，简称 CTW）也在我们的讨论之列，CAMS 治疗工作清单可用来进一步充实和聚焦驱动力导向的 CAMS 治疗（参阅附录 E）。最后，在本章结尾，我们将回顾比尔案例中的中期会谈。

CAMS 中期会谈概述

虽然所有的 CAMS 中期会谈也遵照一个总体治疗框架开展，但其干预中包含了灵活、适应多种情况、不受治疗流派限制的针对自杀风险的临床治疗方法，这使得

CAMS 与其他循证的自杀预防方法相比显得独树一帜。CAMS 为导向的临床照护并非高度结构化地按照指导手册一步步开展；它的关键是在针对自杀展开照护工作的过程中遵循一些总体方针（如，Wenzel et al., 2009）。每次的 CAMS 中期会谈都从追踪自杀风险开始，并以更新治疗计划为结束。治疗计划的更新包括：进一步细化 CAMS 的稳定化计划，进一步澄清患者提出的自杀问题或驱动力，并制订相应的干预措施。

CAMS 自杀风险评估的中期追踪

在 CAMS 首次会谈之后（之前章节有过详述），每次 CAMS 中期会谈伊始，（临床工作者）都会使用 SSF 快速测查患者当前的自杀风险。因此在会谈开始时，临床工作者会先给患者一份中期会谈表（即本书中 SSF-4 的第 5 页），题为 "CAMS 的 SSF-4 追踪与更新（中期会谈）"。治疗双方需要特别重视会谈表的 A 部分。每次中期会谈开始时，先让患者花大约 30 秒时间完成 SSF 核心评估，评估时临床工作者和患者可以并肩而坐，也可以按照常规的位置坐。每次中期会谈中，在进行核心评估时临床工作者可以自主决定是否要改变座椅位置，但在结束前更新 CAMS 治疗计划时，应该采用并肩而坐的方式。SSF 核心评估完成后，临床工作者需要根据患者对痛苦、压力、激越、无望感、自我厌恶和总体自杀风险的评分，与患者充分地回顾与讨论。许多临床工作者（以及患者）认为，在每次会谈中回顾 SSF 核心评估条目，以此跟进照护过程中的进展或阻碍是有价值的。对 SSF 核心评估进行惯例性的评分，其功能类似于让临床咨询师在每次会谈开始时都先了解患者自杀的"重要信号"。患者不仅能迅速产生熟悉感，并且常常对这一惯例性的评估给予赞赏。我们在西雅图开展了一项研究，其中有位患精神分裂症并曾经长期受到虐待的患者，他在每次会谈中都和治疗师专注地一项项完成并回顾 SSF 核心评估，然后比较整个照护过程中他的评分变化，他对这样的做法非常欣赏。这里我要赶紧说明，近期有许多研究都认为对治疗过程进行监控在临床上非常重要，对于心理治疗领域循证的评估和临床照护而言，过程监控是一个有价值的要素（Dozois et al., 2014; Hunsely, 2015）。这些研究向临床工作者凸显了过程监控的效用。举例来说，它能抵消临床工作者高估积极治疗结果的倾向，并且对个案概念化以及治疗计划制订也有帮助。过程监控对患者也有明确的治疗作用（Lambert & Shimokawa, 2011; Unsworth, Cowie, & Green, 2011）。

我们自然希望看到患者的 SSF 核心评估得分在 CAMS 照护过程中下降。有些患者在特定条目上的评分会迅速下降；而对有些患者而言，可能部分条目的得分会改变，还有部分则保持相对不变。在以 CAMS 为导向的照护中，我们特别关注 SSF 中的一组特定评分，因为它们与 CAMS "风险解除"的标准直接相关，后者是我们所期待的、最好的临床结果。具体而言，如果患者在 **3 次连续会谈**中都达到了如下标准，就可以结束 CAMS：

1. 在 3 次连续会谈中，患者对 SSF 核心评估的最后部分，即总体自杀风险的评分为 "1" 或 "2"。
2. 在 3 次连续会谈中，患者对 SSF 中 "过去一周中是否能控制自杀想法或感受"一项回答 "是"。
3. 在 3 次连续会谈中，患者对 SSF 中 "过去一周内有无自杀行为"一项回答"无"。

对比本书第 1 版中描述的 CAMS 风险解除标准，现在使用的标准已经在我们临床实验研究的基础上进行了改良。在最早使用 SSF 时，我们要求患者在 **3 次连续会谈中均报告无自杀想法、感受和行为**，后来我们意识到这个标准过于严苛（Jobes et al., 1997）。我们保留了早期标准的思想内涵，但我们观察到即便没有满足这样绝对和极端的标准，患者的自杀风险仍然可以"解除"并结束 CAMS。CAMS 对自杀风险解除的新标准不再看患者是否仍选择自杀作为应对方式，而是强调对自杀想法和感受的**管理**。我们在斯图沃特堡（Ft. Stewart）开展的 CAMS 随机对照实验中，有一位存在自杀风险但最终治疗成功的军人，他说，"刚来做治疗时，我汽车的前挡风玻璃上仿佛写满了自杀，但我现在已经知道自杀并非最佳的解决方法。所以，现在自杀就像被我甩在身后一样，虽然我仍能从后视镜里看到它，但随着我驱车前行，渐入佳境，它也在逐渐离我远去。"

因此，即使在风险解除的过程中，一个 CAMS 治疗师仍然可以 "容忍" 患者偶尔有自杀想法。我们必须牢记于心的是，许多患者的自杀想法已伴随他们多年，如同童年时一个不受欢迎却一直存在的 "老朋友"。所以，临床工作者想要在 12 次会谈过程中完全消除自杀想法是不现实的。这一改进显然与正念心理治疗的思想一致，治疗的目标是获得对有害想法进行觉察、接纳和保持"开解"的能力,而不是完全消除这些想法。因此,CAMS 中风险解除的关键是对自杀想法和行为进行有效且持续的管理,逐步拥有适应良好的应对和生活,从而把自杀的应对方式和对自杀的依赖甩在身后。虽然 CAMS 自杀解除标准的细节在临床实验研究的基础上进行了改变,但是使用 3 个连续会谈作为问题解决的划分标准仍然是有价值的。对 CAMS 数十年的临床研究显示,3 次连续会谈能很好地判定自杀倾向是否得以解决,只有少数以 SSF 为导向的已结案个案复发。在我们开展的大量 CAMS 临床实验中,在已结案的个案中复发人数估计占不到 10%(Jobes, 2012)。

基于以上讨论,CAMS 治疗师需要密切追踪患者自杀风险的存在和变化,从总体上管理自杀想法、感受和行为。许多个案能快速达到风险解除的标准,其 SSF 核心评估得分也平稳地直线下降;而有些患者可能要经过多次会谈的追踪才能达到风险解除标准。我曾经在自己的个人诊所中跟进过一个慢性自杀风险的患者,他经过了 63 次会谈才达到风险解除标准——对这个特别的患者来说这是多么重大的成就!一般而言,如果照护的过程遵循 CAMS 的工作方式且行之有效,SSF 的核心评估得分会大致朝治愈的方向前进,尽管也常常有起伏变化。有时在 2 次连续会谈后,自杀风险的解除似乎胜利在望,但患者却意外出现倒退打破了预期,这就意味着要重新启动风险解除的"时钟",继续朝向 3 次连续会谈的解除标准努力。还有一些情况下,风险解除的标准虽然已经明确达成,但临床工作者基于慎重起见,在第 3 次达到解除标准的连续会谈后,可能会继续与患者进行一两次会谈,以充分保证表面上的风险解除确实是可靠的。在任何情况下,每次 CAMS 中期会谈都要从 SSF 核心评估开始,并且持续关注风险解除标准,以此判断是否进入临床结果与处置阶段。

中期治疗计划更新

完成初始评估后,所有的中期会谈主要聚焦于问题或驱动力的治疗。每次 CAMS 中期会谈结束之前,治疗双方都采取并排而坐的方式对 CAMS 自杀治疗计划进行更新(SSF 中期会谈表的 B 部分)。在 CAMS 初始会谈中建立的合作精神,在中期会谈更新治疗计划时得到了重新体现。为此,治疗双方应该重新审视 CAMS 的稳定化计划:患者确实用到它了吗?它有用吗?有需要进一步调整的地方吗?在重新考察过稳定化计划后，接下来检查治疗计划中的问题 2 和问题 3——患者定义的自杀驱动力。在 CAMS 导向的照护过程中，很多患者的问题或驱动力可能保持不变。但有些情况下，驱动力也可能会改变，或者被促使自杀的新问题所取代。举个例子，在 CAMS 第 1 次会谈中的问题或驱动力"我失败的人际关系"，可能在第 6 次会谈中会变成一个更具体的驱动力"性创伤史"，后者从根本上损害了患者在人际关系中建立信任和亲密的能力，因此成了治疗的核心。再举一个例子，患者在第 1~3 次会谈中提及的"长期失业"问题或驱动力，可能在第 4 次会谈时会被"房屋被收回，无家可归"这一迫在眉睫的新驱动力替代。无论如何，我们永远不应该假设患者定义的自杀驱动力会保持不变，因此在每次 CAMS 中期会谈结束前的更新治疗计划时，都要再次核对自杀驱动力。除了核对患者的问题和驱动力，每次中期会谈结束前还要完成 B 部分中相应的"目标和目的""干预方案"和"治疗时长"，来进一步细化 CAMS 驱动力导向的治疗。临床工作者和患者双方都要在 SSF 中期会谈的末尾签字后，应该将每次追踪与更新会谈的 SSF 表格复印下来交给患者（或是用患者的手机拍下照片）。

中期 HIPAA 文档

在 CAMS 的首次会谈结束后需要完成 HIPAA 文档记录，与之相似，每次中期会谈也都应该有 SSF 的 HIPAA 页（C 部分）。SSF 的 HIPAA 页要在整个 CAMS 导向的照护过程中保持格式统一，并在所有中期会谈结束后尽快完成。如上所述，这一页补充性的临床文档提供了全面而有价值的过程信息，同时它也是一份完整全面的、与 HIPAA 要求一致的医疗记录。

针对自杀驱动力展开治疗

我们已经大致回顾了 CAMS 中期会谈的程序性部分，现在让我们多花一些时间重点讨论自杀驱动力的治疗。CAMS 照护的独特之处在于对"驱动力导向治疗"的重视，这使其区别于"传统"方式以及其他治疗自杀风险的循证方法。如第 3 章所述，传统的方法通常采取指导性的、将临床工作者看作专家的态度；它假定自杀在病因学上与心理疾病有关，因此强调对心理疾病的治疗。在 CAMS 导向的照护中，我们从不擅自假设心理问题是患者自杀风险的核心（除非患者在讨论 CAMS 自杀驱动力时明确地这样说）。或者如果我们使用经过充分研究的方法治疗自杀风险（例如，Wenzel et al., 2009），就会在理论基础上对患者的自杀风险形成一些先验假设（例如，认知行为治疗对"自杀模式"的核心构想）。拿认知行为治疗举例，它对自杀问题使用一种高度结构化的、分阶段的干预方法，强调学习自杀模式、系统性地发展应对策略，并最终使用复发预防策略来有效处理潜在的自杀风险。

在现有的自杀临床干预方法里，迄今为止只有 CAMS 提出了这一单纯理念：基于**患者**陈述的自杀原因使用灵活的治疗框架。与其依靠精神障碍诊断的偏见，或使用某个理论驱动的预设好的治疗模式，为什么不直接询问那些对自杀挣扎有最切身体验的个体呢？"是哪些困扰、问题或担忧最让你想结束自己的生命？"在 CAMS 临床实验研究中我观看了数以百计的 CAMS 治疗师的录像，让我印象深刻的是，大多数自杀风险患者对这个简单而直接的问题都能做出很好的回应。我想指出的是，许多患者对临床工作者真的关心他们的想法表现出了惊讶！后来，当患者逐渐意识到他们对事情的看法实际上是 CAMS 治疗计划的**核心**时，他们常常变得投入甚至活跃，因为他们在制订自己的治疗计划中真正扮演了关键角色。十分有趣的是，作为治疗计划的"共同作者"，许多接受 CAMS 治疗的有自杀倾向的患者很快就理解了针对自杀驱动力开展治疗的做法。随着患者将 CAMS 的语言内化为自己的描述性词汇，许多患者开始在会谈中明确提及自己的自杀驱动力（以及 SSF 中的许多其他概念）。由于自杀驱动力是 CAMS 导向照护的基础，因此需要更充分地具体阐述这一概念，并进一步理解我们所说的"直接"和"间接"自杀驱动力的差异。

直接驱动力

如第 5 章所述，CAMS 驱动力导向的治疗真正起始于临床工作者让患者定义 CAMS 治疗计划中的问题 2 和问题 3，它们是迫使患者想要自杀的最重要的问题。心理健康实践的"照护标准"要求，在治疗计划中需要对治疗的"问题"进行及时的识别和记录。然而在一般的心理健康实践中，治疗问题的确认通常基于**临床工作者**的判断和观察。但是在 CAMS 的治疗计划中，对自杀原因的界定过程直接将患者拉进了对治疗计划的讨论之中，这就为全面地了解自杀驱动力打开了治疗的大门。被"驱使"着自杀的感觉在自杀人群中普遍存在。我的一个患者有一次描述了这样的感觉："我感觉自己就像一场注定死亡的旅途中的一个不情愿的旅人，我无权选择，也无法控制，只能走向无法逃避的终点——死亡。"

尽管驱动力的概念是独特的，也具有说服力和临床实用性，但在CAMS中讨论驱动力时，有时我们会对它究竟是什么意思产生困惑。举例来说，自杀驱动力和治疗计划中的问题有什么区别？直接驱动力和间接驱动力的差别是什么？下面让我尽量通过一个案例来说明。我曾经遇到过一个有自杀风险的患者"拉里"，在做CAMS时我问他是什么导致他想自杀（CAMS治疗计划中的问题2和问题3），他回答："我的生活，我很差劲，我没有女朋友。"导致拉里自杀的第1个问题是"我的生活"，它太宽泛，不具体，也不易治疗。所以接下来的治疗就是通过讨论让问题变得更明确：你生活中有哪些最急迫和想要解决的事情？原来，最困扰拉里的问题是缺乏一份有意义且成功的工作——他8年前从大学毕业后就丧失了职业方向。我们进一步澄清了"我很差劲，我没有女朋友"这部分，了解到拉里有严重的自尊问题，感觉自己"不可爱"。所以CAMS治疗计划中的问题2是"职业不确定性"，问题3是"低自尊"。在拉里的CAMS首次会谈中确定了导致拉里自杀的问题；而中期会谈的焦点是，在近年来多次折磨拉里的急性自杀危机中，上述问题作为"直接驱动力"起到了怎样的作用。换言之，拉里之所以产生自杀风险，是由于他对缺乏职业方向的不断反刍以及对自我厌恶感的关注（总是关注自己的懊悔、挫败感和恋爱方面不受欢迎的感觉）。

间接驱动力

在CAMS导向的照护中，间接驱动力是指使容易受到直接驱动力影响的问题、困扰或担忧，但间接驱动力本身并不导致自杀状态。根据定义，间接驱动力实际上和自杀状态并无关联，但它们可以为患者的直接驱动力"创造条件"使其变得更活跃，从而创造了严重自杀危机的潜在可能。间接驱动力可能是饮酒行为、孤立状态、无家可归、失眠、抑郁或是创伤史，也就是与患者每日相伴但不一定导致自杀想法的问题。在拉里的例子中，间接驱动力的核心是自暴自弃和自我挫败的行为，包括在抑郁时过度进食，以及在社交网站上"窥探"那些看上去很成功的高中朋友。在CAMS照护成功进行的过程中，他开始理解自己的间接驱动力行为如何触发和激活了他的直接驱动力，从而增加了他的自杀风险。CAMS 中期治疗聚焦于他的职业规划、加入减肥中心和重拾武术（曾是他高中时期喜欢的运动）。最后，他有了更好的体形，改变了他的职业关注点，进入了研究生院，他在那里认识了一名同学并开始恋爱（最后两人结婚了）。

对自杀问题和驱动力的干预

在治疗患者的自杀驱动力时，CAMS 导向的照护并不限定具体的干预措施。相反，CAMS 鼓励临床工作者在中期会谈中使用熟悉的临床技术，特别是可能解决特定自杀驱动力的任何循证方法。因此，CAMS 导向的治疗是聚焦问题而灵活的，而非聚焦技术却死板的。需要重点指出的是，使用 CAMS 的临床工作者不需要学习全新的理论方法来开展照护，也不需要建立一整套全新的干预措施，或者是放弃他们已经具备的专业技术。在中期会谈中，只要他们针对患者定义的自杀驱动力开展干预，他们就仍然可以使用自己的专业学科和训练，以及熟悉的技能、技术和干预方法，同时也能遵循 CAMS 的治疗框架。因此，关系导向的问题和驱动力可以使用认知行为治疗、领悟取向的心理动力治疗、行为激活或者伴侣治疗，或者说，可以使用适合临床工作者（和患者）的任何疗法。同理，创伤相关的驱动力可以使用暴露疗法、领悟取向的治疗、临床催眠、眼动脱敏与再加工疗法、认知加工治疗等。这里要再次提到 CAMS 的一个重要特点，就是永远不规定临床工作者**怎样**做治疗。在 CAMS 中期会谈中，各种治疗方法和相应的干预措施都有充足的发挥空间，前提是它们应该聚焦在系统地消除特定的问题，这些问题从根本上导致了患者的自杀想法、感受和行为。

临床个案研讨

我发现，在一般临床实践中，还有一项治疗上的考虑被明显低估了，那就是临床研讨的重要性。从过程改进项目和临床实验中，我们发现临床个案研讨具有不可或缺的作用。然而，在许多临床照护体系中都没有定期的个案研讨，许多心理健康临床工作者也不定期接受指导。我在本书第 1 版中曾深入讨论过，我强烈建议工作人员常规性地召开会议，定期讨论在其照护系统中正在进行的所有 CAMS 个案。这样做不仅是因为在治疗和干预方面"人多智广"，能产生创造性的想法和建议；而且个案研讨也是专业伦理所鼓励的行为，从法律责任的角度能起到保护作用（Archuleta et al., 2014）；另外，个案研讨对开展循证治疗至关重要，尤其是在使用实证性支持治疗时，它能促进行为的改变（Beidas, Edmunds, Marcus, & Kendall, 2012; Karlin et al, 2010）。治疗自杀风险的两种循证治疗方法都要求为临床工作团队成员提供临床指导，以便他们遵循疗法（如，Brown, Have et al., 2005; Linehan, 1993a; Wenzel et al, 2009）。

CAMS 治疗工作清单

CAMS 的中期治疗的最后一个要点是 CAMS 治疗工作清单，临床工作者可以根据需要选择是否使用它。可以在第 2 次会谈时引入 CAMS 治疗工作清单，但可以不必在那次治疗中就使用；也可以在 CAMS 中期照护的过程中根据需要再次引入（见附录 E）。CAMS 治疗工作清单是在一项 CAMS 随机对照实验中，由研究合作者史蒂芬·奥康纳编制的（Comtois et al., 2011），它的开发仍在进行中，日后会根据我们的临床研究做进一步改进。CAMS 治疗工作清单很大程度上可以作为阐明和解构患者自杀驱动力的工具。从附录 E 可见，CAMS 治疗工作清单开始先让患者描述他的自杀故事，这就给患者创造了一个叙事机会，来描述自杀这一概念怎样、何时、何地第一次进入他的头脑。患者对自杀的最初意识，可能源自一场电影、一个亲戚自杀死亡的消息，或一本提到自杀的书；患者的一些个人经历常常标志着其自杀倾向的起源。我们需要让患者对这些问题产生好奇：自杀是如何成为患者生活的一部分以及一种应对方式的。自杀倾向并非无缘无故地突然出现；它的背后通常有重要的故事，等着我们去发现和探索。CAMS 治疗工作清单的下一项是对患者的自杀驱动力和问题进行测查，这需要系统性地解构与驱动力相关的想法、感受、行为，以及可能出现的与驱动力相关的主题。然后 CAMS 治疗工作清单要进一步测查可能存在的间接驱动力，这可能有助于提高对自杀风险的总体意识，而风险与患者的独特经历息息相关。

在 CAMS 治疗工作清单的最后，使用流程图将自杀进行概念化；流程图作为一种可视化的辅助工具，展现了间接驱动力如何使潜在的自杀痛苦变得不稳定和脆弱，进而可能激活直接驱动力，推动患者最终选择自杀这一应对方式。使用图表能帮助患者和临床工作者发现能显著加剧或减轻自杀风险的情景、行为和动机因素。由此我们描绘出了一座"桥梁"，它可能在心理上将患者带向了自杀。反过来，我们也记录下可能阻止患者在通向死亡的道路上越走越远的"障碍"。最后，我们努力帮助自杀风险患者在心理层面上深刻地理解各种因素如何加剧了他的自杀风险。此外患者也能看到，是继续依赖自杀的应对方式，还是改变对自杀的依赖转而回归到生活中。不过，这在很大程度上取决于**他们本人**。上述做法都是在帮助患者成为自己的问题的专家（我们在帮助患者成为一个自杀学家，在自己的自杀问题方面成为专家）。

我在其他文章中提到过（Jobes et al., 2016），可选择性使用的 CAMS 治疗工作清单在 CAMS 导向的照护中有 3 个基本功能。第一，它重温了 CAMS 首次会谈中建立的亲密合作关系。第二，在 CAMS 中很重要的一个部分是对自杀原因和患者自己提出的自杀驱动力进行评估和治疗，而 CAMS 治疗工作清单既建立在上述工作的基础上，同时又是对它们的一种延伸。第三，CAMS 治疗工作清单强调了驱动力导向的治疗，这能减少对 CAMS 核心议题的偏离。最后，除去这些基本功能，它还是对自杀评估和治疗的一份补充性临床资料，这是它的一个额外优点。

个案示例：比尔的 CAMS 中期照护

在实施了精心制订的 CAMS 稳定化计划后，比尔很快就明显稳定下来。他把枪支妥善保管起来，而且开始参加嗜酒者互诫协会，并且又找到了曾给他提供过很多帮助的戒酒引导人。随着比尔变得越来越稳定，CAMS 中期照护主要聚焦在他自己提出的两个自杀原因上：婚姻失败和不可遏制的绝望感。我建议并推荐了伴侣治疗，比尔的妻子对此十分乐意，不料在第 3 次伴侣治疗会谈时出现了一个新的自杀危机。原因是在 20 年前，比尔和一位同事发生了婚外情，还生了一个女儿，此时孩子已经 19 岁了。虽然这段婚外情很多年前就结束了，但是为了他们的女儿，他给孩子的母亲提供了大量的资金支持。这对母女已经迁去了加拿大，而比尔与孩子母亲唯一的联系是按照约定每月汇款给她。他从没有见过女儿，并且对自己的妻子守口如瓶，因为他害怕自己的不忠（以及婚外生女的行为）一旦暴露，他的婚姻就会宣告结束。

这个重大的欺骗性事件被戏剧性地揭露出来，在比尔的 CAMS 的早期照护期间引发了一个新的自杀危机。一次比尔的妻子发现他在互联网上研究非处方药的致命剂量，比尔险些因此住院治疗。比尔竭力想挽回自己的婚姻，但他认定自己无法赢回妻子的信任，因为妻子的愤怒理所应当。幸运的是，一位训练有素的伴侣治疗师为比尔争取到了一些时间，他制订了一个行为协议并让比尔严格遵守，以此逐步赢回妻子的信任。协议的焦点是改善沟通、节制饮酒，并让妻子更直接地参与经济管理（比尔曾把私藏的钱汇给女儿支持其生活，妻子对他在经济上欺骗自己感到特别愤怒）。比尔还同意接受牧师的心灵指导，以便更充分地理解和解决他在道德上的失败，这是指他过去的不忠和经济上的欺骗。事后看来，伴侣治疗师制订的 6 个月的行为协议很可能挽救了比尔的婚姻，甚至是他的人生。我应指出的是，比尔的问题 2 "婚姻失败"在第 4 次 CAMS 会谈时进一步聚焦为驱使他自杀的更具体的问题，也就是"对妻子的背叛和信任"。

关于比尔的问题 3——绝望感，这个自杀驱动力的影响与两个方面密切相关：一是他极其脆弱的婚姻的不稳定性，二是他婚外生女的欺骗行为被揭露后产生的危机。但我们还是在一次中期会谈中，在他的智能手机上制作了一个"虚拟希望工具箱（Virtual Hope Kit）"，里面有孩子们的精选照片和他经常用到的各种转移注意力的活动（Bush et al., 2015）。我们也和他已经成年的子女举行了单独的家庭会议，他还特意阅读了《选择活下来：如何通过认知疗法打败自杀》(*Choosing to Live: How to Defeat Suicide through Cognitive Therapy*；Ellis & Newman, 1996)，这为我们的中期会谈增加了很多讨论素材。此外，我们进行了大量回顾性的领悟取向的工作，主要围绕着比尔和其父亲的关系，他的父亲既抑郁又神秘，严重酗酒，并且很可能有许多段婚外情。

比尔的 CAMS 稳定化计划被证明相当有效；他忠实地使用自己认可的应对策略，并且为成功应对做出了大量努力，因此稳定化计划在他的努力下得到了定期的修订和更新。在第 6 次会谈中，我们制订了一个全新的稳定化计划，用新眼光审视是什么发挥了作用，以此来建立比尔的应对库。比尔忠实地将稳定化计划放在他胸前的口袋里，当他谈到自己为应对做出努力时甚至还会用手拍着它。

总之，由于比尔长达 20 年的不忠秘密被戏剧性地揭露出来，他的婚姻陷入了严重危机，他的中期照护围绕上述问题展开。比尔的酗酒和抑郁问题越来越严重，整个人的状态不断走下坡路，导致自杀风险逐渐升级，这一切都深深植根于他的绝望感和婚姻已到尽头的假设之中。在他的中期照护中还发生了这样一件事，比尔拿出了一份受益人是他妻子的巨额人身保险单，比尔认为自己的死会减轻妻子的负担。他当时只是在等待过了 2 年期限后自杀能获得双倍赔偿。而事实证明，在到期日之后的一周内我又见到了比尔。关于比尔在整个 CAMS 治疗中的完整 SSF 文件请参阅附录 H。

本章小结

CAMS 中期照护的基本工作是对自杀风险评估和驱动力导向的治疗进行持续跟进。在 CAMS 初始会谈后，在每次会谈开始时都要检查 SSF 核心评估中的自杀"关键迹象"，这是每次中期会谈的基本工作。所有的中期会谈在治疗上都聚焦于一个首要任务：治疗、管理和解决患者的自杀问题和驱动力。每次中期会谈结束时，都要重新讨论 CAMS 治疗计划，这要求再次审视稳定化计划的有效性，并检查是否需要随着治疗的进展对自杀驱动力和相关的干预措施进行调整。如果 3 次连续会谈中，患者都能有效地管理自杀想法、感受和行为，就可以准备从 CAMS 中期照护进入到最终的结果与处置阶段。

第7章

CAMS 临床结果与处置

生存经验和危机后的生活

经过 8 次会谈，比尔的临床照护取得了显著进步。当他之前的不忠行为被发现时，我们几乎考虑要将他转为住院治疗。我们之所以仍然能相对较快地使他稳定下来，是因为他的妻子凯西没有选择立即离婚。凯西愿意再给比尔一次机会，这一点起到了关键作用；他们的伴侣治疗师巧妙地争取到了时间，在心理层面上避免了比尔出现紧急的自杀危机。针对比尔之前的出轨，在伴侣治疗中他们制订了一个行为协议，聚焦于重建夫妻之间的信任关系，这起到了很大作用。在第 6 次 CAMS 会谈中，我们发现比尔的 SSF 核心评估分数明显下降——他的总体自杀风险评分是 2，而且能轻松地管控住那些挥之不去的自杀想法和感受，也没有明显的自杀行为，而且他觉得修复夫妻关系仍有一线希望。在第 7 次会谈中，比尔谈到，根据行为协议的要求，他每天早上要先向妻子"报到"，然后再开始一天的生活。他笑称，有好几次报到变成了深入的讨论，以至于两人上班都迟到了。在与伴侣治疗师会谈过几次之后，有一次比尔试探性地向妻子提议周末共进晚餐和看电影（比尔曾一度回避这项"约会之夜"的家庭作业），竟然出乎意料地得到了凯西的热情回应，这让比尔非常高兴。虽然他们的婚姻生活仍有紧张的时候，而且凯西仍然怀有的担心也可以理解，但是比尔切实执行戒酒计划（他的戒酒引导人在他戒酒的过程中发挥了关键作用），认真遵守行为协议并努力弥补凯西，这些做法都得到了凯西的认可。伴侣治疗对他们似乎特别有帮助，提升了他们在情感和身体上的亲密程度。在第 7 次会谈即将结束时，我看到了结束照护的希望，因为比尔一直满足 CAMS 的问题解决标准。如果在下次会谈中，比尔的总体自杀风险保持在较低水平，而且他的自杀想法、感受和行为也能得到有效管控，那么我们就可以正式结束 CAMS 的相关工作。我观察到比尔的自杀危机可能已经转危为安，这让比尔既惊讶又感兴趣。比尔做好了准备在下一次会谈时结束 CAMS；想到未来将会放弃自杀，全然拥抱生活，比尔露出了感激的笑容。

CAMS 临床结果与处置概述

如前文所述，CAMS 导向的自杀风险照护包括：初始阶段（即首次会谈，进行初始评估并制订治疗计划），中间阶段（即 CAMS 中期会谈，每次会谈从 SSF 核心评估开始，聚焦于自杀驱动力的治疗和治疗计划的更新），以及结束阶段（即 CAMS 最终会谈，完成 SSF 结果与处置问卷）。本章我们将更加深入地探讨 CAMS 导向照护的结果和处置阶段。与前面的章节一样，我们首先阐述 CAMS 临床结果与处置的概念，然后再继续讨论具体如何让 CAMS 达到最佳的临床效果。

在临床研究中，我们发现运用 SSF 和 CAMS 治疗的患者能够可靠地获得改善（Comtois et al., 2011; Ellis, Green et al., 2012; Ellis et al., 2015; Jobes et al., 1997, 2005）。大量的研究数据显示，在临床照护过程中，CAMS 与总体症状困扰的改善、自杀想法的快速降低，以及自杀认知的改变都有关系（Jobes, 2012）。在我们的研究中，大多数患者在 6~12 次会谈内消除了自杀风险。此外我们还发现，SSF 的定性与定量会谈数据能预测治疗结果的不同方面（例如，Brancu et al., 2015; Corona & Jobes, 2013; Fratto et al., 2004; Jobes & Flemming, 2004）。有数据显示，CAMS 可能降低对基本照护的需求，减少急诊科就诊次数（Jobes et al., 2005），还可能影响自杀尝试和自伤行为（Andreasso et al., 2016）。我们还开始研究，在治疗成功的 CAMS 患者看来，是照护中的哪些部分起到了作用。在一项涉及 50 位治疗成功的 CAMS 患者的研究中，申姆拜瑞、乔布斯和霍根（Schembari, Jobes, & Horgan, 2016）考察了患者对"在你的治疗中，哪些方面对你特别有帮助？"问题的回答，并对答案进行了可靠的编码。患者在研究中报告，在 CAMS 导向的照护中，以下几个方面对他们有帮助："治疗过程""行为取向技术""注意力聚焦技术""临床工作者""支持性资源""确认"以及"认知行为治疗和辩证行为治疗技术"。在未来的研究中，我们将进一步重复验证上述结果，并更加关注患者在 CAMS 导向照护中发生改变的机制。

最佳临床结果

CAMS 导向照护的"最佳"临床结果，指的是针对自杀的最为理想的治疗结果，包括：（1）患者没有自杀死亡；（2）没有自杀尝试；（3）自杀想法消失；（4）总体症状困扰显著减轻；（5）明确地发展出其他应对方式并加以内化；（6）生存理由增多，考虑未来的能力增强，并且意识到了生存的目的和意义。这些是我们期待的成功的自杀预防结果，此外在照护过程中还可能产生各种各样的结果，我们也需要予以考虑。

CAMS 结束后的继续照护

在 CAMS 导向的照护结束后继续进行心理治疗，可能是解除自杀风险后的一个重要处置。多年来，我了解到许多患者和临床工作者在最初的 CAMS 治疗取得成功后，努力追求更大的进展。在生死问题得以解决后，许多患者仍保持着继续治疗的强烈动机。这种情况下，在 CAMS 结束后，患者和临床工作者可以随即继续进行心理治疗。通常，后续的治疗会继续处理 CAMS 照护中最初确定的直接和间接驱动力。既然 CAMS 已经启动了最初的工作，那么当自杀渐渐不再是治疗焦点时，其他的问题就会自然而然地浮出水面。

转为其他照护

在成功实施 CAMS 后进行合理的专业转介，也是一个令人满意的临床结果。通常在自杀风险得到有效的控制后，患者就可以向其他心理健康临床工作者寻求进一步的帮助，或者接受更有针对性的照护。例如，在西雅图进行的随机对照试验中（Comtois et al., 2011），有一组有自杀倾向的患者符合边缘性人格障碍的标准。我们先是通过 CAMS 将他们快速而有效地稳定下来，然而将他们转介至辩证行为治疗。这些都是我们最成功的案例。临床工作者需要采用最佳的方式进行适当的转介，这样患者才不会有被抛弃的感觉，而是感到自己得到了仔细的评估，做好了充分的准备，而后才过渡到最佳的照护中去的。进行有效的临床转介的能力是一项重要的专业能力，但普遍存在的情况是，它常常被低估。妥善的转介需要做好知情同意工作，让患者了解恰当的临床转介可能带来的获益。

共同结束照护

CAMS 照护结束时，同时结束心理治疗也是一个积极的结果。根据我的估计，在我们研究所使用的各种样本中，大约有 20%~50% 的 CAMS 患者，在自杀风险解除后选择不再接受进一步的心理治疗（军人群体尤其如此）。根据我的经验，对某些患者而言，一次短程照护取得了积极结果并在患者预期的时间内结束，能最有效地促使患者在未来需要的时候接受进一步的治疗。从理论上讲，上述结果可以防止治疗脱落，并且得到了部分实证研究的支持（Ogrodniczuk, Joyce, & Pipe, 2005）。我发现许多临床工作者会陷入一种主观臆断，认为接受更多的心理治疗才更为理想。我能想起我治疗过的许多患者，他们会说自己不是那种喜欢一直接受心理治疗的人。当这样的患者在短期治疗中取得成功后，特别是当涉及自杀的生死问题解决后，我就会提到终止治疗的可能性，以确保他们不会感到被困在无休止的治疗过程中。出于相似的目的，如果患者想要结束治疗，我常会提议增加几次调整性或巩固性的会谈，并让患者自己考虑是否需要。这样做是因为经验告诉我，控制感和自主性往往是有自杀倾向的患者的核心议题。因此我特别敏感地尊重患者的这些感受，自我决定理论和自杀治疗的动机性访谈也有相似的观点（Britton, Patrick, Wenzel, & Williams, 2011; Britton, Williams, & Conner, 2008）。通常，我宁愿没有更进一步，也不愿违背初衷，而 CAMS 照护的初衷就是建立稳定化计划，并找到应对自杀的痛苦与煎熬的替代方法。我认为，当我们逐渐成功地让自杀在患者的生活中丧失功能时，就已经取得了相当大的成就。有些时候做到这样就已经足够了。

其他临床结果

脱落

最令人担忧，也是最不理想的结果可能就是患者单方面地结束治疗，即我们常说的脱落。在我们的研究样本中，脱落率在 7%（Comtois et al., 2011）到 20%（Jobes et al., 1997）之间。我认为，临床脱落是指这样一种情况：自杀患者确实接受了照护，也承认存在一定程度的自杀想法，但之后退出了照护，并且对于鼓励他们回来的电话、信件或电子邮件都不予回应。因为无法和患者取得联系，这样的结果往往让临床工作者感到挫败；显然，这时我们没能将患者留在治疗中。脱落也是 CAMS 的基本理念和治疗框架的重要议题；CAMS 明确强调，自始至终都要采取合作的方式，使患者投入临床评估和治疗计划制订的过程。实证研究明确显示，相比一般的照护，接受 CAMS 照护的患者能更好地坚持治疗，脱落率也更低（Comtois et al., 2011）。

考虑到 CAMS 患者的风险比较高，临床工作者最好有应对脱落的"惯常做法"。临床工作者至少应该详细记录最后一次会谈的自杀风险，也要努力与患者重新取得联系，鼓励他们至少再进行一次会谈或完成照护过程，并对努力联系的过程做好记录。我通常的做法是，发一封追踪邮件并打个电话，然后分别记录下这些操作。有时候，我会再发一封挂号信，尝试重新与患者取得联系；信中包含了其他可能的转介方式和资源，还会设置一个"结案"的明确截止日期，以防收不到患者的回复。一位同事曾与我讨论他治疗的一个高自杀风险个案，这个个案脱落后，我的同事至少用了 6 种不同的方式努力让患者回到治疗当中，并将这个过程详尽地记录下来。当这名患者不幸自杀后，其家庭所聘请的原告律师开始着手就治疗不当提起诉讼，但是最终撤诉了。这可能是因为临床工作者使用了 CAMS，而且多次努力与患者重新取得联系，并对此做了记录（详见第 8 章）。最佳情况下，治疗开始时签署的知情同意中，应该包括临床实践和程序的所有方面（例如，在患者单方面终止治疗的情况下，你会做什么）。

住院

CAMS 设计的初衷是让自杀患者无须住院，因此精神科住院治疗往往不是我们希望看到的结果。当然，虽然 CAMS 强调门诊治疗，但也有例外的情况，有时它也被用在住院环境中（Ellis et al., 2010, 2015; Ellis, Daza, & Allen, 2012; Ellis, Green et al., 2012; Jobes, 2012）。需要注意的是，在住院治疗中使用 CAMS 的首要目的是让自杀患者稳定下来并为**出院**做好准备，之后进一步就自杀问题接受门诊照护。需要郑重说明的是，我对精神科住院治疗没有先入为主的偏见；事实上，在我职业生涯的初期乃至目前进行的工作中，有很多内容涉及自杀患者的住院治疗。但是，我也了解当前的标准化住院治疗的局限性，住院期间，临床工作者几乎不会针对自杀问题进行治疗（详见第 1 章中对此问题的讨论）。鉴于这种情况，我认为当前一般的住院照护对大多数自杀患者可能都没有帮助，而且我也清楚地知道，每年仍有成百上千的患者在封闭式的精神科住院病房自杀（The Joint Commission[1], 2013, 2016）。

基于临床经验和我们的研究，我认为大多数自杀案例**最好**在门诊接受治疗。尽管

---

[1] 美国医疗机构认证联合委员会。

如此，在我的印象中，大多数心理健康服务从业者仍然认为精神科住院照护是最好的临床处置。问题是，有研究反复显示，从精神科出院后，尤其是刚出院的几周内，患者潜在的自杀风险会升高（Bostwick & Pankratz, 2000; Meehan et al., 2006; Qin & Nordentoft, 2005）。一些研究者颇有说服力地指出，目前的精神科住院治疗对预防自杀的效果没有实证支持，而且在许多情况下甚至可能是**有害的**（例如 Linehan, 2015）。

回想我在住院病房工作的日子，我确实**认**为我们做了一些拯救生命的工作。而且我始终怀有一个信念：如果住院是拯救患者生命的**仅存**办法（尤其是当患者有精神障碍时），那么我认为应该采取一切可用的临床干预方法，来防止患者因自杀而过早地离开人世。如果在住院治疗期间，患者确实就其自杀风险得到了可靠的照护，那么我认为这会带来不一样的效果：针对自杀进行有效的干预会降低患者出院前的自杀风险。因此，我热情地支持马詹·霍洛韦的工作（Ghahramanlou-Holloway, Cox, & Greene, 2012），他开发了适用于住院患者的预防自杀的认知治疗，即入院后认知疗法（postadmission cognitive therapy，简称 PACT），并正在对其进行研究。我当然也支持汤姆·埃利斯及其同事（Ellis, Daza et al., 2012; Ellis, Green et al., 2012: Ellis et al., 2015），他们在梅宁格诊所创新性地将 CAMS 应用在住院治疗患者中（即大家所熟知的 CAMS-M）。

从直觉上讲，让自杀患者安全地接受门诊治疗是更可取、更合理的（这让患者能和家人朋友保持联系、能上学、能工作赚钱）。在我们的文化中，住院照护经常会带来不幸的污名之灾，因为住过院的人可能被看成"疯子"。因此，现在我们越来越多地听到来自"自杀幸存者或生存体验"团体成员的令人震撼的直观经历和描述，他们讲述了精神科住院经历可以多么消极、羞耻、医源性，甚至是惩罚性的（Yanez, 2015）。精神科住院照护可能会继续存在，但它在过去的 30 年里发生了巨大的变化。在当今的医疗改革时代，我预计自杀相关的心理健康照护会越来越趋向于向**最少受限制**（least restrictive）、**有循证基础**（evidence based），以及**成本效益高**（cost effective）的方向发展（Jobes, 2013a; Jobes & Bowers, 2015）。因此，许多明确而令人信服的证据促使临床工作者努力让自杀患者尽可能不接受住院照护。

慢性自杀状态

在本书的第 1 版中，我已指出 CAMS 可能不那么适用于慢性自杀状态，尤其当患者具有边缘性人格障碍时。我认为，玛莎·莱恩汉的辩证行为治疗（显然更适合有自杀倾向的边缘性患者，并且该疗法得到了大量实证研究的验证（Linehan, 1993a, 1993b, 2005, 2014; Linehan et al., 2006, 2015; Linehan, Armstrong, Suarez, Allmon, & Heard, 1991; Neacsiu, Rizvi, & Linehan, 2010; Stoffers et al., 2012）。尽管我认为辩证行为治疗是治疗具有边缘性人格障碍的自杀患者的最佳选择，但我仍对某些慢性自杀和边缘性人格障碍的患者，运用 CAMS 进行轶事案例研究（例如之前提到的西雅图随机对照实验）。事实上，近年来许多心理健康服务从业者告诉我，接受 CAMS 照护的慢性自杀患者不那么需要通过自杀威胁或自杀行为来付诸行动或"夸大"情绪上的痛苦，因为在每次 CAMS 中期会谈中，他们自毁的冲动都得到了仔细而密切的关注。

除了临床轶事之外，越来越多的证据表明，CAMS 可能对某些慢性自杀状态和边缘性人格障碍患者有效（Andreasson et al., 2014, 2015, 2016）。在这方面，目前我们正在使用"连续多任务随机试验"（参见 Collins, Murphy, & Stecher, 2007）随机对照实验研究大学生自杀，考察连续使用 CAMS 和辩证行为治疗，或交替使用两者的有效性（Pistorello & Jobes, 2014）。近年来，我了解到许多坚定支持辩证行为治疗的临床工作者注意到了在辩证行为治疗中整合 CAMS 的价值，因为边缘性人格障碍患者经常陷入严重的自杀状态。因此现有的证据仍然清晰地表明，辩证行为治疗是治疗有人格基础的慢性自杀状态的最佳方法；然而，对于不熟悉辩证行为治疗的心理健康服务从业者，运用 CAMS 也有望取得良好的效果。在未来几年时间内，我们将通过随机对照实验研究上述循证疗法的差异化使用，使不同的治疗方法与不同的自杀状态得到理想的匹配。

自杀尝试

我们都无法保证患者不自杀，也不可能有一种临床治疗方法对每位临床工作者和自杀患者都有效。话虽如此，但我仍主张，相对于针对精神障碍且仅把自杀理解为一种症状的治疗而言，专门针对自杀的临床评估与治疗会更为有效。如果治疗不聚焦于自杀死亡或自杀尝试的风险，那就很可能忽视这些潜在的致命行为，这一点是不言而喻的。尽管从总体来看自杀行为是低概率事件，但仍然会有患者自杀；即使临床工作者再尽责，治疗方法再谨慎，也无法避免自杀尝试行为的发生，因为它很大程度上超出了我们能够直接影响和控制的范围。尽管患者的自杀尝试行为令人沮丧，但出现自杀尝试并不一定意味着治疗是无效的。相反，它意味着治疗尚未完全见效，我们应该加倍努力使疗效更好。

在我们进行实验研究的过程中，也有接受 CAMS 治疗的患者做出了自杀尝试。在西雅图进行的一项随机对照实验中，有一个十分令人痛心的案例。这名深受慢性酒精中毒困扰的患者接受了几周的 CAMS 照护。有讽刺意味的是，他在去嗜酒者互诫协会小组的路上酒瘾复发。他原打算在度过了特别辛苦的一天后"小酌一杯"。不用说，一杯变成了很多杯，患者最终割伤了自己的手臂并住院 10 天。当他局促不安地回归 CAMS 照护时，他为自己没能遵守稳定化计划而几乎不敢与治疗师进行眼神交流。而他的治疗师忠实地遵守着一条治疗箴言，就是玛莎·莱恩汉训练时曾说的："没有患者让治疗失败，只有治疗没有对患者成功"。秉承着这一理念，CAMS 治疗师巧妙地避免了患者那令人感到棘手的羞愧和尴尬。治疗师温和地对患者说："你要明白我们是一起的。我们需要改进我们的稳定化计划，这样你就再也不用回到那个黑暗的地方了。"听到治疗师这样说，患者转过头去，眼中充满了感激的泪水。在这样的支持和包容下，患者得以重振精神，并最终成为研究中治疗效果最好的案例之一。即便是在熟练的临床工作者的照护下，自杀尝试也会发生，它是令人害怕的。但很显然，在每次自杀尝试背后都有一个还活着的患者，他们可以从中吸取教训，其生命最终可能会被拯救（参见 O'Connor et al., 2015，关于"教育时机"的干预概念）。

自杀死亡

患者自杀死亡是最不幸的结果。在美国，平均每天有至少 110 人死于自杀（Drapeau & Mcintosh, 2014），其中大约 35% 的人生前寻求过心理健康照护（Cavanagh, Carson, Sharpe, & Lawrie, 2003）。坦率地讲，所有的心理健康专业工作者都无法避开这一事实——无论我们多么资深、多么竭尽全力地拯救生命，我们也不能向任何一个患者或家属保证自杀最终不会发生。我本人在治疗一名风险极高的自杀患者时，也经历过个人内心层面、职业上、以及道德上的斗争，我对此有过详细记述（Jobes, 2011）。因此，心理健康专家必须承认并最终面对这一事实，即不管我们如何努力，患者仍可能自杀死亡。处理严重的自杀风险是一项艰巨的工作，而在我自己努力应对的过程中，我不得不找到一种合理的方法，这样在面对患者的自杀倾向时，我才不会像"惊弓之鸟"一样，在临床上不知所措。如读者所见，我的解决方案就体现在本书的内容中。

没有哪种自杀治疗或干预是完美的。但至少在使用 CAMS 时，让可以我们安心的是，对于大多数使用过 CAMS 的有自杀倾向的患者来说，它是有效的（Jobes, 2012）。虽然我从不向患者或家属盲目地保证 CAMS 一定能挽救患者的生命，但我确实在尽可能地针对自杀风险提供**现有的最佳照护**，这种照护方法凝聚着来之不易的临床智慧，并且结合了大量临床研究。这是我所能提供的最好照护，它也能帮助我承受一些我无法控制的事情：生命的终结与他人的死亡。关于这个主题更多的内容请参见第 8 章。

CAMS 的自杀追踪结果：程序上的注意事项

在 CAMS 结果与处置部分，有两类基本的临床结果需要考虑：（1）自杀风险解除；（2）自杀风险未解除时的多种临床结果与处置。下面我们将就每种临床结果进行讨论，其中尤其强调与 CAMS 相关的程序。

CAMS 中的临床风险解除

如第 6 章所述，CAMS 的结束标准是，患者的自杀风险在连续 3 次会谈中保持较低水平。在本书的第 1 版中，CAMS 的结束标准是，患者在连续 3 次会谈中完全**没有**自杀的想法、感受和行为。但在以有自杀倾向的士兵为被试的大规模随机对照实验中，我们逐渐意识到之前的标准过于严格。对于许多个案而言，要求完全消除自杀倾向实在太过绝对化。我们逐渐意识到，即使患者仍有一定程度的自杀想法或感受，但如果他展现出有效**管控**此类想法或感受的能力（同时没有自杀行为），就已经构成了 CAMS 临床风险解除的一个重大转折点。因此，我们将 CAMS 自杀风险解除的操作性定义修改为：在连续 3 次会谈中，患者的 SSF 核心评估的总体自杀风险为 1 或 2；同时在过去一周内，患者能够管控所有的自杀想法和感受，并且没有表现出自杀行为。修订后的标准在我们最近的随机对照实验中适用性良好；与完全消除自杀倾向相比，目前的风险解除标准对于 CAMS 而言更为现实。

从工作程序上，在风险即将解除的倒数第 2 次 CAMS 会谈中（即在连续的第 2 次会谈中达到了风险解除标准），应该告知患者，如果在下次会谈中达到了风险解除标准，那么临床工作者将使用 SSF 的结果与处置问卷来结束 CAMS 导向的照护。在第 3 次会谈中，如果患者的总体自杀风险确实是 1 或 2，并且能够管控所有自杀想法和感受，也没有自杀行为，那么如果临床工作者同意，就可以正式结束 CAMS。在我们的临床实验中偶尔会接到一些关于结束问题的咨询电话，有时我们会建议临床工作者与患者再进行一周或两周的 CAMS 照护，确保表面上的风险解除确实靠得住。对 CAMS 反应良好的患者通常可以感到自己在逐渐好转，并且往往渴望达到风险解除的目标。另一种情况是，有些患者可能连续 2 次满足了风险解除标准，但是在第 3 周经历了一次挫折，这使他们的总体自杀风险迅速升高，或使有效管控自杀想法和感受的能力受到挑战。当这种情况发生时，我们必须从容地应对；咨访双方需要重新回到驱动力导向的 CAMS 治疗中，结束的倒计时又重新开始。对于部分患者而言，动摇他们与自杀的联结是很困难的，这会让他们感到害怕。因此，无论 CAMS 结束的过程如何进展，我们都必须在临床上保持耐心、理解和支持。我们需要尽量努力做到的是，不因为**我们**的需要而去催促或者强迫患者过早地结束 CAMS。

自杀风险解除：A 部分

出于上述考虑，在准备进行 CAMS 最终会谈时，临床工作者应该首先与患者进行讨论，确认结束 CAMS 是否合适。如果一切顺利，临床工作者就可以让患者完成"CAMS 的 SSF-4 结果与处置（最终会谈）"问卷。此时患者应该对 SSF 的 A 部分核心评估已经非常熟悉了。通常而言，我都建议临床工作者在每次中期会谈中采用和患者并肩而坐的方式，而我认为这样的座位安排在末次结束会谈中也最为合适，因为相当多的有关结果和处置的工作需要双方合作来完成。

与每次中期会谈中所做的一样，最终会谈中也要再次进行 SSF 核心条目的评估，这是为了确保第 3 次会谈确实达到了风险解除标准（并在 SSF 结果与处置问卷的 B 部分中做标记）。在 CAMS 的结束性会谈中，患者和临床工作者可以回顾 SSF 中期会谈问卷，尤其是 SSF 初始会谈问卷，这样做的好处是便于全面了解照护过程中评估分数的变化。在患者完成最后一次 SSF 核心评估后，在 A 部分结尾有两个开放式问题。第 1 个问题询问治疗的哪些方面对患者有帮助。第 2 个问题询问患者从治疗中内化了什么，能用于应对将来可能出现的自杀风险。这两个问题改编自美国国家精神卫生研究所资助的著名项目"抑郁的合作式研究项目"（Elkin et al., 1989）。显然，这两个问题能引发临床工作者和患者之间的进一步讨论，有关患者在治疗中完成了什么、内化了什么，以及未来如何避免再次陷入自杀危机（关于患者对这些"预防复发"问题的回应的详细研究，请参见 Schembari, Jobes, & Horgan, 2016）。

自杀追踪结果与处置问卷：B 部分

SSF 结果与处置问卷的 A 部分需要由患者来完成（从初始会谈开始一贯如此）。在确定这是满足风险解除标准的第 3 次会谈以后，由临床工作者完成 B 部分。然后，临床工作者应与患者就个案的结果与处置进行总体讨论。通常，应该在最终会谈之前的治疗中就讨论关于照护和处置的进一步安排，但 SSF 的 B 部分仍然提供了一个机会，可以对 CAMS 相关的结果和处置进行进一步讨论并正式记录。对于即将结束的个案，有 4 种基本的临床处置：（1）继续心理治疗；（2）双方同意结案；（3）患者单方面终止照护；（4）转介。对于每个个案，我都会根据最合理的专业判断和标准的临床惯例，在上述临床处置方案中做出选择。如前所述，如果患者想结束照护，我通常颇为支持。然而，如果我判断结束照护不符合患者的最佳利益，我会明确地表达我的意见；但如果患者单方面执意结案，我也必然会尊重患者的意愿。在患者单方面轻率地提出结案之后，进行一些"不强求"的关怀式联络可能是很有价值的，比如通过信件、电子邮件或电话随访进行联络，实证研究也支持这类干预的效果（参见 Luxton, June, & Comtois, 2013; Motto, 1976; Motto & Bostrom, 2001）。

无论具体的临床处置是什么，**我总是会称赞那些通过 CAMS 照护成功解除了自杀风险的患者**。CAMS 的最终会谈是庆祝这个可以挽救生命的照护过程的绝佳机会，充分承认这一成就具有重要的意义。即便已经研究、使用 SSF 和 CAMS 解除自杀状态长达 25 年，我仍然为这一重要的成就而激动不已。

自杀追踪结果与处置问卷：C 部分

与 CAMS 照护的前几个阶段相似，最终会谈后，临床工作者也需要完成最后的"HIPAA 页"（C 部分）。在最终会谈后，完成最后这张 SSF 文档记录尤为重要，因为这意味着一份详尽的 CAMS 照护病历正式完成并得以保存。如前所述，CAMS 内置的丰富文件记录是该方法的一个鲜明特征，如果患者自杀身亡而其家属因过失致死提起诉讼时，这些文件能显著降低不当医疗的风险。

自杀风险复发

当然，一度解除了自杀风险的患者可能会再次出现自杀倾向。在我本人的临床案例以及我们的临床实验研究中，这样的情况都出现过。根据临床工作者的判断，如果曾经解除了自杀风险的患者之后又想自杀，那么应该重新深入开展中期会谈的追踪工作，并有意识地将治疗焦点再次转移到自杀驱动力上。但在某些情况下，返回 SSF 初始会谈，重新进行评估并制订治疗计划也可能有好处。虽然临床工作者和患者可能不想把整个 CAMS 过程重来一遍，但我认为把自杀状态看作是偶然发生的，要好于给患者简单地贴上"慢性"自杀的标签。我认为让有自杀倾向的患者知道自己会好转（即使是一阵子）是非常重要的，这与情况永远不会变好的感知形成了鲜明的对比（慢性自杀状态的标签可能会形成一种**身份**，使治疗更难成功）。

自杀风险未解除的临床结果

除了自杀风险解除以外，CAMS 还可能出现其他多种临床结果，它们需要在完整的病历中进行说明，并与 HIPAA 页相一致。因此，SSF 结果与处置问卷可以用于患者与 CAMS 治疗师终止关系的各种结果。这些结果包括：（1）患者转为住院治疗；（2）患者和临床工作者双方都同意结案（尽管未达到 CAMS 自杀风险解除标准）；（3）患者单方面终止照护（从照护中脱落，或违背临床工作者的意愿终止治疗）；（4）临床工作者将患者转介至其他照护方式，或转介给其他心理健康服务人员；（5）如果悲剧发生，在"其他"一项中甚至可以记录为患者自杀死亡。上述结果已在本章有所讨论。在此需要做一点重要的补充：我们鼓励临床工作者寻求专业指导，以便为患者提供最佳的照护建议。所获得的专业指导应详细记录在 B 部分的"转介"或"其他"项目下，或者 HIPAA 页的"个案记录"中。

危机后的生活：生存经验

我主持过数个 CAMS 随机对照实验，也亲身观察过数百小时临床工作者努力在 CAMS 框架下与严重的自杀患者开展工作，其中的一些经历让我深感震撼。在很多情况下，我观察到有些有致命自杀风险的患者对 CAMS 的反应非常好，有时见效的时间短得令人吃惊（例如 4~6 次会谈）。我们同样观察到，甚至某些有长时间的自杀行为史和长期出现自杀想法的患者也逐渐意识到，也许自杀并不是应对其处境的最佳方法。意识到了这一点，患者才有可能真正地远离自杀、回归生活、重建希望。然而，许多患者的生活仍然非常混乱。例如，一名军人与多位女性结婚、离婚，他共育有 4 个年幼的孩子，存在严重的债务问题，并因战争带来了侵入性创伤。一名年轻的大学生，有混乱的性行为，经常割伤自己，酗酒，吸毒，从中学起就多次服药过量。一个中年的家庭主妇，养育了 5 个孩子，讨厌自己现在的"空巢"生活，体态发福，情绪焦虑；她把枪对准头部准备自杀时，她的丈夫夺下了枪，阻止了她几乎致命的自杀尝试。虽然这些患者因为 CAMS 而稳定下来并且放弃自杀，但他们很可能不知道如何面对自杀以外的生活。这些患者有时会说自杀的想法让他们感到"舒服"。自杀就像一张能带来控制感和安全感的"温暖毯子"。一名患者曾对我描述了她与自杀的"关系"就像是在与死亡恋爱。近些年来，我开始停下来思考这些案例：对于这些与死亡共舞，并将其当作可能的解决办法，以此自我解脱与救赎的患者，他们除了自杀之外还有什么出路？这样的患者究竟如何过好**危机后的生活**呢？

通过反思本书第 1 版问世以来的这 10 年，我意识到 CAMS 的前半部分在 2006 年之前就已经得到了较好的研究和充实，而后半部分则较少得到研究。10 年后的如今，我们的干预方法日臻成熟和进步，在中期会谈期间对患者定义的自杀驱动力的治疗上也获得了很多经验，这让我感到欣慰。塔克及其同事（Tucker et al., 2015）认为，自杀"驱动力"的构想是从概念上和临床上对自杀风险进行理解的一个重要创新。在这篇重要的文章中，这些研究者就过去几十年间自杀学的发展提出了令人信服的观点。在早期，占据这一领域的是上百种导致自杀的心理社会"风险因素"（Maris et al., 2000）。随后，根据自杀"预警信号"的构想，研究者开始考虑自杀风险近端因素的价值（Rudd, 2008; Rudd, Berman et al., 2006）。塔克等目前将自杀驱动力看作一种"个人化的预警信号"，它是患者自己定义的导致其陷入严重自杀状态的问题。我们现在更加清楚在 CAMS 中期会谈中应该如何治疗有自杀倾向的患者，尤其是如何聚焦并处理由患者定义的自杀驱动力。但是很明显，CAMS 导向照护的后半部分是自杀干预中发展最不充分的部分。有鉴于此，在本章的最后，我将反思并讨论 CAMS 结果与处置对危机后的生活的影响。

预防复发

"预防复发"在循证治疗中的重要性是显而易见的，无论对广义的心理治疗，还是专门针对自杀的治疗都是如此（Apil, Hoencamp, Judith Haffmans, & Spinhoven, 2012; Brown & Chapman, 2007; Dimidjian et al., 2014; Gleeson et al., 2011; Huijbers et al., 2012; Piet & Hougaard, 2011）。实际上，在预防自杀的认知治疗这种非常有效的方法中，治疗干预的一个显著特点是在最终会谈采用引导式想象的方法来预防复发（Wenzel et al., 2009）。在这种阶段性的治疗方法中，最初的重点是识别并确认自杀模式，然后在预防自杀的认知治疗中传授有用的应对技能，以便在未来某一时刻当自杀模式被激活时，患者能不再以自杀作为应对方式。但真正起作用的是，在最终会谈中通过引导式想象暴露练习激活患者的自杀模式，患者在其中演练治疗中学到的自杀应对行为。有数据清楚地显示这种巧妙的方法能显著减少自杀尝试（Brown, Have et al., 2005; Rudd et al., 2015）。

由此，我开始认识到预防复发突出的重要性，尤其是涉及自杀时。如前所述，SSF 结果与处置问卷中 A 部分的最后两个开放式问题，直接包含了预防复发的用意："治疗中是否有某些方面对你来说特别有帮助？"和"从临床照护中你学到了哪些东西，在以后你再次想自杀时能帮到你？"，并且我们开始从这些问题中获得有价值的信息（Schembari et al., 2016）。不**倒退**回自杀状态显然非常重要，但近些年来我越来越关注**前进**的重要性。通过 CAMS 照护解除了自杀风险的患者究竟如何远离自杀，进而努力追求有价值的危机后的生活？作为心理健康服务提供者，我们如何帮助这些患者真正地过上有目的、有意义的人生？

生存经验

我一直在仔细思考这样一种治疗导向：如何引导曾经想自杀的患者获得"生存经验"。我所说的"生存经验"是指一些基本的跨理论观念，可以为如何更好地生活提供基本指导。它是治疗的一个重要基础，为曾经想自杀的患者发展有价值的生活添砖加瓦。按照这个思路，我发现最有说服力的是一些能引发人直观兴趣的模型，它们往往强调心理平衡的重要性。例如，博南诺和卡斯顿奎（Bonanno & Castonguay, 1994）

写了一篇引人注目的论文,讨论了在心理层面上平衡"自主(agency)"和"交流(communion)"的重要性。"自主"主要关注个体的内在生活、表现、成就和目的感(即"行动")。"交流"主要关注个体的关系生活,侧重交流、联结、与他人互动,以及对"存在"的理解。两位作者的观点颇具说服力,他们认为要达到比较健康的心理状态,最好的方式可能是在自主和交流之间找到平衡——既关注自我,拥有富于意义的内在生活,同时也关注与他人的联结,拥有富于意义的关系生活。

卡尔·罗杰斯(Carl Rogers, 1957)多年前提出了"一致性",这个简单的概念得到了广泛接受。后来的一些学者提出了类似的"自我差异"理论(Higgins, 1999; Higgins, Roney, Crowe, & Hymes, 1994)。其中的基本观点是,个体想要成为的人与实际所是的人之间的心理一致性。当两者相对一致时,个体在生活中可能功能良好。而当我们想要成为的样子和实际情况之间存在明显差距时,我们会因为没有实现愿望而感到痛苦和煎熬。

最后,我很欣赏津巴多(Zimbardo & Boyd, 1999)有关心理时间取向的观点。我们都知道有些人在心理层面上深陷**过去**(也许是沉溺于过去的创伤,或是对特定生活阶段的过度依恋,例如高中或大学)。还有些人在心理层面上活在**当下**,他们遵循个人信条,专注于当下的存在,而不去浪费时间反刍过去,或猜测不可知的未来。还有些人在心理层面活在**未来**,他们努力争取良好的教育、工作、配偶、朋友、家庭和生活环境,为了某天过上理想的生活。津巴多认为,当个体在心理上能够较好地意识到自己生活的过去、现在和未来时,他的心理就比较健康。在寻求有目的和意义的生活时,一种合理的思考方式是将三者综合起来:既能从过去的经历中汲取智慧,又珍惜当下的每时每刻,同时根据自己的感受规划未来。

不可否认,我在这些问题上可能有点力不从心,我也不假装自己对生活的意义有非同凡响的洞察。但是我研究自杀患者有30余年了,这个经历确实让我产生了一些有趣的想法,促使我停下来去思考目标、意义以及其他更高层面的议题。我有一个非常强烈的想法,那就是提出并阐释一些相对简便易行的观点,为自杀危机过后的生活提供指引,然而现有的自杀学文献很少涉及这个问题。人们很容易认为,这样的思维方式大胆地跨入了"积极心理学"领域,或者无非是20世纪60年代由马斯洛、罗杰斯、弗兰克和梅发起的人本主义运动所提出的理念。然而迄今为止,将这些理念专门应用于自杀患者尚未受到特别关注,而这无疑值得开展进一步的临床实践和实证研究。在本书的下一版中，可能会有称为"生活状态问卷（Living Status Form）"的文档可供选择，它能够与 SSF 初始会谈的首页形成对照。这个问卷适用于这样一些患者：他们已经通过 CAMS 照护成功地解除了自杀风险，但仍需要一些指导或协助来进一步探索简便易行的生存经验。这份问卷可以指引患者适应危机后的生活，在更为宽泛的层面上追求存在的目的和意义。这一思路类似于一些价值观导向的工作，它在一些疗法中有所体现，如行为激活（Martell et al., 2013）、承诺接纳疗法（Hayes et al., 2011）和动机性访谈（Britton, Conner, & Maisto, 2012; Britton et al., 2011）。

本章小结

本章我们讨论了 CAMS 导向照护的最后一个阶段，即产生临床结果、实施临床处置的阶段。理想的情况下，我们希望看到自杀患者成功地达到自杀风险"解除"标准，从而结束 CAMS 照护。当然除了最佳情况以外还存在其他临床结果，我们在本章中也进行了讨论。在最佳结果中，CAMS 的风险解除标志着治疗的一个重要成就，即患者的自杀倾向被系统地解构，这样患者与自杀的关系就能得到充分的理解。当自杀倾向被这样理解时，有意义的稳定化计划以及针对由患者定义的自杀驱动力进行的 CAMS 治疗，就可以系统地将自杀从患者的生活中消除。即使没有实现最佳结果，我们也能感到欣慰，因为 CAMS 和 SSF 仍可以指导治疗过程，适用于所有可能的临床结果，并提供重要资料，以表明我们针对自杀开展了优秀的临床实践，它远高于大部分心理健康临床工作者提供的照护标准。最后，我们简要探讨了有关 CAMS 结束阶段的一些新观点，包括预防复发和追求危机后的生活。在生存经验方面进行简便易行的探索，可能会帮助既往有自杀倾向的患者放弃自杀、不断前进，按照自己的意愿追求想要的生活。

第 8 章

用 CAMS 降低治疗不当风险

任何临床评估和治疗都不能保证一个已然决定自杀的患者不会结束生命。我们只能尽自己所能。但此处的重要议题是：患者是否得到了有循证基础的最佳评估，是否得到了专门针对自杀的治疗？我们一定要坚信，我们要努力追求并切实提供现有条件下的最佳照护，它是循证的、专门针对自杀的，并且应该足以让我们的患者及其家属信赖。

不幸的是，患者及其家属怀有非常不切实际的幻想，他们以为治疗师能做的工作超出了我们实际能做的范围。反过来，如果我们没能满足这些幻想，尤其当这个患者结束了自己的生命时，事情将会变得很糟糕，并且还可能面临因治疗不当而被起诉的法律问题。因此，很多临床工作者担心在患者自杀后，自己可能因治疗不当导致"过失致死"而遭到诉讼（至少在美国是这样，但是在其他地方也越来越多）。一些调查数据证实了这样的担忧是必要的。根据彼得森、罗马和唐恩（Peterson, Luoma, & Dunne, 2002）的调查结果，大多数接受临床治疗的患者的家属，在得知他们所爱的人自杀死亡的那一刻，会考虑联系律师，而且有25%的人确实这样做了！

为了将本章所要讨论的议题具体化，下面先列举两个临床案例：

美国中西部一所大型大学的一位三年级女生被室友发现在卧室上吊自杀了，她20岁，主修商学。学生的母亲来自芝加哥，她是一位已经离婚但非常富有的房地产经纪人。女儿的死亡让她深受打击、非常愤怒。在女儿的葬礼之后不久，她得知女儿生前来过大学的心理咨询中心，于是她约见了中心负责人和临床社工，后者与她的女儿进行过23次以CAMS为导向的会谈。从大一开始，她的女儿就断断续续地出现自杀的念头，一直持续到大二，但是因为稳定地使用CAMS并且收效良好，她从未进行住院治疗。然而，在大二结束的暑假过后，这个学生返校后再也没有与治疗师续约（这本来是双方约定好的）。根据记录，治疗师至少曾4次努力联系这个学生，想让她重返治疗，2次通过电话，2次通过邮箱。这位母亲由她的律师陪伴前来会见中心负责人和治疗师，他们准备"用诉讼彻底毁掉这个机构！"在会见中，负责人冷静地把患者的档案交给律师，里面有SSF文档记录，还清晰地记录着治疗师如何努力让患者重返治疗。面对母亲的愤怒，律师只是简单地说"这里没有疏忽"，就拒绝了这个案子。这位悲痛欲绝的母亲在联系了另外3位原告律师之后罢休了，因为他们一致认为——在这个悲剧性的事件中，没有任何证据可以指控治疗不当。

一位25岁的经济学家，在东海岸的一家研究智库工作，他在一位临床心理学工作者开设的私人机构接受治疗。这位年轻人有长期的抑郁障碍和焦虑障碍障碍病史，而且曾经有过10天糟糕的住院经历。他和老板就某个研究项目发生了争执，因此被放进了试用期。另外，最近他还与交往很久的女友分手，这使他陷入了抑郁的深渊。患者一共进行了6次CAMS会谈。医患双方针对年轻人想购买枪支来自杀的计划进行了很多讨论，而后患者同意放弃这个自杀计划，这是其CAMS稳定化计划的一部分。不幸的是，他在最后一次CAMS会谈的两天后开枪自杀了。在他死后10个月的某天，治疗师收到了一封来自加利福尼亚的邮件，随后又接到一通电话，它们都来自患者的哥哥。他在整理弟弟的遗物时发现了一个标有"心理健康"的文件夹。他既惊讶又好奇地查看了这些SSF文档，它们显然是患者留存的。治疗师和患者的哥哥进行了90分钟的电话沟通，讨论关于患者和CAMS使用的情况。在电话中，患者的哥哥透露出在文件夹里发现了一个购买枪支的收据，这正是患者用来结束自己生命的枪支，而购买时间早在第1次CAMS会谈的2周前。这一发现让治疗师非常震惊，他指出他们就购买枪支的问题上做了大量的讨论并在文档中有所记录。他的哥哥认为，患者绝不能忍受再次住院治疗，这应该就是他撒谎的原因。在谈话的最后，哥哥甚至对治疗师表示感谢，他说："至少我知道，最后为我弟弟做治疗的人并没有忽视自杀这个问题，这一点让我感到欣慰。我们都很遗憾，显然他坚决地选择了死亡！"

从上述两个困难的案例中，我们看到了自杀带来的悲伤和心碎，以及随即面临的重大挑战。两个案例也显示了自杀患者的家庭成员在失去所爱的人之后会出现何种反应，以及他们会怎样向患者生前求助过的临床工作者寻求解释。

本章将从各个角度探讨患者自杀身亡引发的治疗不当侵权行为。因此，我们会讨论在与有自杀倾向的患者的工作中，如何使用 CAMS 来减轻临床工作者对临床疏忽的担忧，并降低医疗事故责任的可能性。我很清楚，这个话题很快就会转向过分强调保护性或防御性的做法，而非以拯救生命为临床工作的唯一要旨。虽然如此，我们仍须尽量充分地探索和思考本章固有的议题，这样才能使临床实践有据可依且具备胜任力，而这样的临床实践**确实**能够拯救生命（Roberts, Monferrari, & Yeager, 2008; Smith et al., 2008）。

治疗不当概述

美国各州关于治疗不当的法律是有差异的。事实上，对于过失致人死亡的医疗事故责任鉴定常常并不取决于治疗师在治疗过程中实际做了什么，而是依赖于鉴定专家的相对可信度以及案件律师的诉讼技巧，这些人会影响非专家陪审团和法官的感受和同情心。由于法律不同，专家和律师的相对影响力也无法预期，因此在这类情况下唯一能够明确的就是：对患者实施负责的、系统的、有完备记录的照护，有助于从根源上防止原告律师起诉治疗不当（Bender, 2014）。

如伯曼、乔布斯和西尔弗曼（Berman, Jobes, & Silverman, 2006）所述，患者自杀死亡后，治疗不当过失致死是一种侵权行为，原告（通常为死亡者的家属）可能会起诉治疗师治疗不当。原告通常在民事法庭上提出申诉，他们经常从被告治疗师所提供的照护过程中找出大量的临床失误。在这个不愉快的情境中，他们声称治疗师的临床失误——如疏忽或过错——是引起自杀或重大伤害的直接原因或关系最为密切的因素。原告有责任进行举证。

临床工作者是否因治疗失当而被判定有罪，是根据"照护标准"来决定的。该标准的界定依据是：一个明智、审慎的临床实践工作者在类似的情况下与类似的患者工作，会如何做出反应（Melonas, 2011; Michaelsen & Shankar, 2014）。值得注意的是，该照护标准**不要求**达到行业专家的水平，而是一个适度审慎且具有一般胜任力的临床从业者应该做到的。诉讼开始时，法院会（通过传票）要求当事人递交与案件有关的所有书面材料，这一过程要求当事人必须透露事件相关的内容。接下来的诉讼过程中，涉案双方都会聘请法律专家，他们将对书面记录进行评估，并经常约谈不同的当事人（获得证词），以一种后见之明的智慧来判断临床工作者是否达到了专业照护的标准（Hashmi & kapoor, 2010）。

根据我自己的经验，以及与自杀学法律专家同事的探讨，我们知道绝大多数这类案件都没有进入审判环节，这主要是由这种诉讼类型的性质决定的。原告律师需要花大量时间来发现和追查案件中导致过失致死的治疗不当之处，而案件的结果并不确定。尽管原告会支付追查案件的费用，但律师的最终报酬需要视案件的结果而定（即得到有利的解决方案，或因治疗师被判有罪而得到经济补偿）。换言之，如果原告律师预计案件的收入达不到 40,000~50,000 美元（约 28.4 万~35.5 万人民币）的平均水平，那么他们对案件就会持谨慎态度（Wise et al., 2005）。因此，许多悲痛的家庭最初寻求案件诉讼却没有取得太大进展，这是可以理解的，因为原告律师对花费大量时间而最终可能无法得到报酬怀有谨慎态度——这并不是一个好买卖。而临床工作者对医疗事故责任的担忧和焦虑是可以理解的，而且也确实有现实依据，因为小部分治疗不当的过失致死案件最终会出现在法庭上（Berman et al., 2006；Ellis & Patel, 2012）。

坦诚地说，在法庭上为自己的职业生涯辩护是一种相当糟糕的经历。即便案件没有诉诸法庭，被指控治疗不当的痛苦经历也总会给临床工作者的职业声誉和个人生活带来损害。如汉丁和哈斯等人（Hendin & Haas et al., 2004）所述，患者自杀死亡对临床工作者来说是灾难性的生活事件，后者作为幸存者，可能产生严重的情绪困扰。经历着这种可以理解的痛苦，再加上有可能面临治疗不当过失致死的责任诉讼，治疗师会陷入悲惨痛苦的境地，因此患者自杀对治疗师而言是非常难于应对的情况。

我们已经清楚地知道医疗责任诉讼是多么令人厌恶，现在我们有必要了解在法律制度来看，临床工作者应该如何与有自杀风险的患者工作。如伯曼及其同事所述（Berman, 2006；亦参见 Sher, 2015），在患者自杀后，原告想要证明确实存在治疗不当过失致死，就必须在诉讼过程中证实 4 个方面的要素：

1. 必须有证据显示，心理健康临床工作者有责任为患者提供照护（由于专业关系的自然属性，这一点通常是不言自明的）。
2. 必须有证据显示，治疗师未能尽到上述责任。

3. 必须证明确实有损害产生（例如治疗带来的各种次级损失，如损失未来收入、疼痛、痛苦和失去友谊等）。
4. 这一点非常重要，虽然不同州之间的具体法律内容存在差异，但必须证实上述损害是由于临床工作者失职而造成的（如由于疏忽造成）。

我们在20多年前发表的一篇论文（Jobes & Berman, 1993）中着重探讨了，如何开展有胜任力的临床实践以便减少医疗事故责任（亦参见Melonas, 2011; Roberts et al., 2008）。我们在文章中提出，对自杀患者进行临床照护的胜任力包含3条专业实践的首要原则，它们分别强调：（1）预见性（评估）；（2）治疗计划制订（最好是聚焦于自杀的）；（3）临床跟进（包括案例研讨和恰当的文档记录的重要性，参见Simpson & Stacy, 2004）。这个框架以减少医疗事故责任为核心目的，这一目的直接影响了CAMS中一些关键特征的形成。因此，下面我们将更深入地讨论每一项原则，它们均涉及CAMS的基本特征。

预见性的重要性

预见性是指，治疗师预期到了自杀风险，且在此之后有能力对自杀风险进行充分的评估。然而在治疗不当的案例中，什么才算是充分的评估经常是有争议的。例如，一位14岁的来访者，他有品行障碍的历史，之前也出现过自杀想法和行为，当临床工作者询问"你想自杀吗？"，这个少年只是简单地回答"没有"，那么这样处理**合理**吗？一方面，被告可以从法律角度来辩护，"关于自杀想法的问题已经问过了，也得到了回答"。另一方面，原告律师也可能有力地争辩，"没错，不过考虑到这个男孩的既往史，你真的能只从他是或否的表面回答进行判断吗？"根据每个案例的情况，我列举了双方在这类辩论中会提出的观点；这取决于病历记录所反映出的案例的特殊情况。对于刚刚提到的案例而言，没错，治疗师至少向14岁少年询问了有关自杀的情况，并在病历中有所记录，这一点值得肯定。坦率地讲，大部分临床工作者甚至连这一点都没有做（Coombs et al., 1992）。但是，这是否足以说服法官和陪审团，让他们承认治疗师对自杀风险进行了**充分**评估，达到了照护标准的要求？这个问题的答案不可能一概而论，每个案例都有自己独特的背景和因素。然而无论情况如何，我们真的想冒这个险吗？因此，想避免为了自己的职业生涯去和法律专家做斗争，最好的策略就是确保自己已经对自杀风险进行了充分评估，并且完备地保存在病历记录中（Bender, 2014; Smith et al., 2008）。为达到这个目的，基于 CAMS 的 SSF 在初始会谈和中期会谈期间，会对自杀风险进行充分、持续的评估，而且具有非常完备的文档记录。

不仅要在首次会谈中进行自杀风险评估，而且要在照护过程中持续评估自杀风险，并在文档记录中明确地阐述风险的总体水平，因为这些也具有不可否认的价值。在 CAMS 导向的照护中，总体自杀风险的说明在"HIPAA 页"中的"患者的总体自杀风险水平"一项中有明确体现（在 3 个风险水平中做出判定，并写下判定的依据）。此外，自杀风险应该清楚地与法医学意义上的"明确且危急的风险"挂钩，这就需要确切地说明是否需要（或不需要）住院。值得注意的是，SSF-4 在第 1 次会谈的治疗计划部分的末尾就切实做到了这一点。此外，在所有 CAMS 中期会谈中，在 SSF 的 B 部分"患者状态"一栏下，都会持续关注住院治疗这个临床选择。最后，在 SSF 文档最终的结果与处置部分也同样有住院治疗的选项。住院或**不**住院的建议应该考虑患者的最佳利益和总体福祉，将其记录下来是非常重要的。

几年前，我遇到了一个极具挑战性的案例，那个年轻人的自杀风险很高，他曾在青少年时期连续 3 个夏天多次住院。根据患者描述，他的父母会在他住院期间去度假。在每一次住院期间，他都经常遭到两名精神科医护人员残酷的性虐待。鉴于这段独特的创伤史，我认为对他而言，在他成年后出现自杀倾向时，再次住院完全不是最有益的选择。幸运的是，通过使用早期版本的 CAMS，这位患者度过了有严重自杀倾向的时期，最终得到了成功的治疗。考虑到这段独特的既往史，我非常详尽而全面地记录了不建议患者住院治疗的原因，并就什么才真正符合患者的最佳利益进行了很多讨论。

因此，在医疗事故责任的问题上，文件记录是至关重要的。因为任何原告律师都将对你说："既然没有写下来，那就是没有发生过。"在我认识和训练过的临床工作者当中，文件记录的重要性常常被看作是一种繁重和过于麻烦的要求。然而，在治疗不当过失致死的诉讼中，有技巧的原告律师会利用不充分的文档记录指控被告治疗师。原告律师会以后见之明的智慧尖锐地指出，临床工作者做了什么和没做什么是无据可考的；患者显然是不合格的临床照护的受害者，临床工作者在用错误的记忆和谋求个人利益的说辞来回避患者死亡的事实。原告律师那臭名昭著的对抗式策略，常常会让被告显得面目可憎。一个有技巧的律师可以轻而易举地激起陪审团的同情心，制造这样一种印象：悲痛的家属遭遇"为富不仁"的治疗师（这常常是一个不真实的、不公正的描述），患者已死亡的事实显然表明被告的照护存在失职。据报道，在律师看来，是否要接一个治疗不当的案子，80%~90%取决于**书面医疗记录的质量**（Simpson & Stacy, 2004; Wise et al., 2005）。在医疗事故责任中，最能保护临床工作者的莫过于开展具有胜任力的临床照护，并进行完备的记录。

如第1章所述，在临床治疗中尽早识别并充分评估当前存在的任何自杀风险，这是CAMS临床照护的一个重要特征。如果临床工作者在治疗之初就例行使用一些基于症状的标准化评估工具，通过患者自评的方式来筛查和识别潜在的风险，那么接下来进行彻底的评估就尤为重要。如果当前的自杀风险能很快被检出，并随即启动CAMS，就可以避免事后的纠纷——因为律师持有的基本观点是，如果治疗师没有识别出潜在的自杀风险并迅速做出反应，那就说明他**缺乏预见性**。而且，接下来也很难对作为CAMS重中之重的一系列例行自杀风险评估提出批评。坦率地说，无论原告律师从后见之明的有利位置上如何辩论，心理健康临床工作者都不能准确无误地预见未来或预测人类的行为。然而，临床工作者没有发现或察觉存在自杀风险，也未能充分评估自杀的可能性，这才是许多医疗事故案件围绕的主要议题。切实地使用CAMS和SSF与有自杀倾向的患者工作，应该会从根本上消除对治疗不当的担忧。

治疗计划的重要性

在治疗不当的问题上，第2个要重点考虑的是治疗计划的关键作用，它能在各种意义上防止治疗师出现疏忽，而治疗师的疏忽正是原告律师会提出的导致患者死亡的近端原因。在本书的第1版中，我只是大致提到了这个问题。十几年过去了，现在我可以更为详尽地阐述这个主题。已发表的研究清楚地表明，对自杀风险的成功治疗应该包含专门针对自杀的治疗。事实上，这一明确的结论得到了随机对照试验研究的反复证实，所涉及的疗法包括辩证行为治疗（Linehan et al., 2006; Neacsiu et al., 2010; Stoffers et al., 2012），防止自杀的认知行为治疗（Brown & Have, et al., 2005; Rudd et al., 2015; Wenzel et al., 2009），以及 CAMS（Andreasson et al., 2016; Comtois et al., 2011）。如第 2 章所述，几乎没有证据证明，针对心理障碍进行治疗可以减少自杀想法或行为，从治疗自杀的角度来看，将自杀简单地划为症状的一部分错失了治疗重点。然而，根据我在这个领域的经验，大部分从业者仍然只治疗精神障碍，以为这是降低自杀风险的最好办法。尽管这种不针对自杀的治疗也许在技术上符合当前的"照护标准"，然而面对越来越多的实证证据，这种治疗方法可能会越来越难以站得住脚。显而易见，CAMS 导向的临床照护在治疗自杀风险方面的有效性有大量的实证依据，因此它远远高于临床照护的一般标准（Jobes, 2012）。

正如本书通篇强调的，过去 10 年来，CAMS 最显著的发展是"驱动力取向"的自杀干预，这一点在第 6 章中已经有深入的描述。我们不仅在 CAMS 的治疗计划中毫不掩饰地关注自杀，还进一步精心设计了一个思考自杀风险产生原因的全新模型，它对自杀的临床照护产生了明显而直接的影响（Jobes et al., 2011, 2016; Tucker et al., 2015）。因此，不管用怎样的后见之明来考察治疗疏忽，聚焦于自杀的 CAMS 治疗计划都能起到很好的保护作用。除了上述的一般性考虑之外，CAMS 的 SSF 治疗计划中还有几个特定的部分需要进一步关注。

治疗计划所针对的问题

在 CAMS 导向的照护中，从第 1 次会谈开始，及随后的每次中期会谈，直到最终的结果与处置，治疗计划关注的最基本的问题始终是非常明确的，即问题 1 "自我伤害"的风险。在 CAMS 导向的照护中它是首要的关注点，没有什么比处理这一问题更为重要。反过来说，优先考虑这一点也能尽可能地使有自杀倾向的患者不必进行住院治疗。除了这个基本治疗焦点之外，CAMS 治疗计划同时关注前文所述的自杀驱力，反映在问题 2 和问题 3 上，这在第 6 章中已有深入讨论。

治疗目标和目的

好的治疗计划应该清晰地阐明治疗目标和目的。此外，该计划最好能确定短期和长期的治疗目标。在治疗有自杀风险的个案时，必须立即确定短期的治疗焦点，并发展能够有效管理门诊患者稳定性的策略（帮助患者度过出现急性自杀倾向的"黑暗时刻"）。在 CAMS 中，只要按要求完成稳定化计划就能轻松地实现上述治疗目标。除了立即确保短期的稳定性，一个全面的治疗计划还应该同时包括长期的重要目标，这是照护成功的关键。在以 CAMS 为导向的照护工作中，问题 2 和问题 3 识别并阐述了患者定义的自杀驱动力，以此作为治疗的长期目标。在 CAMS 治疗中，自杀驱动力大部分是更大更宽泛的问题，它们通常需要临床工作者在中期会谈中花更多时间来对此准确聚焦并有效治疗，最终使患者放弃采取自杀作为应对方式。

治疗干预

如第 6 章所述，只要是能准确聚焦并有效治疗患者自杀驱动力的治疗和干预方法，都可以容纳在 CAMS 框架内，这是 CAMS 照护的标志性特征。CAMS 并不局限于任何一种理论取向或干预措施；毫不夸张地说，任何临床工作都能引入到 CAMS 照护之中，并与之完全适应。这可能包括各种治疗方式、各种心理治疗技术、个案管理、药物治疗、职业咨询等。我曾经培训过一批美国原住民心理健康临床工作者，他们喜欢将传统的本土医学以及灵性的理念整合到 CAMS 当中来治疗有自杀倾向的青少年。

在治疗不当的诉讼中常见的一个指控是：临床工作者没有推荐所有恰当而必要的治疗。原告聘请的专家会再次"马后炮"式地认为，考虑到最终的致命性结果，治疗师应该提供能想到的所有照护。例如，如果患者表现出明显的精神疾病症状，治疗师却没有为其转介精神科的药物治疗咨询，那么事后就可能被视作重大的临床疏忽。尽管治疗师可能认为精神药物对某些个案患者有帮助，但他仍然可能因没有推荐患者进行药物治疗咨询而承担责任。目前大部分法律专家的态度是，推荐患者进行药物治疗咨询才符合专业的照护标准。因此，没有进行这样的转介可能造成严重的治疗不当——患者是否同意转介完全是另一码事，而且与治疗师的责任认定可能不甚相关。

除了治疗疏忽的议题，临床工作者应全面地考虑和使用各种治疗方法，通常显示出其所提供的临床照护是更加广泛和全面的。从后见之明的角度来看，这种方式相对于只依赖一种疗法的局限方式更加具有保护性（尤其是如果有证据表明进一步的转介或者其他治疗方案能使情况变得不同）。例如，对于有自杀倾向的青少年，如果治疗师没有让其他专家对其物质滥用倾向进行单独评估，可能会被原告律师认为是一个重大的失误。如果物质滥用是自杀风险的重要影响因素，那么这一指控就尤为有力。在接受患者住院后未能遵守出院计划，也会增大临床工作者的责任风险（Bender, 2014; Hashmi & Kapoor, 2010）。

在照护过程中，不断修订和更新患者的治疗计划是很重要的。有时，个案的进展并不顺利，那么就需要全面修改整个治疗计划（参见 Jobes, 2011）。此处我们意在强调掌握治疗主动权的重要性，而不是停留在没有时间限制、也没有带来明显改变的治疗中。原告方的法律专家很容易质疑这种开放式的治疗方式。他们会提出，治疗计划是过时的、不充分的，且并没有根据患者不断变化的需要进行恰当的修改，而患者在疏忽大意的治疗师的照护下最终死亡。如果治疗师能够说明他们的治疗随着临床需要的变化而不断更新和发展，那么治疗不当的风险就会降低。

治疗时长

有自杀倾向的患者应该接受限次的治疗，而不是开放式治疗。限次的设定对一般的心理治疗有重要意义，对于有自杀风险的个案则尤其如此。限次的重要作用在于，它能增强治疗动机，同时也使患者抱有这样一种期待：自己的问题能在一个合理的时间范围内得到缓解。为此，如果针对某些驱动力的特定治疗方案需要 10 次会谈，那么就可以依此设定时长。如果没有非常确切的治疗时长，我会在 CAMS 首次会谈中提议进行 3 个月的照护，这个时间框架对有效地开展 CAMS 治疗而言是合理的。研究显示，大部分患者会在 12 次会谈以内（并不是无期限的）见到效果，我们可以将其看作为自杀找到了一种很好的替代选择，而自杀这种应对方式实际上是永久性的。

关于临床研讨

我们已经反复强调了文档记录的重要性，除此以外，临床工作者还需要定期进行专业研讨（当然这也必须仔细记录下来），它的重要性怎么强调都不为过。专业研讨之所以重要，是因为它表明临床工作者具有良好的临床判断，而且能恰当地利用资源。它也能清楚地表明，临床工作者在个案工作中不是一个"独行侠"。在 SSF-4 中，研讨可以写在 HIPAA 页面的个案记录中。最后，还有一种常用的干预方案也可能非常有帮助，就是征得患者的同意后，从患者的家庭成员以及其他重要他人那里收集辅助性信息，并寻求他们的支持。例如，在对军队开展的研究中我们经常观察到，让患者的军士长或指挥官参与解决与患者的工作相关的问题，或是患者所在部门的人际关系问题，会产生显著的积极影响。对于有自杀倾向的青少年而言，让其父母或兄弟姐妹参与治疗具有重要作用，这能为患者建立支持性的安全网络。邀请配偶参与也具有类似的积极作用，尤其当配偶参与了"危机支持计划"时（参见 Bryan，2011）。尽管会有例外情况，但临床工作者还是应该考虑从患者的重要他人那里获得信息、获取支持，这是恰当的临床照护的一个标准组成部分。

临床跟进的重要性

具备胜任力的临床实践的最后一个方面涉及临床跟进的重要作用，它可以显著地降低治疗不当的风险。具备胜任力的临床治疗（应该在书面记录中有所体现）要求临床工作者按照计划开展治疗并进行专业的临床跟进，以符合患者的最大利益。在治疗不当诉讼中，一个明显且重要的法律问题是治疗是否确实按照计划进行，这一点是通过回顾来判断的。我作为法律顾问或专家证人参与过数起这样的案例：病例记录中的治疗计划对个案来说是恰当而充分的，但真正实施的临床照护与计划的并不一致。在事后审查时，未能贯彻治疗计划可能被看作患者死亡的直接原因，它可能反映出临床工作者的疏忽和失职。

在治疗不当的案例中，经常出现的另一项重要指控是：临床工作者未能与患者整体临床照护中的其他照护者充分协调（Bender，2014）。与之相关的如：未能充分回顾患者之前的病历，或未从之前的照护者那里获得自伤史的相关记录，这些都可能会埋下治疗不当的隐患（Melonas，2011）。因此，治疗师至少应该试图与患者之前的照护者取得联系，以便获得信息或有关照护的适当记录。当然，所做的这些努力也应该充分地记录下来。提供精神科药物治疗的医生与心理治疗师之间常常会对接不上。因此，所有由患者签署和授权的对于照护中协调配合工作的许可，都应该包含在病历记录中。此外，在病历记录中也应写明处理紧急情况的规定。对可能出现的紧急状况的充分觉察以及临床处理，对此进行的文档记录反映出更具普遍意义的专业意识、责任心和临床胜任力，这是照护标准所要求的。

如果要将患者转介给其他心理健康专业工作者，那么治疗师应该谨慎地把握转介的原因和时机。很显然，治疗师必须对放弃治疗的伦理问题予以仔细的考量和管理（特别是患者存在自杀风险时），尤其在患者不愿意接受转介的情况下。如果治疗师判断转介符合患者的最佳利益，那么一定要在记录中阐述转介的原因。注明转介结果的所有跟进记录（例如患者是否接受转介）都是很重要的信息，应该包含在病历记录中。

在美国某些司法管辖区，州法律中可能规定可以保留单独的记录，这些记录与法律要求能够公开的记录是分开的。因此，弄清所在司法管辖区内的法律规定是很重要的，即HIPAA的规定和州法律是否允许临床医生保留一套独立的、可以不公开的"心理治疗记录"。如果法律允许保留这样的记录，那么治疗师应该考虑这样做，因为这些记录可以提供更为详细的实践信息，这些信息可以证明照护的深入和全面程度，而这常常可能不会在标准的医疗过程记录中反映出来。但临床工作者仍须遵守相关规定或州法律来保存这些心理治疗记录。比如，这样的记录应该保存在一个完全独立的文件夹中（即这些记录必须与患者的病例分开存放在不同的位置）。这类记录往往比常规的医疗进展记录叙述更加详尽，且可能包含更多细节性的主观信息，而医疗进展记录则侧重记述客观事实，包括案例的情况以及提供照护的情况。

显而易见，在CAMS导向的照护中，临床跟进是最为重要的理念。事实上，在CAMS中，自杀议题永远不会成为临床照护的"漏网之鱼"，因为自杀风险在治疗早期便被明确识别出来，并在会谈进程中得到追踪和治疗，且在CAMS结果与处置部分得到充分的说明。换言之，SSF从根本上引导着治疗计划的跟进。如果治疗师和患者从治疗之初，到中期会谈，直至CAMS结束的整个过程中，都切实地完成了SSF的各个部分，那么他们必定会例行地进行全面的自杀风险评估，发展出专门针对自杀的治疗计划，考虑恰当的转介方式，并寻求专业研讨。SSF的常规使用意味着临床工作者的病例记录完全符合HIPAA标准，而且CAMS的运用能帮助临床工作者生成一份非常完整而全面的、聚焦自杀的病例记录，它达到了优秀的水准。然而更为重要的是，我们的工作宗旨在于：临床工作者能借此为有自杀倾向的患者提供高质量的循证临床照护，它的有效性经过了临床实验研究的检验。

本章小结

　　如本章所述，具备胜任力的临床实践为患者的最佳利益服务，与关注可能出现的医疗事故责任之间并不相互矛盾。如果一个治疗师充分地评估了自杀风险，针对风险制订了周全的治疗计划，并且在临床照护中跟进计划，那么该治疗师的照护质量会远远高于标准照护，而后者是医疗事故责任诉讼过程中判定事件性质的依据。如果治疗师使用 CAMS，那么他所开展的临床实践将在具备胜任力的同时聚焦于自杀，而且实践过程会被充分记录在 SSF 主导的病例记录中。CAMS 的这些特点使其成了一种可靠的、循证的行动方针，可供医患双方共同遵守。我认为这种针对自杀的照护确实能改变患者备受煎熬的生活，实现的途径首先是稳定和保护患者的生命，在此基础上对自杀驱动力进行治疗。尽管这样的治疗并不能杜绝自杀，但它提供了一个基础，以确保我们能提供现有的最佳照护，它是循证的，也是聚焦于自杀的。这正是心理健康专业工作者渴望做到并且能够做到的。而且，想要让自己的临床实践相对安全地避免受到医疗事故责任诉讼的侵扰，CAMS 也是最佳选择之一。更重要的是，当我们抱着单纯而崇高的目的，试图用最佳的方式竭力拯救患者的生命时，CAMS 正是为数不多的可用方式之一。

第 9 章

CAMS 的改编和未来发展

在最后一章中，我们将首先回顾 CAMS 在各类临床情境和模式下的改编和使用，然后会在最后部分关注以 CAMS 为导向的临床照护的未来发展。之前提过，SSF 的开发以及最终用于 CAMS 主要是为了满足现实世界多样化的临床需求。最初，大学咨询中心的工作人员希望通过 SSF 来改善对自杀倾向学生的自杀风险评估和治疗（Jobes, 1995b; Jobes et al., 1997）。后来，SSF 的使用又拓展到美国空军心理健康服务机构，使用者主要是负责处理现役军人自杀问题的专业人员（Jobes, Wong et al., 2005）。早期这种小范围的使用最终促进了对 SSF 更加广泛的临床研究，从而推动本书探讨的 CAMS 持续向前发展。现在，作为一个真实、鲜活并不断演变的临床干预方法，CAMS 已经在世界范围内被广泛应用于各类临床情境和自杀患者。具有各种不同专业训练背景、理论取向和临床技术的实践者都在使用 CAMS。我深信，随着临床研究的不断推进，加之美国和其他国家在心理健康照护领域正处于转变的黄金时期，CAMS 必将日趋完善。

CAMS 框架结构的改编

在构想 CAMS 和 SSF 初期，我就希望它们具有足够的灵活性，从而可以广泛应用于各类临床情境和自杀人群（Jobes, 2000）。本书中多次提到，CAMS 早期主要在门诊治疗中使用，使用者是来自不同学科背景且拥有执业资质的心理健康临床工作者。但自本书的第 1 版问世以来，不断有 CAMS 的改编版本被开发出来。这可能是由于我们对 CAMS 相对宽泛的定位：我们认为 CAMS 既是一种照护**理念**，也是一种针对自杀的灵活治疗**框架**，而不是一种新的针对自杀风险的心理疗法（Jobes et al., 2011, 2016）。在此我们有必要总结一下这些针对不同情境和模式的 CAMS 改编版本。

在各种治疗情境下使用 CAMS

以下我们将介绍 CAMS 在一系列治疗情境中的使用情况，以便在此基础上讨论 CAMS 针对各类情境和模式的改编。

普通门诊

由于 SSF 最初是针对门诊照护设计的，所以 SSF 以及后来衍生出的 CAMS 自然能很好地适应普通门诊的临床情境。在门诊治疗中，CAMS 特别重要的价值在于防止患者的自杀风险被忽略掉。比如，当缺乏经验的临床工作者在实习培训阶段接触患者时，CAMS 可以为这些新手治疗师和患者提供有价值的支撑和支持。此外，CAMS 持续追踪自杀风险的常规操作也会督促医生重视这些个案，持续关注其自杀风险的变化。在切实使用 CAMS 的很多机构里，那些让人提心吊胆的自杀风险个案得到了恰当的识别、评估、管理和治疗，这让机构的管理者松了一口气。如第 8 章中提到的，即使自杀真的发生了，严格参照 CAMS 使用程序而形成的 SSF 文件也能大大降低机构被诉讼的风险。

大学咨询中心

美国和其他国家的很多大学和学院的咨询中心都在使用 CAMS。流行病学研究结果显示，与非大学生人群相比，大学生在自杀相关问题上得到了更好的保护（Schwartz, 2011）。因此，典型大学环境里的某些独有特点可以更好地保障 CAMS 的使用效果。例如，宿舍管理员（条件合适时甚至可以是室友）可以在住宿条件下为有自杀倾向的大学生提供更加贴心的支持和陪伴。咨询中心的心理健康工作与医疗上的健康照护服务（例如针对饮食障碍的药物治疗或医疗监护）在大学环境中也比较容易相互协调。此外，大学校园里总有丰富的资源能够为治疗所用，如阅读和学习技能服务、校园事务部门，还有数不清的社团、组织以及学生的自组织团体；让有自杀倾向的学生参与这些活动能够起到行为激活的作用。这些年我们发表了多篇关于在大学校园内使用 CAMS 和 SSF 的文章，其中的丰富信息可供高等教育机构的心理健康临床工作者参考（Jobes et al., 1997, 2004; Jobes & Jennings, 2011; Jobes & Mann, 1999）。

社区心理健康中心

我在过去的几十年间为多家社区心理健康中心提供过培训和咨询服务。通过与这些中心的专业人员接触，我对他们在治疗情境中所面对的特殊需求和挑战有了一定了解，同时也发现了 CAMS 在社区心理健康照护工作中的独特价值。不过，也有一些社区心理健康专业人员向我反映一个问题，即 CAMS 对社区里那些患有严重精神疾病或发育障碍的患者来说可能过于复杂了。虽然这种担忧有其合理性，但我仍然认为，即使面对的是那些功能有缺陷的精神疾病患者，临床工作者也可以有效使用 SSF 进行临床治疗。当然，如果想在严重的精神疾病患者身上成功使用 CAMS，临床工作者除了需要花费更多的时间外，还需要以更加主动甚至指导性的姿态参与到治疗中来。在我本人的实践中，我曾成功地将 CAMS 应用于有妄想和精神症状的患者，但这确实需要我付出更大的耐心、更多的时间以及不懈的努力。对于那些有认知缺陷或者不识字的患者，临床工作者也可以使用 CAMS，但这同样需要临床工作者在评估 SSF 的每一个条目时表现得更加积极主动，有时甚至需要医生替患者填写 SSF。我理解很多临床工作者可能抽不出那么多宝贵的时间去协助这样的患者完成 SSF 和 CAMS。尤其是社区心理健康中心的临床工作者往往面对着大量等待治疗的重症患者。即便如此，我们在美国和其他国家的很多社区心理健康中心也看到，一旦 CAMS 在这些治疗情境的临床土壤中扎下根，就会成长得越来越旺盛（Comtois et al., 2011；Corona et al., 2013）。本章后面还会提到，CAMS 团体治疗（CAMS-G[1]）或许能够为最大化利用有限资源治疗更多的自杀患者提供可行的途径。

私人执业

个人而言，我认为 CAMS——以及本书——可能尤其适合那些在私人诊所执业的临床工作者。我在工作坊培训的过程中发现，私人从业者常说自己在治疗自杀患者时面临很高的风险。私人执业的特点和规模会使很多临床工作者感到特别孤独，因为他们无法为患者提供多样化的服务，没有可以协作的同事，也没有行政人员为他们提供资源、结构和专业方面的支持。在接待有自杀倾向的新患者或者原来的患者新出现了

---

[1] CAMS-G 中的 G 是 "Group（团体）" 的英文缩写。

自杀风险时，这些私人从业者可能会因为找不到合理的处理方法而感到茫然或不堪重负。有时候，私人从业者即使有着最好的出发点和真诚的帮助意愿，也会在实际治疗自杀个案时感到负担过重，无形中增加了遭受"自杀勒索"的风险（参见第3章）。

在上述情况下，CAMS是一个有价值的补救方法，因为它提供了一套清晰的操作路线和合理管理临床档案的方法；更重要的是，它为成功地治疗有自杀倾向的患者提供了一个有效的参考框架。每年都会有很多私人从业者给我发来电子邮件表达感谢，这些邮件证实了CAMS的确改善了他们对有自杀倾向的患者的治疗，同时提升了他们的职业自信心。

员工帮助计划

我知道有很多员工帮助计划（employee assistance programs，简称EAP）使用CAMS有效帮助了有自杀倾向的员工。鉴于EAP工作本身周期较短且重视测评，因而重视稳定化计划的CAMS初始会谈很适合EAP的这种特性。由于EAP工作者通常只能对有自杀倾向的员工进行1~4次的会谈，因此在初始阶段使用CAMS能够保障一个稳定有效的开头，尤其如果患者的自杀驱动力能够在转诊后继续得到有效的治疗，那么这一点就更为重要了。从伦理角度讲，在最初的知情同意中就应该告知那些可能在EAP中接受治疗的患者，治疗中实际的"客户"很可能是**雇主**而非雇员。

司法情境

几年前，我接触了一位负责管理州立心理健康服务机构的心理学家，该机构为来自28个司法机构的大量未成年犯罪人员提供心理健康服务，他向我咨询该如何将CAMS用于那些有自杀倾向的未成年犯罪人员。他告诉我，**大部分**未成年犯罪人员都报告他们在监禁期间曾产生过"自杀"想法。为了在该体系内获得更好的干预效果，我们对CAMS进行了有针对性的修订（Cardeli, 2015; Holmes, Saghafi, Monahan, Cardeli & Jobes, 2014; Mohahan, Saghafi, Holmes, Cardeli, & Jobes, 2014; Saghafi, Monahan, Holmes, Cardeli & Jobes, 2014）。不出所料，在我们试图做出这种努力的时候很快出现了挑战：在这类司法体系中出现的所谓"自杀"，不仅包括那些以死亡为目的、存在自杀风险的行为，也包括那些非自杀性自伤行为，如将自己割伤、烧伤、抓伤和撞头这类行为。事实上，我们在这个群体中观察到的大部分自我伤害行为都并非真正的自杀，而是非自杀性自伤。此外，犯人还会威胁说要自杀，或是做出**看起来**像是要自杀的自我伤害行为；由于这种装病方式通常会带来明显的"次级获益"，所以具有潜在的工具性价值。

毫无疑问，在司法情境下，自杀风险的相关问题会变得异常复杂。一方面，不论是哪种形式的监禁——包括拘留、关押或入狱——客观上都会显著增加自杀死亡的概率（Maris et al., 2000）。另一方面，自杀威胁还会被犯人利用为工具，帮助他们从拥挤的普通牢房转移到相对"舒适"的监狱病房。因此，这种情境中的临床工作者就得花功夫去辨别哪些是"真正的"自杀风险，哪些是在"虚张声势"（即工具性的）（Cardeli, 2015; Mohahan et al., 2014）。上述种种，再加上司法领域心理健康照护工作的政治性和患者自杀死亡导致的责任认定问题，我们意识到此次工作面临着前所未有的重大挑战。

尽管困难不小，我们在未成年犯罪群体中使用 CAMS 还是取得了积极效果（Cardeli, 2015）。CAMS 适用于这类群体的可能原因有 4 个：（1）通常没有时间压力，只要能保证一些进展，临床工作者与患者的工作没有特定的截止期限；（2）采用 CAMS 的 SSF 对犯人进行评估，有助于分辨"真正的"和"伪装的"自杀风险；（3）CAMS 文档记录对厘清不当医疗责任非常有帮助；（4）最重要的一点可能是，由于监禁本身会增加自杀风险，因此针对这类特殊的高风险人群，使用这种循证的、专门针对自杀的治疗方法具有重要意义。尽管如此，最近在成年犯罪群体中使用 CAMS 的效果并不完全理想，这可能主要是因为临床工作者在与那些已经被定罪的重刑犯合作并向他们表达共情时，会感到不舒服。这是可以理解的，因为监狱情境的特点会导致医生在与患者接触时保持一种"高高在上"的权威姿态。但是也可以看到，有些临床工作者在小范围的犯人群体里确实成功使用了 CAMS。对此，我的观点是，CAMS 并不一定适合所有自杀患者和治疗者，他们当然也可以选择针对自杀风险的其他循证治疗方法。

急诊室

芭芭拉·斯坦利和格雷格·布朗（参见 Knox et al., 2012）团队使用的"安全诊疗（SAFE-VET）"，是一种专门针对自杀的单次干预方案，它强调干预的安全性和非必需性电话随访（nondemand telephone follow-up）。受此启发，我们在过去的几年里也一直致力于"CAMS 简化版"（CAMS-Brief Intervention，简称 CAMS-BI）的过程改进和研究工作。作为一种单次干预方案，CAMS-BI 仅采用 CAMS 的首次会谈程序，并且不期望在一次干预后还有后续治疗。这样做可以让患者对自己的自杀风险有基本的了解，进而与临床工作者共同制订 CAMS 稳定化计划。与"安全诊疗"类似，CAMS-BI 也会采取适合患者的方式（如关怀性的电话、短信、电子邮件、信件、社交网络信息等）进行非必需性随访。此外，对 CAMS-BI 依从性较好的患者还会获得"应对关怀礼包"，它是一个信封或小盒子，里面包含各种实用的小册子、热线电话、网络资源以及埃利斯和纽曼的一本著作《选择活下来》（Ellis & Newman, 1996）。与安全诊疗以及其他非必须随访的单次干预措施（例如杰罗姆·莫托的"关怀信件"干预，详见 Motto & Bostrom, 2001）一样，CAMS-BI 的目标人群主要是那些**不想**接受持续性心理干预的有自杀倾向的患者，其适用情境和人群包括急诊室、有精神科提供咨询服务的外科医疗环境及出院患者。

当然，急诊室工作面临异常紧迫的时间压力，医生或住院医生通常只有 10~20 分钟时间去评估一个患者。尽管如此，我有一个在瑞士工作的同事，他常规性地使用 CAMS 评估急诊室中的自杀患者，使用 10~20 分钟的时间肩并肩地完成 SSF。他坚持认为，这么做虽然会花费一些时间，实际上却能换来患者更好的合作和参与。急诊室医生主要关注患者的评估和处置，他们可以采用 CAMS 里的 A 和 B 两部分对患者进行快速评估，甚至还可以鉴别出自杀驱动力（问题 2 和问题 3），后者可能关系到让患者进行住院治疗还是门诊治疗。很显然，如果想让急诊室接待的有自杀倾向的患者免于住院，那么关键的措施是制订稳定化计划并安排有效的后续治疗。在急诊条件下，不同照护之间的过渡至关重要；如果急诊室里的医生可以建立可靠的稳定化计划，确保患者转天即可预约到一个能够提供有效帮助的门诊医生，就可以避免盲目住院治疗所产生的高昂花费以及污名风险（详见 Comtois et al., 2011; Jobes, 2016）。

精神科住院病房

多年以来，梅奥诊所的精神科病房一直使用各种版本的 SSF 有效地评估自杀风险（Conrad et al., 2009; Kraft et al., 2010; O'Connor, Jobes, Comtois et al., 2012; O'Connor, Jobes, Lineberry & Bostwick, 2010; O'Connor, Jobes, Yeargin et al., 2012）。早些年，SSF 的评估部分主要由住院病房里的照护人员完成，评估数据很大程度上能帮助制订住院

治疗方案以及计划患者出院安排（Lineberry et al., 2006）。近些年来，SSF被整合进梅奥诊所住院部的在线评估系统，作为针对所有年龄段的住院患者入院时的常规测评（Romanowicz, O'Connor, Schak, Swintak, & Lineberry, 2013）。

除了使用SSF进行评估以外，CAMS有时也被用于不同的住院情境。例如，十几年前，瑞士一家医院的住院医生团队曾采用德文版的SSF和CAMS住院版，对45名有自杀倾向的住院患者进行治疗。在持续10天的住院治疗过程中，研究者观察到了患者总体症状困扰和自杀风险的显著下降（Schilling et al., 2006）。

CAMS集中住院照护

马詹·霍洛韦曾经开发了一套集中治疗程序，称为"入院后认知疗法"（postadmission cognitive therapy，简称PACT），专门用于有自杀倾向的住院患者（Ghahramanlou-Holloway et al., 2012）。受此启发，我们也正在美国的几处住院环境中探索CAMS集中住院版本的应用前景。所谓的"CAMS集中住院照护（CAMS-Intensive Inpatient Care, 简称CAMS-IIC）"是针对那些只能在医院停留3~6天的患者设计的。CAMS被压缩成一个密集的治疗计划，有自杀倾向的患者先接受标准的CAMS初始会谈，然后接受至少一次中期会谈，最后还会接受一次CAMS导向的出院与处置性会谈。这种集中治疗的目标相对保守：我们的主要目的是全面彻底地评估患者的自杀风险，确定患者的自杀驱动力，做出最佳的出院安排和处置，从而保证在患者出院前制订出可靠的稳定化计划，最好还能有门诊医生为稳定化计划的实施和自杀驱动力的治疗提供后续保障。从最低限度讲，接受CAMS集中住院照护可以保障患者在CAMS稳定化计划下获得一些专门应对自杀的技巧，并制订针对自杀的治疗方案，这些都有助于患者出院后继续接受门诊治疗。

梅宁格版本的CAMS

本书第1版面世后，CAMS的住院版本在美国得克萨斯州休斯敦市的梅宁格诊所获得了成功应用。CAMS-M（即梅宁格版本的CAMS）被证明是非常适合住院患者的改编版本，已有多篇相关论文发表（Ellis et al., 2010; Ellis, Daza, & Allen, 2012; Ellis & Green et al., 2012, 2015; Lento, Ellis, Hinnant, & Jobes, 2013）。该版本的开发者汤姆·埃利斯通常会为住院时间长达50~60天的高风险自杀患者进行每周2次的CAMS

干预。梅宁格诊所的患者，其住院时间比常规医院长很多，这种特殊性让 CAMS 得以在此进行更为精细的运用。比如，稳定化计划可以由训练有素的照护人员完成，经过 CAMS 专业培训的住院心理治疗师则可以专注地集中治疗患者的自杀驱动力。虽然梅宁格诊所这么长的住院周期很少见，但我们认为，对于那些严重的慢性自杀患者（这些患者也许已经多次入院），如果事实证明这是他们的**最后**一次住院，并且通过治疗能够使他们与自杀的关系发生根本性的转变，确保其在出院后不再出现自杀行为，那么较长的住院时间最终还是值得的（Ellis & Rufino, 2015）。

CAMS 的不同形式和改编版本

由于 CAMS 既是一种照护理念，也是一种针对自杀的灵活治疗框架，我们欣喜地看到 CAMS 在不同治疗形式中的运用，其中有一些新颖的改编版本值得关注。

CAMS 团体治疗

迄今为止，专门针对自杀的团体治疗方法还比较少见。本书的第 1 版问世后，出现了一种新的形式——CAMS-G（即 CAMS 团体治疗），目前我们的团队正在对其治疗效果进行集中研究。CAMS-G 的第 1 次运用是在华盛顿退伍军人医疗中心的门诊治疗计划中，他们运用 CAMS 的改编版本对一个退伍军人团体进行治疗，这些军人有自杀倾向并伴随严重的精神疾病（Jennings, 2012）。每个成员在进入团体之前，都需要先接受一次标准化的 CAMS 个体会谈。考虑到团体成员普遍存在严重的精神健康障碍，因此针对这一特定群体的 CAMS-G 相对更加结构化和偏教育性，但它在自杀干预方面依然遵循 CAMS 的基本理念和 SSF 结构框架。

第 2 个成功的 CAMS-G 方案源自路易斯维尔退伍军人医疗中心对自杀倾向退伍军人的治疗实践（Johnson, 2012; Johnson et al., 2014）。在该版本中，有自杀倾向的住院退伍军人在出院前先完成一次标准的基于 SSF 的 CAMS 评估，然后再转入门诊进行团体治疗。这些情况相似的有自杀倾向的退伍军人在出院后，被安排一起接受针对自杀的门诊团体治疗，每次治疗都先以 SSF 中期评估和追踪开始，以此确定适合他们的团体治疗方案。这两个早期的 CAMS-G 版本现在被合并为 CAMS-G 标准版，目前正通过初步研究评估其可行性，之后会进行随机对照试验。团体治疗具备很多优点：

首先，可以用相对经济的方式为更多的自杀患者提供有针对性的治疗（Johnson et al., 2014）；其次，将其用于出院后的过渡性治疗能有效地帮助患者度过出院后的高风险阶段；再次，团体形式还具备一些治疗优势，比如可以显著降低累赘感知，那些病情相似的自杀患者们可以互相交流稳定化技巧和自杀驱动力方面的治疗经验。综合考虑经济效益和治疗效果，CAMS-G 可能最终会被证明是自杀风险干预领域一个具有里程碑意义的创新，这也是为什么我们一直致力于这方面的临床和随机对照试验研究。

CAMS 对儿童和青少年的使用

很多从业者向我咨询 CAMS 在青少年和儿童群体中的应用情况。自杀学领域一个很明显的短板就是对 12 岁以下群体的自杀研究偏少（Anderson, Keyes, & Jobes, 2016）。就好像处在潜伏期年龄阶段的孩子既不想自杀，也不会自杀一样。事实当然并不是这样，全美平均每年有 33 个 5—11 岁的孩子死于自杀（Bridge, Asti et al., 2015）。虽然我以前并不推荐给 12 岁以下的孩子使用 CAMS，但是最近的一些创新性工作转变了我的观点。我们看到了针对 5—12 岁少年儿童的 CAMS 深度改编版在临床使用中所获得的成功，这些孩子对治疗有积极的反应（更多信息参见 Anderson et al., 2016）。虽然这些探索性工作收效良好，但我们仍需要通过更加严格和精细的实证研究去深入了解 CAMS 对自杀青少年可能具有的治疗价值（或可能存在的问题）。

本章前文中提到，SSF 在有自杀风险的住院青少年中得到了越来越多的有效运用（Romanowicz et al., 2013），而且 CAMS 也可有效干预受监禁的未成年犯罪群体的自杀风险（Cardeli, 2015）。总的说来，我们发现 CAMS 对很多青春期晚期的青少年是有效的。我们都知道，CAMS 的核心理念强调患者要做自我体验的专家。通过与我认识或治疗过的许多青少年接触，我发现他们在很多方面都已经很成熟，**尤其是在对自我的认识上**。因此，只要恰当使用 CAMS，这些有自杀倾向的青少年通常都能热情饱满地去贯彻 CAMS 的核心理念。这些年轻人常常发现，CAMS 是一个可以开诚布公的治疗性环境，**他们**可以在这个环境中描述并解释内在主观世界中有关自杀的痛苦挣扎，以及**他们**自己界定的自杀驱动力，这对很多年轻人来说是一种全新的体验。

有些从业者担心 SSF 中的术语对于儿童或青少年来说可能太过复杂难懂。但迄今为止，针对这个问题的研究证明这种担忧是多余的（O'Connor, Brausch, Anderson, & Jobes, 2014; Romanowicz et al., 2013）。但我们可能确实需要考虑把治疗的节奏放缓一些。也就是说，把 CAMS 评估中的讨论当作一个"教育机会"，治疗师可以借此向青少年患者解释和澄清 SSF 的相关概念。一些青少年患者最初可能并不相信临床工作者作为成年人，能够为自己认真思考自杀提供充分的空间和支持，因为他们已经习惯了成年人（比如父母、老师和教练）告诉他们应该如何感受以及感受什么。一旦这些青少年通过实际体验发现，CAMS 治疗与他们的内在痛苦紧密相关，他们就会变得非常投入，对治疗过程和治疗师的信任也会成倍增长。

在治疗未成年人时，首先要考虑如何巧妙地让父母参与到治疗过程中——这一点适用于未成年人的一般性心理健康照护，而在处理自杀问题上尤其重要。坦率地讲，父母常常是青少年自杀问题的关键所在，所以很难判断他们加入后的实际效果——既可能促进治疗，也可能适得其反。在我们的社会中，父母往往拥有特权，他们对子女的治疗情况有法律赋予的知情权和决定权。一般情况下，我们建议在治疗开始前先与可能涉及的所有人员（包括儿童或青少年患者本人，最好也包括父母**双方**或所有的一级监护人）举行会晤，提前协商好治疗过程中的沟通问题，以及各方将如何共同支持治疗计划的开展（O'Connor, Brausch, et al., 2014）。随着治疗的进行，应该适时让父母加入进来，在整体照护的层面上充分发挥他们的辅助作用。我们也发现，如果向父母介绍一些 CAMS 常识，让他们了解自杀驱动力的治疗，不但可以安抚他们的情绪，也有助于他们更好地认识孩子的自杀问题。我在与父母沟通时从来不会危言耸听，我只是坦率地说明自杀风险事关生死，不会添油加醋地告诉他们情况有多糟糕。很多家长出于恐惧、难堪或拒绝相信等原因，可能不会承认孩子有自杀风险，而将其视为孩子的恶作剧。对此我会直言不讳地说，淡化自杀风险是一件很危险的事情，因为自杀一直是美国（乃至全世界）青少年死亡的主要原因之一。

CAMS 的文化适应问题

本书一再提到，CAMS 在世界范围内的各类自杀人群中得到了广泛应用。尤其是在社区开展的研究中，我们发现 CAMS 能被成功地应用于各种文化中的多种人群（Comtois et al., 2011；Corona et al., 2013）。实际上，我们目前正在研究 CAMS 和 SSF 在不同国家的临床自杀患者中的使用情况，包括美国、爱尔兰、挪威、丹麦、瑞士和中国（Schembari & Jobes, 2015）。在过去的 20 年里，我还通过私人交流得知，CAMS 几乎在所有种族和宗教信仰的人群中都获得了不错的反响。此外我还了解到，像"并肩而坐"这种设置在不同文化中可能有着不同的含义。比如在哥本哈根的一次 CAMS 培训中，我曾经给学员播放过一段教学视频，结果他们都在讨论我是不是坐得离患者太近了；他们认同并肩而坐的方式，但同时认为在实际操作过程中，医生和患者之间应该离得更远些。我听说过的另一个有趣的文化差异是，在有些文化里，大家都**更希望**医生能保持高高在上的姿态（即表现得更像一个专业和权威的"医生"），而不是像我在标准 CAMS 中强调的那样，医生应该努力营造一个平等协作的治疗氛围。

最近，我们正在对 SSF 的西班牙语版本进行严谨的翻译和科学的检验（Bamatter, Barrueco, Oquendo, & Jobes, 2015）。除了采取惯用的翻译回译方法（translation-back-translation techniques[1]）外，我们还参照专家和社区成员的反馈专门进行了文化方面的修订。基于上述工作，SSF 西班牙版本增添了一份附录，其内容包括以下小标题：文化能力、文化价值和内涵，以及痛苦的文化表达（Suarez-Balcazar et al., 2011）。这种针对文化特殊性的研究既可以充分发挥 SSF 和 CAMS 的既有优势，也能够更好地与情境相适应并应用于特定人群。

我认为，这些研究证据和临床实践之所以都显示 CAMS 在不同文化中具有积极疗效，原因之一可能是它在设计时考虑到了使用的灵活性。因此，我们对文化方面的修订和改编持开放态度。但是我也乐于承认，CAMS 不太可能适用于每一种情况、每一种临床环境、每一种文化以及每一位患者。对于自杀风险这一复杂现象，也不太可能存在普遍适用的方法，CAMS 当然也不例外。

CAMS 在夫妻和其他支持性关系中的使用

有关这个方面，我观察到当配偶或重要他人在场时，CAMS 在某些方面的效果会变得尤其显著。在临床试验中，我们会常规性地使用"危机支持计划"来创建一个治疗的支持性角色；并且与配偶、重要他人、朋友或家庭成员进行协商，来确定对治疗的预期（Bryan et al., 2011）。我还记得我们在军队开展的一项临床试验中，有一位士兵患有严重的抑郁，同时伴随战争导致的创伤后应激障碍和慢性疼痛。我们定期安排他的妻子参与治疗，并在治疗中让她了解 SSF 评估结果，并向她呈现和解释自杀驱动

---

[1] 这种方法是指，将第一种语言的材料翻译成第二种语言后，再将翻译后的材料重新翻译为第一种语言，然后比较两个版本的第一种语言的材料，以确认翻译是否准确。其中两次翻译由不同人进行。

力的治疗进展。这样，妻子知道了怎样做才能不干扰治疗，也知道了应该如何在丈夫的稳定化计划和驱动力治疗过程中发挥重要的辅助作用，整个治疗过程让人感动并卓有成效。由此我们发现，有策略地将具有支持作用的他人纳入治疗框架中很有价值，当结合个案的具体情况（即这样做符合患者的最佳利益时），它可以为 CAMS 照护提供有力的重要支持。

CAMS 与远程医疗

在远程治疗中使用 CAMS 似乎有些不现实，但在我们针对军队开展的一项过程改进项目中，确实有一位心理学家以远程的形式成功完成了 CAMS 治疗。该案例中的患者是一位士兵，他的驻地距离治疗师所在的军队医疗中心有几小时路程，所以他们采用了远程治疗。治疗过程中，他和治疗师手里各有一份 SSF 复印件。他们通过视频交流，基于 SSF 开展 CAMS 治疗。治疗师会代替患者填写 SSF，忠实地从患者的角度完成测评和治疗计划部分。治疗师告诉我们，患者非常"享受"这种互动，他似乎很乐于在她不能准确地转录他的想法时进行纠正。这名富有创新精神的心理学家认为，虽然在远程治疗过程中，咨访双方无法像典型的临床会谈那样并肩坐在一起，但 CAMS 模式仍然可以发挥强大的作用。通过正在军队中进行的过程改进项目以及未来将要开展的临床治疗研究项目，我们将探索 CAMS 在远程照护中的可行性，以拓展 CAMS 在治疗室之外的应用。

准专业人员使用 CAMS 和 SSF

作为一种专门针对自杀的临床干预方法，CAMS 最初定位的使用群体是那些有执业资质的心理健康专业人员。但是我们也看到，越来越多的准专业人员也能成功地使用 CAMS 的测评部分。

心理技师

我们在美国退伍军人事务部开展了自杀相关的过程改进计划，在研讨与培训的过程中，我们发现对 CAMS 的使用存在许多专业和准专业混合的情况。比如，在军方的几个心理健康门诊里，我们成功地教会了心理技师初步使用 SSF 完成 CAMS 首次会谈的评估。在其中一个军队治疗机构，那些有执照的心理健康工作人员通常需要按照要求对新入院的服役军人完成细致的收治工作（有时会持续几个小时）。该诊所的负责人为此颇为恼火，她建议我们教会诊所内的心理技师使用SSF首次会谈的A部分和B部分，在CAMS的理念下开展收治工作。

美国陆军里的大部分心理技师至少具有高中学历（有时更高），但他们在心理健康照护及相关领域的训练和经验都非常有限。大多数时候，技师就是纯粹的行政人员，主要负责文案和安排患者的治疗。但是，在作战情况下，技师通常会被当作"医生"；前线士兵更愿意求助他们，而不是那些特意安排的有资质的心理健康专业人员。鉴于这些情况，那名诊所负责人的建议是合理的，当她手下的心理健康专业人员忙于大量患者的收治工作时，受过良好训练并接受专业督导的心理技师也能为自杀患者提供针对自杀的合作式SSF评估。在这一改编版本中，心理技师先完成CAMS首次评估，随后心理健康专业人员会在心理技师的辅助下继续完成CAMS的稳定化计划和驱动力导向的治疗计划（即C部分）。如果患者接受这种混合治疗的模式，就可以由心理健康专业人员提供CAMS中期治疗，而熟悉患者病情的心理技师则可以作为持续治疗和随访的辅助人员。从这个角度上讲，技师的加入可以增进与患者的联系（有助于稳定化）；在有良好督导的情况下，技师甚至可以在驱动力导向的CAMS治疗计划内开展干预工作（例如检查患者治疗作业的完成情况）。此外，加入这种混合治疗模式并真正发挥作用将有助于技师们获得自杀评估和照护方面的宝贵经验，这能够提升他们在军队里扮演"医生"时的工作效果。

危机中心和热线

我在本书第1版就提过，长久以来我一直在考虑该如何在危机中心和热线工作中使用SSF评估自杀风险（Jobes, 2004a）。就像针对远程医疗所做的改编一样，CAMS或SSF在危机中心的使用也需要类似的修订。对热线工作者而言，在SSF的引导下开展自杀风险评估是比较轻松自然的。此外，即使双方不在同一空间，CAMS的一般治疗理念仍可以有效地应用于那些自杀危机热线求助者。在我的经验里，很多准专业的热线咨询师都具有出色的自杀评估和咨询技巧，有时甚至好于一些心理健康专业人员，因为后者在学业、医疗或照护训练中可能没有接受过专门针对自杀问题的培训（Bongar, 2002）。因为热线工作人员知道，他们会经常遇到自杀的情况，所以必须接受这方面的专业培训，做到有备无患。

有执业资格的专业工作者使用 CAMS

在另一所军方治疗机构里，我们看到有资质的临床社工能够有效地运用 CAMS，接待那些未经预约前来就诊的患者。在有自杀倾向的士兵成功预约到心理治疗之前，这些社工可以先与他们进行几次会谈。我们发现，前期的 2~3 次 CAMS 会谈可以很好地帮助这些有自杀倾向的士兵稳定下来，当正式的心理治疗时段有空位时，他们可以再去求助心理治疗师（Archuleta et al., 2014）。我们听说有些士兵非常投入地参与这个过程，他们会充满自豪和成就感地把自己的病例记录交到治疗师手中，并为他们提供已完成的 SSF 完整总结和分析。由于治疗师也是以 CAMS 为导向的，所以他们会很看重社工所做的初步稳定化工作，并能够与之前的工作轻松衔接，继续对患者提供驱动力导向的 CAMS 治疗。但我还是会在此强调，这种方法可能并不适用于所有个案，比如那些有创伤经历的患者可能并不愿意与新的治疗师再揭一次自己的伤疤。

我们通过临床研究探索了为每位有资质的心理健康临床工作者配备一名个案管理师的可能性，尤其是针对那些有自杀倾向且患有严重心理疾病和心理社会障碍的复杂个案。实际上，在预防自杀的认知治疗中，我们已经了解到个案管理师对于治疗病情复杂的有自杀倾向的患者具有重要意义（Brown, Have et al., 2005）。此外，我们自己在哈珀维医疗中心针对门诊自杀患者进行的随机对照试验（Comtois et al., 2011）也证明了个案管理师的重要性：接受过 CAMS 培训的管理师可以在当值医生请假或生病时接手患者的照护工作。由于采用 CAMS 模式的治疗者具有共同的治疗理念，所以由其他人来暂时接手并没有想象中的那么困难。事实上，我们再次发现，当接替者能够理解 CAMS 模式并发挥良好的替代作用时，患者会充满成就感地向他们介绍自己的病情。

在一个大型军事医疗中心，我们看到了参照上述原则实施 CAMS 所获得的成功。美国沃尔特·里德国家军事医疗中心（Walter Reed National Military Medical Center）是为美国所有军队机构成员提供服务的一所旗舰医疗中心，我们在此开展的一项过程改进项目已持续多年，项目的工作内容是在这家中心各个部门中培训并改进 CAMS 的使用。为了达到这一目的，我们对该中心内不同学科背景的心理健康临床工作者（包括门诊、住院、日间治疗，以及精神科联合会诊等临床情境）进行了 CAMS 培训。我们工作的核心目标是让有自杀倾向的患者在不同治疗场所（如门诊、住院病房、急诊室或者可能是外科手术室）都能在收治时就得到 CAMS 治疗，并在不同的部门之间转介时能够持续得到治疗。举个例子，某患者最初去看门诊，但他的状态不稳定因此不适合门诊 CAMS 治疗，而是需要住院。但他在门诊完成的第 1 次 SSF 评估数据在入院后会被继续使用，其自杀驱动力将在 5 天的住院治疗过程中逐渐具体化。患者出院后，可能还会在集中的门诊治疗中接受进一步的 CAMS 干预，战争引发的创伤后应激障碍和婚姻不忠等自杀驱动力将在该阶段得到有效的后续治疗。最后，该患者会被转至最初接诊他的门诊医生那里，此时医生就可以总结本次医疗中心 3 个不同部门协同完成的一系列自杀干预工作了。坦率地讲，要让 CAMS 在不同部门间协同和连续地使用确实是一个巨大的挑战。完成这种持续多年的跨部门流程改进工作需要强大且持久的领导力，我们还在不断学习的过程中。

CAMS 的未来发展

在本书第 2 版的写作过程中，我惊喜地发现，本书并不是对上一版的简单翻新，这基本上就是在写一本新书。尽管我有意保留了第 1 版中比较成功的地方，但 CAMS 在过去 10 年大跨步的发展、变化和创新几乎使得本书的内容焕然一新。考虑到迄今为止对 CAMS 需求的不断增加以及 CAMS 自身的不断演变，我充分相信 CAMS 会沿着崭新和让人激动的方向持续发展下去。以下是我对 CAMS 未来演变的一些期待和展望。

技术应用

将技术应用于 CAMS 并不是难事。新技术的进步已经渗透至我们职业和生活的方方面面；因此有理由相信，技术的进步会不断融入 CAMS 的使用之中，并不可避免地引领 CAMS 进入自杀干预的一个崭新的未知领域。例如，最近有一款智能手机应用叫作"虚拟希望工具箱"，它能够为紧急自杀状态下的患者提供有力的支持（Bush et al., 2015）。这款应用软件的开发受到之前提过的贝克和其同事所提出的预防自杀的认知治疗的启发（Wenzel et al., 2009），它出现在第一波应用技术的开发浪潮中，能够支持甚至替代自杀风险的标准化临床干预。

在该领域，我们已经分别开展了 4 项研究来开发和研究电子版的 SSF。例如，神经科学研究显示，在文字书写方面，手写和打字效果不一样（例如，Longcamp et al., 2008；Longcamp, Boucard, Gilhodes, & Velay, 2006），因此我们认为，在大范围推广 SSF 的电子版之前，很有必要对其使用效果开展更为细致的研究。我们知道，SSF 和 CAMS 在电脑、平板和智能手机上的应用一定会在不远的将来被开发出来。从复印 SSF 文档到直接建立 SSF 电子档案也是必然趋势，但是在没有对 SSF 和 CAMS 的电子化使用效果进行充分的实证研究前，我们不会贸然行事。

在技术应用方面毫无疑问的一点是，今后技术和计算机的进步必将帮助我们更好地理解、预测和预防自杀行为。比如马修·诺克等人在电脑上使用内隐联想测验间接评估自杀风险（Nock et al., 2010），参加测验的青少年并不知道他们在接受自杀行为风险的评估，但测验的结果能够很好地**预测**他们未来的实际自杀行为。还有例子证明了，技术应用可以在一些与自杀风险相关的治疗情境中发挥作用（Nock & Dinakar, 2015）。在外科手术治疗情境中，一些早期的可行性研究表明，虚拟治疗者在自杀干预方面的效果很好。比如，外科手术中的虚拟护士"路易丝护士"，可以为等待出院的患者提供非常有价值的出院后参考信息（Berkowitz et al., 2013）。虚拟治疗者的最大优势在于，它可以被"设置"为一个不害怕自杀风险，同时又不会评判或羞辱自杀患者的角色。但这类技术能否真正用于挽救生命还需要更加仔细、严格的临床研究验证。由于自杀的治疗生死攸关，社会对此有着大量的期许和需求，而相关的医疗照护花费不断攀升，因此未来借助于技术应用实施拯救生命的评估和治疗似乎是必然趋势。我参与的一个研究团队受到国家心理健康机构"小企业创新研究"基金的资助，目前正在开发适用于急诊室的人机互动平台并对其效果进行检验，借助深度改编的 CAMS 对急诊室内的有自杀倾向的患者进行干预（Jobes, 2016）。

基于 CAMS 的 SSF 评估的创新

在评估的研究方面令人欣喜的是，随着多项临床试验的持续开展，我们现在可以克服之前研究样本量过小的局限，开展更高质量的研究了。例如，第 1 章提到的针对 60 名有自杀倾向的大学生开展的一项研究发现，运用分层线性模型，SSF 首次评估的结果可以**预测**自杀想法的 4 种不同下降趋势（Jobes Kahn-Greene, et al., 2009）。虽然该研究样本量不大，但数据很有说服力，它反映了 SSF 首次评估得分的预测效力。该结果提示我们，应该在以后的 CAMS 大规模临床样本随机对照试验研究中测量 SSF 评估的基线得分，从而为随后几年的追踪研究提供有价值的参考。

除了量化评估外，我们还试图通过技术手段分析 SSF 首次评估中对开放式问题的回答。例如，我们的研究团队（Brancu et al., 2015）就曾使用内容分析程序分析了 144 名有自杀倾向的大学生在首次 CAMS 会谈时填写的 SSF 文字内容。我们利用该软件对咨询中心的被试的 SSF 文档进行了分析和提取，统计了文字内容中关于"自我"和"关系"的词汇数量，然后通过重复测量纵向设计评估了这两个概念对被试在咨询过程中的自杀想法和自杀风险的预测作用。通过这种方法我们发现，那些在文字内容中关注"关系"的有自杀倾向的患者要比那些关注"自我"的患者更快地化解自杀风险（前者通常需要 6~7 次会谈就能解除风险，而后者需要 17~18 次会谈）。由此可见，这项技术能够帮助我们以全新的方式分析质性数据（Pennebaker, Chung, Ireland, Gonzales, & Booth, 2007），尤其是在处理那些可以进行文本分析的"大数据"时，该方法有助于我们通过评估数据发现独特的自杀风险模式（参见 Poulin et al., 2014）。

在测量方面的另一项探索是针对自杀分类学或自杀风险亚型的。第 3 章提到，借助已有的可靠的风险分类方法，我们可以把自杀患者分为 3 种不同的类别：有自杀念头但求生意愿强烈的人，在自杀问题上摇摆不定的人，以及有自杀念头且一心求死的人。进行这种分类并不是一件无关紧要的小事。我们的初步研究显示，有自杀倾向的患者在这 3 种自杀驱动力类别中的归属对治疗结果具有重要影响（Jennings et al., 2012; O'Connor, Jobes, Yeargin et al., 2012）。对自杀风险和自杀类别进行精细化分类也是治疗中非常重要的第 1 步。我们能直观地感觉到自杀患者并非同质性群体，他们之间有差别。同时也不可否认的是，不同自杀患者也存在一些共通的自杀状态模式，对这种共通模式的深度理解同样有着深远的治疗意义。20 年来，我一直在描绘这样一种美好的治疗远景，即我们能够针对不同类别的自杀状况，灵敏地选择强度和疗程与之匹配的治疗方法和技术（Jobes, 1995a）。实际上，这种匹配性治疗的观点并不新鲜。科瓦奇和贝克（Kovacs & Beck, 1977）很早就曾提出，针对处在生存愿望－死亡愿望谱系上不同位置的自杀患者，治疗的关注点也应该有所不同（例如，对生存愿望类型的患者，可以采取问题解决性的支持策略，而对死亡愿望的患者，则应采取更加积极的策略去帮助其找到活下去的理由）。

CAMS 治疗的研究

我在第 2 章提到，在本书的写作过程中有 4 项 CAMS 治疗方面的随机对照试验研究正在开展，我们期待 CAMS 能够在这些研究数据的基础上不断创新（Jobes, 2015, 2016; Jobes et al., 2016）。例如，我们现在为 CAMS 使用者开发了一个附加量表，叫作《CAMS 评定量表》（CAMS Rating Scale，简称 CRS，见附录 F）。CRS 的信效度良好，它既可以评估使用者对 CAMS 的遵守程度，也可以确保在随机对照试验研究中，CAMS 得到了切实的开展（Corona, 2015）。我们能够继续以科学严谨的高标准对 CAMS 的治疗效果进行随机对照试验验证，接下来需要做的就是开展更精细的研究来探索 CAMS 的作用机制。

另一个让人兴奋的治疗前景是不同治疗方法的整合。例如，很多治疗者会很自然地把 CAMS 和辩证行为治疗结合使用。前面提过的西雅图研究发现，CAMS 的使用有助于后续的辩证行为治疗的开展（Comtois et al., 2011）。另一项针对自杀大学生的随机对照试验研究采用了严格的"连续多任务随机试验"设计，以检验 CAMS 和辩证行为治疗分别产生的治疗效果及后续影响（Pistorello & Jobes, 2014）。这类研究正符合我之前提过的理念，针对不同自杀状态搭配不同治疗方法和疗程，以高效、经济的方式达到最佳治疗效果。第 2 章提到过，我们正在对之前在哈珀维医疗中心"康复期照护研究"项目中完成的一项随机对照试验研究进行更具效力的重复性验证（n=200）。该研究由美国自杀预防基金会资助，专门研究自杀患者在出院或离开急诊室后众所周知的高自杀风险（Jobes, 2016）。这类有关照护间过渡的研究是临床自杀学研究领域的一个重要的新兴关注点。此外，如何减少患者反复入院治疗也越来越受到关注。

CAMS 培训的研究

几年前的一次休假中，我一口气拜访了 8 个退伍军人医疗中心，通过演讲、幻灯片展示和各类教学视频对 165 名心理健康临床工作者进行了 CAMS 培训（Jobes, 2011）。这种全天候的以理论教学为主的培训虽然获得了较高的课后评价，但是在随后的一年里只有不到 10 个接受过培训的临床工作者真正使用了 CAMS。认真思考后我认为，CAMS 实际使用率偏低一方面可能是因为在系统层面缺乏强化性的支持，另一方面也可能因为单纯的理论教学培训不足以转变大部分临床工作者的**实际治疗行为**（Jobes, 2015, 2016; Pisani et al., 2011）。

从系统层面考虑临床工作者在治疗行为转变方面的阻碍，我们会发现很多循证治疗方法无法实施都是因为系统内能够强化行为的因素过少或根本没有。实际上，很多循证治疗方法都需要投入较大的人力和时间成本。例如，长期暴露疗法很难在45~50分钟的治疗单元内完成，因此，使用该疗法意味着在每周40小时的标准工作时间内治疗的患者数量会减少。如此导致的后果是，虽然很多政策在不遗余力地推广循证治疗实践，但由于最后大都要由临床工作者自己为治疗方法的转变买单，所以实际收效甚微（Jobes, Comtois, Brown, & Sung, 2015）。因此，要想引导医生切实使用循证治疗方法（或者至少创造使用的条件），必须改革整个医疗系统并建立激励机制。有鉴于此，我们的CAMS团队认为很有必要开展系统层面的过程改进项目，从而提高自杀风险的临床照护标准（Archuleta et al., 2014）。

第1章提到，想要改变临床工作者的治疗行为，让他们切实使用CAMS等循证实践方法，除了在系统层面充满挑战以外，还有许多其他的阻碍因素。大量的专业培训经验让我意识到，转变临床工作者（尤其是那些跟我年龄相仿、有着丰富临床经验的人）的实践行为一向是一个艰巨的任务。临床工作者常常更愿意持续使用他们熟悉的治疗方法，而不愿意尝试新方法。基于上述考虑，结合应用研究的文献，我们现在正尝试通过一种全新的模式开展CAMS培训。很多有关循证治疗专业培训的文献都提示，单纯的理论教学可能并不足以推动临床工作者转变实践行为（Barlow, Bullis, Comer, & Ametaj, 2013; Beidas et al., 2012; Karlin et al., 2010）。应用科学领域出现的新趋势倡导"整合"或"混合"式的培训，其中既包含对关键内容的理论指导，也包含阅读相关资料、角色扮演以及临床案例研讨。基于此，我的团队现在正在实践CAMS的混合培训的新模式（同时也在进行实证研究），该模式包含如下几个前后相继的步骤：

1. 让临床工作者掌握关于CAMS的基础知识；
2. 让临床工作者参与CAMS现场角色扮演训练；
3. 让临床工作者参与CAMS的案例研讨。

CAMS 的基础知识培训可以通过阅读本书来实现，也可以通过参加现场或网络上经过授权认证的 CAMS 培训来完成。CAMS 的进一步培训（包括现场角色扮演和临床案例研讨）则需要由 CAMS 培训专家完成（可登录 CAMS-care 官网了解更多权威的 CAMS 培训）。我们计划在未来几年时间里深入研究这一整合培训模式，从而开发出高效经济且适用范围更加广泛的 CAMS 培训方法。在此需要指出的是，并非所有的 CAMS 培训都需要遵循上述步骤完成。一些勇于尝试的临床工作者在读完本书的第 1 版后，就自己复印了 SSF，并且在临床干预中获得了成功。不过在我的经验里，这类情况还是比较少见的；大部分临床工作者仍然需要经过一定的培训、角色扮演练习和临床案例研讨的支持才能掌握 CAMS。

本章小结

现在是改编和进一步发展 CAMS 的黄金时期。经过 25 年的努力，我们看到了这个专门针对自杀开发的评估和干预模式逐渐成熟的过程（具体还可参见附录 G 里关于 CAMS 演变的一些"常见问题"）。CAMS 及其各类改编版已经在一系列治疗情境和治疗形式中得到了成功应用。在未来，新技术的应用、SSF 评估的改进以及随机对照试验研究带来的革新等因素都将持续推动 CAMS 向前发展。此外，目前的另一个重要关注点是，如何把 CAMS 培训改进为一个新的整合或混合培训模式，使其能经得起严谨的研究检验，以便为 CAMS 培训建立更为深厚的基础。最后，如第 1 章所述，CAMS 是一种专门针对自杀的、循证的、限制少且成本效益高的挽救生命的方法，当下和未来医疗保健服务动态和多变的特性也会持续推动 CAMS 的变革和应用，从而更好地适应各类情境和自杀倾向群体。随着模式的不断成熟，我们已经看到大量实证研究支持 CAMS 作为一种评估手段的有效性。与此同时，作为一种新的驱动力导向的临床干预方法，持续开展的临床试验研究也反复证明了 CAMS 在自杀风险治疗方面的效果。

后记

虽然有文字记录的历史显示，人类很早就有自杀行为，但是我眼下想说的事情要从中世纪人们如何看待自杀的"疯子"开始。这些自杀的人，往好了说会被当作是离经叛道；往坏了说则会被认为是恶魔附体。不管哪种情况，他们的自杀痛苦都没有获得过任何怜悯，更谈不上治疗。可以肯定的是，不论是被关进监狱，还是被精神驱魔，都无法有效缓解他们的痛苦。

在随后的几个世纪里，人们对于自杀者的看法在某种程度上向着更加文明的方向进步。重要的是，自杀者逐渐被看作是**患者**而不再是疯子；他们是患有精神疾病的人，所以需要充满怜悯之心的临床照护。尽管如此，16 世纪和 17 世纪出现的早期收容机构依然无法为这些人提供同情或关怀，虽然当时已经进入启蒙时期。那些有自杀风险的精神患者一般会被监禁和上锁，通过粗野的方式进行所谓的"治疗"。即使进入 20 世纪，精神患者仍然被限制在冰冷的床铺上或通过注射胰岛素来缓解精神症状（Kohen, 2004; Sakel, 1935; Tohen, Waternaux, & Oepen, 1994），臭名昭著的电痉挛疗法的滥用（在麻醉剂和肌肉松弛剂出现之前）还造成了很多患者骨折甚至死亡（Lebensohn, 1999）。很多年里，一些激进的神经外科手术如额叶切除术和扣带回切开术被肆意使用，导致精神患者的行为发生剧烈和难以逆转的改变（Mashour, Walker, & Martuza, 2005; Valenstein, 1986）。

当我在 2016 年写下这些内容时，我可以很确信的是，当前对精神患者（其中明确包括自杀患者）的病因的了解、诊断和临床治疗已经达到了相当的深度。一方面，研究者通过实证方法和先进技术对大脑及与之相关的疾病有了更加深入的了解。神经科学、遗传学、核磁共振成像和各类新的研究方法正帮助我们慢慢揭开大脑和中枢神经系统的神秘面纱。毋庸置疑，我们正处于一个科学探索的鼎盛时期，对自杀风险的评估和治疗也随之获得了前所未有的关注和发展（Jobes, 2011, 2014, 2016）。

但是另一方面，现实中精神疾病的照护和**治疗**可能还远没有达到我们预期的状态，尤其是在自杀风险的相关问题上。现在与中世纪时期的一个离奇的相似之处是，很多处于发病状态的精神患者仍然流落街头，脑子里充满幻觉，不停地自言自语。此外，不论男女，美国被监禁人群的精神疾病发生率都显著高于社区人群。在美国，监狱里的精神疾病患者人数是精神病院里的3倍（Fazel & Seewald, 2012），精神疾病患者被"推诿"至司法机构而非接受精神科治疗的风险在不断攀升（Baillargeon, Binswanger, Penn, Williams, & Murray, 2009; Fazel & Yu, 2011; Kinsler & Saxman, 2007）。

考虑到上述情况，2014年美国自杀学会在其组织架构中推出了一个全新的分支机构，这值得特别关注，该机构成员的身份标识是"有切身体验的自杀幸存者"。这些成员直言不讳地说出自己在自杀状态下的痛苦体验和曾经做过的自杀尝试，为自杀预防提供了一种全新的视角。我认为这类成员运动实际上可以追溯至20世纪70年代末，当时那些自杀死亡者的家属进入自杀预防领域，他们发出的呼声从根本上改变并重新定义了这一领域（Jobes, Luoma, Hustead, & Mann, 2000）。

这些新的声音有着强大的影响力。有过切身体验的成员现身说法，以坚定的信念和饱满的热情描述现代社会里被长期忽视和高度污名化的自杀念头和行为，而且他们不得不因此接受当前常规照护的所谓"帮助"。这些声音需要被听到——它道出了当前心理健康服务和自杀风险治疗中让人难以接受的现实。虽然已经有了很多充满同情心并且效果不错的心理健康服务实例，但这个群体的成员依然从一个不寻常的视角，描绘了一些既缺乏同情、也没有效果的照护和治疗。事实上，很多来自这个独特视角的观点认为，他们经历过的心理健康服务给人的感受是压迫、控制、羞辱、可耻甚至是惩罚性的。他们会直言不讳地说出自己在医院、机构、诊所，以及从心理学家、咨询师、精神科医生和临床社工的办公室那里遭遇过的各种消极和医源性的临床体验——这几乎涵盖了心理健康领域的所有职业和情境。

我听过一个特别让人心酸的例子，一位曾经多次尝试自杀的幸存者向我讲述了她被自杀念头反复折磨的痛苦体验，让我对自己的职业领域感到深深的**惭愧**（Yanez，2015）。这位勇敢的女士动情地讲述了她多次寻求心理健康专业帮助的经历。她尝试了各类专业服务机构，期待可以找到一种对抗自杀的途径，结果却是反反复复地入院和出院，除了调整药物外没有接受过任何实际的治疗。她提到在住院病房，一位医生在询问病情时从不跟她进行眼神接触。真诚关心她的门诊治疗师虽然提供了"支持性治疗"，但总是不敢与她深入探讨自杀问题，甚至完全回避这个话题，这让她对自己的自杀行为感到羞耻，好像她触犯了禁忌。在经历了多年的痛苦和失败的治疗后，唯一能让她感到放松并最终帮她康复的是辩证行为治疗，一种已被证明能够有效治疗自杀的方法。但是在当前心理健康治疗领域，像她这样痛苦的自杀患者能够接受辩证行为治疗的情况实在太少了。

正因为如此，虽然振奋人心的是，关注自杀风险的科学研究在近几年出现了爆发式增长，但从临床角度讲，我们还没有成功"解决"自杀问题。在我看来，当前对于自杀风险的治疗现状是不能接受的，必须要进行重大的变革。太多的生命正在逝去，要想避免此类事情的发生，就得采用以人为本的评估手段，并且为那些决意要结束自己生命的人制订个性化的治疗方案。第 1 章里提过，负责美国健康照护政策制订和实施的官员们如今已经大胆宣告了"在所有治疗环境中监测和干预自杀念头"的必要性（The Joint Commission, 2016）。该政策的推出是临床自杀预防史中一个意义非凡的进步，我们将乐见其在今后几年里所产生的实际效果。

经过 25 年的发展，CAMS 已经从少年成长为青年。虽然我们的随机对照试验研究还没有结束，但支持 CAMS 的实证证据已经足够坚实并还在不断积累。作为一种可以有效应对自杀的临床方法，CAMS 已在世界范围得到广泛应用。其灵活的特点也使它得以被修改或改编，从而能够适应各类临床情境和治疗形式，为不同的自杀状态提供有效的治疗途径。它不是唯一能够有效治疗自杀的方法，也并非对所有患者都适用。但是它通过以患者为中心的方式，为治疗自杀风险提供了一种富有同情心的、非强制性的选择，这些特点使得它能够切实回应来自领域内的各种尖锐质疑。CAMS 也许不能挽救所有生命，但我知道它已经挽救了许多。而想要在临床上挽救生命，我们就需要为绝望的人提供希望，对羞耻的人报以悲悯。更为重要的是，CAMS 让我们能够用合作的方式，应对自杀这种人类身上出现的极度不和谐的痛苦，这也许是为那些极度痛苦的灵魂所能提供的最好归宿了。通过这种方式，我们为这些生命旅途中的同行者指明了前进的方向。

* * *

最后我想再说一下比尔，我与他的 CAMS 治疗始于他第 1 次求助，如今已结束多年（比尔的完整 SSF 个案病例见附录 H）。比尔是我在 25 年积极的临床实践过程中接触并治愈过的大量患者中的一个。随着治疗的进展，我和他在一个短暂时期里格外亲近，因为我们一起在他人生旅程中最危险的时刻共同打赢了一场拯救生命的战争。你应该可以想象，在治疗结束 4 年后的一个清晨，当我在治疗室收到比尔的电子邮件时的欣喜之情：

亲爱的大卫：

　　虽然已经过去一段时间了，但我还是很想让你知道我现在一切都好。凯西和我相处融洽，我们憧憬着几年后的退休生活。我现在有了 3 个可爱的孙子，子女们也都过得很好。虽然我的生活不完美，但总体上还不错。当我反思我们一起做过的治疗时，才真正意识到自己的生命是一份上天赐予的礼物，而你在危急时刻及时帮我保留下了这份礼物，让我的妻子现在还有丈夫，孩子们还有父亲，孙子们还有祖父。我现在很感激自己还活着。我只想简单地说一声，谢谢你挽救了我的生命！

　　谨上

比尔

附录 A

《自杀状态问卷-4》（SSF-4）

评估与治疗计划（初始会谈）、追踪与更新（中期会谈）及结果与处置（最终会谈）

CAMS 的 SSF-4 评估与治疗计划（初始会谈）

患者：_____ 临床工作者：_____ 日期：_____ 时间：_____

A 部分（患者）：

请根据你<u>现在</u>的感觉，对下列各条目进行评估并填写相应的内容。然后按照条目对你的重要程度，用 1~5 进行排序。

排序 （1 表示最重要，5 表示最不重要）。

排序	条目
_____	1. 评估心理痛苦程度（心中的伤痛／苦恼／不幸；<u>不是</u>压力；<u>不是</u>生理痛苦）： 　　　　**痛苦程度低**： 1 2 3 4 5 ：**痛苦程度高** 我觉得最痛苦的是：_____
_____	2. 评估应激程度（总体上的压迫感或超出负荷的感觉）： 　　　　**应激程度低**： 1 2 3 4 5 ：**应激程度高** 我觉得应激最大的是：_____
_____	3. 评估激越程度（情绪上的急迫感／感觉需采取行动；<u>不是</u>生气；<u>不是</u>烦恼）： 　　　　**激越程度低**： 1 2 3 4 5 ：**激越程度高** 我觉得必须要采取行动的时候是：_____
_____	4. 评估绝望感程度（觉得无论自己做什么，事情都不会好转）： 　　　　**绝望感低**： 1 2 3 4 5 ：**绝望感高** 最让我感到绝望的是：_____
_____	5. 评估自我厌恶程度（总体上感觉不喜欢自己／没有自尊／无法自重）： 　　　　**自我厌恶感低**： 1 2 3 4 5 ：**自我厌恶感高** 我觉得最讨厌自己的部分是：_____
不适用	6. 评估总体自杀风险： **风险极低**： 1 2 3 4 5 ：**风险极高** 　　　　　　　　　　　　　（不会自杀）　　　　　　　　　（会自杀）

1）自杀念头与你对<u>自己</u>的想法和感觉有多大关系？　**完全无关**： 1 2 3 4 5 ：**完全有关**
2）自杀念头与你对<u>他人</u>的想法和感觉有多大关系？　**完全无关**： 1 2 3 4 5 ：**完全有关**

请列出你想要活下去的理由和想要死的理由，然后按重要程度用 1~5 排序。

排序	生存理由	排序	死亡理由

我想要活下去的程度：　　**完全不想**： 0 1 2 3 4 5 6 7 8 ：**非常想**
我想要死的程度：　　　　**完全不想**： 0 1 2 3 4 5 6 7 8 ：**非常想**
让我感觉不再想自杀的一件事是：_____

B 部分（临床工作者）：

有 无	自杀意念	描述：_____
	• 频率	_____每天 _____每周 _____每月
	• 持续时间	_____秒 _____分钟 _____小时

有 无 自杀计划 时间：_____
　　　　　　　　　地点：_____
　　　　　　　　　方法：_____ 是否有可用的手段：是 否
　　　　　　　　　方法：_____ 是否有可用的手段：是 否

有 无 自杀准备　　　　　描述：_____
有 无 自杀演练　　　　　描述：_____
有 无 自杀尝试史
　　　• 尝试一次　　　　描述：_____
　　　• 尝试多次　　　　描述：_____
有 无 冲动性　　　　　　描述：_____
有 无 物质滥用　　　　　描述：_____
有 无 重大丧失　　　　　描述：_____
有 无 关系问题　　　　　描述：_____
有 无 成为他人累赘　　　描述：_____
有 无 健康问题与生理疼痛　描述：_____
有 无 睡眠问题　　　　　描述：_____
有 无 法律与财务问题　　描述：_____
有 无 羞耻感　　　　　　描述：_____

C 部分（临床工作者）：　　　　　　　　　治疗计划

问题 #	问题描述	目标和目的	干预方案	治疗时长
1	自我伤害的风险	安全和稳定	稳定化计划已完成 ☐	
2				
3				

是____否____ 患者是否了解并同意治疗计划？
是____否____ 患者是否有即刻的自杀危险（需要住院治疗）？

患者签名　　　　　　　　　日期　　　　　　临床工作者签名　　　　　　　　日期

CAMS 稳定化计划

采取以下办法减少获得致命手段的机会：

1. _____
2. _____
3. _____

当我处于自杀危机之中，我能采取的其他应对办法（可将这一条视为危机卡）：

1. _____
2. _____
3. _____
4. _____
5. _____
6. **生死危急时刻的联络电话：**_____

我可以寻求帮助的人，或能让我减轻疏离感的人：

1. _____
2. _____
3. _____

按约定时间出席治疗：

    潜在的困难：   我会尝试的解决办法：

1. _____
2. _____

D 部分（临床工作者在会谈结束后评估）：

精神状态检查（圈选适当的项目）：

  意识：   清晰 瞌睡 昏睡 昏迷

        其他：_____

  定向感：   人 地点 时间 评估的原因

  心境：   平稳 高涨 烦躁不安 激越 愤怒

  情感：   淡漠 迟钝 受限 适切 不稳定

  思维连贯性： 清晰且连贯 目标导向 离题 病理性赘述

        其他：_____

  思维内容： 正常 强迫观念 妄想 牵连观念 怪异 病态

        其他：_____

  抽象思维能力： 正常 过于具体化

        其他：_____

  语言：   正常 快速 缓慢 口齿不清 贫乏 不连贯

        其他：_____

  记忆力：   基本完整

        其他：_____

  现实检验： 正常

        其他：_____

  值得注意的行为表现：_____

诊断印象/诊断（DSM/ICD 诊断）：

_____
_____
_____

患者的总体自杀风险水平（选择一个并说明）：

  ☐ 轻度（想活的程度/活下去的理由） 说明：

  ☐ 中度（矛盾）   _____

  ☐ 重度（想死的程度/死的理由）   _____

_____

个案记录：

_____
_____
_____
_____

下次会谈时间：_____   治疗模式：_____

_____
临床工作者签名   日期

CAMS 的 SSF-4 追踪与更新（中期会谈）

患者：_____ 临床工作者：_____ 日期：_____ 时间：_____

A 部分（患者）：
请根据你现在的感觉，评定并完成下列各题。

1. 评估心理痛苦程度（心中的伤痛/苦恼/不幸；**不是**压力；**不是**生理痛苦）： 　　　　　　痛苦程度低： 1　2　3　4　5 ：痛苦程度高
2. 评估应激程度（总体上的压迫感或超出负荷的感觉）： 　　　　　　应激程度低： 1　2　3　4　5 ：应激程度高
3. 评估激越程度（情绪上的急迫感/感觉需采取行动；**不是**生气；**不是**烦恼）： 　　　　　　激越程度低： 1　2　3　4　5 ：激越程度高
4. 评估绝望感程度（觉得无论自己做什么，事情都不会好转）： 　　　　　　绝望感低： 1　2　3　4　5 ：绝望感高
5. 评估自我厌恶程度（总体上感觉不喜欢自己/没有自尊/无法自重）： 　　　　　　自我厌恶感低： 1　2　3　4　5 ：自我厌恶感高
6. 评估总体自杀风险：　　风险极低： 1　2　3　4　5 ：风险极高 　　　　　　（不会自杀）　　　　　　　　（会自杀）

过去一周内：

自杀想法/感受　有___无___　　能够管控自杀想法/感受　是___否___　　自杀行为　有___无___

B 部分（临床工作者）： 满足以下条件时，认为自杀风险解除：当前总体自杀风险<3；过去一周内无自杀行为，且能有效管控自杀想法/感受　　□第1次会谈　　□第2次会谈
** 若在连续3次会谈中自杀风险均已解除，则完成 SSF 结果问卷 **

患者状态：　　　　　　　　　　治疗计划更新
□中断治疗　　□缺席　　□取消　　□住院　　□转介/其他：_____

问题 #	问题描述	目标和目的	干预方案	治疗时长
1	自我伤害的风险	安全和稳定	稳定化计划已完成 □	
2				
3				

_____　　　_____
患者签名　　　　　　　日期　　　临床工作者签名　　　　　　日期

C 部分（临床工作者在会谈结束后评估）：

精神状态检查（圈选适当的项目）：

- 意识: 　清晰　　瞌睡　　昏睡　　昏迷
  其他：_____
- 定向感: 　人　　地点　　时间　　评估的原因
- 心境: 　平稳　　高涨　　烦躁不安　　激越　　愤怒
- 情感: 　淡漠　　迟钝　　受限　　适切　　不稳定
- 思维连贯性: 　清晰且连贯　　目标导向　　离题　　病理性赘述
  其他：_____
- 思维内容: 　正常　　强迫观念　　妄想　　牵连观念　　怪异　　病态
  其他：_____
- 抽象思维能力: 　正常　　过于具体化
  其他：_____
- 语言: 　正常　　快速　　缓慢　　口齿不清　　贫乏　　不连贯
  其他：_____
- 记忆力: 　基本完整
  其他：_____
- 现实检验: 　正常
  其他：_____
- 值得注意的行为表现：_____

诊断印象/诊断（DSM/ICD 诊断）：
_____
_____
_____

患者的总体自杀风险水平（选择一个并说明）：

- ☐ 轻度（想活的程度/活下去的理由）
- ☐ 中度（矛盾）
- ☐ 重度（想死的程度/死的理由）

说明：
_____
_____
_____

个案记录：
_____
_____
_____
_____

下次会谈时间：_____　　治疗模式：_____

临床工作者签名_____　　日期_____

CAMS 的 SSF-4 结果与处置（最终会谈）

患者：_____ 临床工作者：_____ 日期：_____ 时间：_____

A 部分（患者）：

请根据你现在的感觉，评定并完成下列各题。

1. 评估心理痛苦程度（心中的伤痛 / 苦恼 / 不幸；**不是**压力；**不是**生理痛苦）： 痛苦程度低： 1 2 3 4 5 ：痛苦程度高
2. 评估应激程度（总体上的压迫感或超出负荷的感觉）： 应激程度低： 1 2 3 4 5 ：应激程度高
3. 评估激越程度（情绪上的急迫感 / 感觉需采取行动；**不是**生气；**不是**烦恼）： 激越程度低： 1 2 3 4 5 ：激越程度高
4. 评估绝望感程度（觉得无论自己做什么，事情都不会好转）： 绝望感低： 1 2 3 4 5 ：绝望感高
5. 评估自我厌恶程度（总体上感觉不喜欢自己 / 没有自尊 / 无法自重）： 自我厌恶感低： 1 2 3 4 5 ：自我厌恶感高
6. 评估总体自杀风险： 风险极低： 1 2 3 4 5 ：风险极高 （不会自杀） （会自杀）

过去一周内：

自杀想法 / 感受　有____无____　　能够管控自杀想法 / 感受　是____否____　　自杀行为　有____无____

治疗中是否有某些方面对你来说特别有帮助？如果有，请尽可能具体描述。

从临床照护中你学到了哪些东西，在以后你再次想自杀时能帮到你？

B 部分（临床工作者）：

是否在连续 3 次会谈中自杀风险均已解除：____是　____否（若否，则继续 CAMS 追踪）

** 若连续 3 周满足以下条件，则自杀风险解除：总体自杀风险 <3；过去一周内无自杀行为，且能有效管控自杀意念 / 感受

结果与处置（在所有符合情况的项目前打钩）：

_____ 继续心理咨询 / 治疗　　　　_____ 住院治疗

_____ 双方同意结案　　　　　　　_____ 患者选择停止治疗（单方面）

_____ 转介至：_____

_____ 其他　说明：_____

下次会谈时间（如果有的话）：_____

_____　　　　　　　　　_____
患者签名　　　　　　日期　　　　　　临床工作者签名　　　　　　日期

C 部分（临床工作者在会谈结束后评估）:

精神状态检查（圈选适当的项目）:

意识:	清晰　瞌睡　昏睡　昏迷	
	其他: _____	
定向感:	人　地点　时间　评估的原因	
心境:	平稳　高涨　烦躁不安　激越　愤怒	
情感:	淡漠　迟钝　受限　适切　不稳定	
思维连贯性:	清晰且连贯　目标导向　离题　病理性赘述	
	其他: _____	
思维内容:	正常　强迫观念　妄想　牵连观念　怪异　病态	
	其他: _____	
抽象思维能力:	正常　过于具体化	
	其他: _____	
语言:	正常　快速　缓慢　口齿不清　贫乏　不连贯	
	其他: _____	
记忆力:	基本完整	
	其他: _____	
现实检验:	正常	
	其他: _____	
值得注意的行为表现:	_____	

诊断印象 / 诊断（DSM/ICD 诊断）:

_____

_____

_____

患者的总体自杀风险水平（选择一个并说明）:

☐ 轻度（想活的程度 / 活下去的理由）
☐ 中度（矛盾）
☐ 重度（想死的程度 / 死的理由）

说明:

_____

_____

_____

个案记录:

_____

_____

_____

_____

_____

_____

临床工作者签名　　　　　日期

附录 B

CAMS 核心评估量表的编码手册

质性评估

SSF 编码手册：SSF 核心评估中质性变量的分类——痛苦、应激、激越、绝望感和自我厌恶

本编码手册是一份指南，用于检验有自杀倾向的患者对 SSF（Jobes et al., 1997）中开放式问题的质性回答。SSF 是一个自杀风险评估工具，它在世界范围内的各种治疗环境中都有使用。SSF 包括 6 个自陈条目，测量患者的自杀风险。具体而言，SSF 包括 5 个具有理论支持并且信效度良好的条目（从低到高的李克特 5 分量表），它们是促成自杀行为的因素（Jobes et al., 1997），包括心理痛苦、应激、激越、绝望感与自我厌恶。第 6 个条目测量患者自杀行为的总体风险。患者还可以对前 5 个条目写下开放式的回答。接下来的编码过程会重点关注这些质性回答，并且提供了一种分类方法，将每个患者对于 SSF 核心评估中 5 个条目的回答进行归类。

编码的一般指导

编码者会得到 5 叠写有回答的索引卡，每叠卡片分别对应一个条目：痛苦、应激、激越、绝望感与自我厌恶。首先，编码者会对每个条目对应的卡片进行初始分类，每次只做一个条目，将其归至合适的编码类别。完成 5 个核心条目的初始分类后，编码者会进行二次分类，以便检查初始分类的结果，并进行必要的改正，完成最终的分类。我们要求编码者阐明他们编码决策的原因，以便研究人员理解其决策过程。

每个条目的分类应该是互斥的，因此每个回答应该仅被归到**一个**分类中。尽管将某些回答归至最佳的类别时可能需要一些解释，但总体而言，编码者应该基于回答的表面意思进行判断，而不要过多地考虑其所涉及的动机或情境。

此外，编码者还要评定他们对每个回应所做的编码有多大把握。1 表示有较小把握，2 表示有中等把握，3 表示有较大把握。

编码的具体指导

使用者可以根据需要灵活地使用本手册，因为本手册包含了针对每个类别的详细判定规则。

如果一个回答提到了两类答案，则按照第 1 个出现的答案进行分类。例如，如果一个回答是"我的工作与我的抑郁障碍"，那么按照"我的工作"将其归至相应的类别，但是如果回答是"我的抑郁障碍和我的工作"，那么按照"我的抑郁障碍"将其归至相应的类别。

需要注意的是，有的条目可能有一个或多个共同的类别。仔细检查每个条目的类别是十分重要的，因为即使在定义上非常相似的类别，也可能对某个特定的条目而言存在重要的细微差别，进而影响编码的决策。例如，不止一个条目中都有"未来"这个类别，但是它们的定义是不一样的，因此，要时刻留意可能影响判断的关键差异。

编码的作用是什么

编码 SSF 核心评估变量，可以帮助研究人员识别患者的回答可能归属的共同类别。理论、研究以及临床上对于这些质性数据的应用，可以指导研究人员和临床工作者更准确地评估患者的自杀风险，并对患者治疗方案进行量身定制，以满足其个性化的情况和需要。

痛苦（心理痛苦）

SSF 中心理痛苦（Jobes et al., 1997）这个变量，是基于施奈德曼（Shneidman, 1993）提出的"心理痛苦"概念。施奈德曼指出自杀最基本的因素是心理痛苦。心理痛苦本质上是心理层面的，指心理上的伤痛、苦恼、痛楚、疼痛和精神痛苦。心理痛苦是导致个体陷入自杀危机的必要推动力。当个体无法忍受心理痛苦时，自杀就会发生，因此自杀是一种与之相伴随的、指向死亡的行动，也是一种逃离无法忍受的情绪的行动。具体而言，心理痛苦起源于个体重要心理需求（如归属感、养育和被理解）的受挫，这些重要需求的挫败往往是无法忍受的。因此，自杀成为结束个体痛苦的直接手段。

心理痛苦的性质多少有些难以理解、难以定义（Shneidman, 1993）。研究者试图将心理痛苦定义为无法忍受的情绪（Murray, 1938）、孤独感（Adler & Buie, 1979; Maltsberger, 1988）、焦虑、自卑与愤怒（Maltsberger, 1988）和总体感觉的痛苦（Derogatis & Savitz, 1999）。这些可能是心理痛苦的重要因素，但施奈德曼（Shneidman, 1993）认为它们都没有抓住心理痛苦的内在复杂性和多维性质。因此，我们将"我觉得最痛苦的是：＿＿＿＿＿＿"这一题干加在 SSF 心理痛苦条目之后，以便向患者和临床工作者进一步说明，有自杀倾向的患者其心理痛苦的真实现象和个性化特征。

编码类别（共 7 类）

I. 自我

这个类别包括与自我有关，或者能够明确推断出指向自我的回答。它们可以是关于自我感受或者自我特质的陈述，往往包括稳定性特质、核心特质，或者严苛的自我批评和对自己的外在的描述。

> **示例：**
> "我真是个失败者。"
> "我什么也做不好。"
> "我太胖了。"

2. 关系

这个类别指的是与孩子、配偶、伴侣、父母、朋友、重要他人，或任何其他社会互动有关的特定人际关系问题或议题。被他人伤害或伤害他人的回答均属于这个类别，特别提到的孤独或人际隔离也属于这个类别。

> **示例：**
> "我的家庭一团糟。"
> "孤独感。"
> "没有朋友。"

3. 角色和责任

这个类别指的是与一般成人角色期望有关的责任或义务，这些角色包括员工、家庭主妇和学生。回答可能是角色或责任的具体例子，或者是对于承担某些角色感到不称职的陈述。诸如对学业的担忧、经济上的压力，或对工作的担忧，关于未来职业生涯的特定描述也属于这一类别。而关于缺乏方向或目标的回答，应该被归至无助的类别中。

> **示例：**
> "我不知道自己毕业后想找什么样的工作。"
> "我不能决定要做什么工作。"
> "我是个失败的家长。"
> "我的家一团乱。"

4. 整体性和一般性

这个类别指的是不明确的、泛泛的陈述，它涵盖一切，因此是模糊不明确的。这些回答体现了一种淹没感或无法应对的感觉，它是广泛的、漫无边际的或是支配一切的。

示例：

"好像是所有的事情。"

"全部的生活。"

"这个世界完全就是痛苦。"

5. 无助

这个类别指的是对于失控感、困境感或迷失感的暗示或明确表达，缺乏目标的陈述也应属于这一类别。关于自己无力应对、丧失功能，或者在未来无法取得成功的绝望感的一般陈述，也属于这个类别。

示例：

"我好失控。"

"我感觉被困住了。"

"不管我怎么努力，我都会失败。"

6. 不愉快的内在状态

这个类别指的是一些具体的、彼此独立的情绪，如受伤、苦恼、煎熬、情绪痛苦，以及情绪谱系中的其他负性情绪。这些是与症状有关的回答，多与情境有关，而不是人格特质。这些回答与内在的自我参照无关（例如，"我讨厌自己，因为我总是在担心"），也不是整体性的（例如，"每件事都让我伤心"）。

示例：

"抑郁。"

"神经过敏。"

"这个悲剧。"

7. 不确定和无法说明

这个类别是指个体不确定或不能回答的，也包括可能是刻意推托、回避或冷漠的回答。

示例：

"不知道。"

"不确定。"

"谁在乎呢？"

应激（压力）

SSF 中的应激变量（Jobes et al., 1997），以施奈德曼（Shneidman, 1993）提出的压力概念为基础，它是从默里（Murray, 1938）关于压力的理论发展而来的。应激指的是内在和外在世界或者环境中的各种因素，它们会改变、触动、冲击，或是在心理层面上显著影响个体。应激或压力接着会促使个体走向自杀危机，特别是当个体在一段较长的时间内，反复经历多种应激源时。压力可能是积极的也可能是消极的，包括所谓的 **β 型压力**——个体对环境特定方面的感知，以及 **α 型压力**——环境中客观或真实的方面。压迫感可以促进或阻止个体为达成既定目标做出努力；也就是说，要从对个体的影响，或者对个体的作用，来看待某个客体带来的压力。了解压力有助于我们了解个体的动机或决策方向，以及他如何看待或解释环境，进而判断个体如何行动。因此，我们将"我觉得应激最大的是：＿＿＿＿＿＿＿＿"这一题干加在 SSF 的应激（压力）条目之后，以识别和描述有自杀倾向的患者自我报告的应激详细类别。

编码类别（共 8 类）

1. 关系

这个类别指的是与孩子、配偶、伴侣、父母、朋友、重要他人，或任何其他社会互动有关的特定人际关系问题或议题。被他人伤害或伤害他人的回答均属于这个类别，特别提到的孤独或人际隔离也属于这个类别。

示例：
"让我的家人为我的新工作感到骄傲。"
"我的女朋友跟我越来越疏远。"
"我在这儿没有朋友，感觉就像个外人。"

2. 自我

这个类别包括与自我有关，或者能够明确推断出指向自我的回答。它们可以是关于自我的感受或者对自我特质的陈述，往往包括稳定性特质、核心特质，或者严苛的自我批评和对自己的外在的描述。

示例：
"我不是个好人。"

"我无法瘦 10 磅（约 4.5 千克）。"
"我又软弱又情绪化。"

3. 角色和责任

这个类别指的是与一般成人角色期望有关的责任或义务，这些角色包括员工、家庭主妇和学生。回答可能是角色或责任的具体例子，或者是对于承担某些角色感到不称职的陈述。诸如对学业的担忧、经济上的压力，或对工作的担忧，关于未来职业生涯的特定描述也属于这一类别。而关于缺乏方向或目标的回答，应该被归至无助的类别中。

示例：
"我不知道自己毕业后想找什么样的工作。"
"我无法思考自己的未来。"
"我没办法整天在家和孩子们在一起。"

4. 不愉快的内在状态

这个类别指的是一些具体的、彼此独立的情绪，如受伤、苦恼、煎熬、情绪痛苦，以及情绪谱系中的其他负性情绪。这些是与症状有关的回答，多与情境有关，而不是人格特质。这些回答与内在的自我参照无关（例如，"我讨厌自己，因为我总是在担心"），也不是整体性的（例如，"每件事都让我伤心"）。

示例：
"我无时无刻都在担心和焦虑。"
"太痛苦了。"
"我受够了抑郁。"

5. 整体性和一般性

这个类别指的是不明确的、泛泛的陈述，它涵盖一切，因此是模糊不明确的。这些回答体现了一种淹没感或无法应对的感觉，它是广泛的、漫无边际的或是支配一切的。

示例：
"我周围的世界。"
"活着。"
"每件事。"

6. 特定情境

这个类别指的是特定情境下的反应,即与特定时间或地点有关的回答。任何有关特定情境或情况的回答,任何提及特定地点、时间或事件的回答,都属于这一类别(注意:提到特定人物的回答,更适合归至"关系"类别中)。

> **示例:**
> "晚上我回到空空的公寓时。"
> "早上醒来第一件事。"
> "每当我听到我们最喜欢的乐队唱的歌。"

7. 无助

这个类别指的是对于失控感、困境感或迷失感的暗示或明确表达,缺乏目标的陈述也应属于这一类别。关于自己无力应对、丧失功能,或者在未来无法取得成功的绝望感的一般陈述,也属于这个类别。如果回答涉及角色或责任(如"我的职业"),则应归至角色和责任类别。

> **示例:**
> "我感到迷茫,不知道何去何从。"
> "我不知道前进的方向。"
> "无论我做什么,都会一事无成。"

8. 不确定和无法说明

这个类别是指个体不确定或不能回答的,也包括可能是刻意推托、回避或冷漠的回答。

> **示例:**
> "不知道。"
> "不想说。"
> "谁知道呢?"

激越(烦乱)

SSF 中的激越(Jobes et al., 1997)变量,是基于施奈德曼(Shneidman, 1993)提出的"烦乱"概念。烦乱是施奈德曼创造的词,是沮丧和不安状态的总称。烦乱与自杀相关的部分包括：（1）知觉的收窄；（2）鲁莽地想要自我伤害或产生危险行为的倾向。知觉的收窄指的是个体知觉和认知范围的缩减。最严重的情况下，知觉的收窄会表现为思维僵化、视野狭隘、只聚焦于少数选择，进而将死亡和逃避视为解决心理痛苦和需求受挫的唯一方法。行为的倾向指的是冲动性，或是在没有耐心并且难以忍受应激情境时，想把事情做完并迅速解决的强烈倾向。在最严重的情况下，会有出现鲁莽行为和冲动性质的潜在自毁行为的明显倾向。

在关于自杀的文献中，没有其他术语能很好地指代施奈德曼用烦乱所描述的内容。诸如焦虑、混乱、冲动、易怒或烦恼等术语，都不能反映烦乱这个概念在本质上具有的认知和情感复杂性。也许正因为如此，这个概念可能难以被临床工作者和患者理解。在洛马（Luoma, 1999）对大学本科生开展的SSF结构的研究中，烦乱是最难理解的概念之一；研究被试对概念的理解往往侧重于消极情绪，而既忽视了认知层面的知觉收窄，也忽视了情感层面的紧迫性或冲动性。因此，我们在这项研究的基础上修订了SSF中的激越条目，明确将其定义为"情绪上的紧迫感；你感到必须采取行动；不是易怒；不是烦恼"。需要说明的是，修订后的定义只提到了定义中的情绪紧迫性，而没有提到知觉的收窄。最后，SSF量表中的题干也包含了与时间相关的因素。开放式问题倾向于针对特定的情境，让患者针对"我觉得必须要采取行动的时候是：＿＿＿＿＿＿＿＿＿＿＿＿＿＿"进行回答。

编码类别（共9类）

1. 不得不行动

这个类别是指个体明确而迫切地想要改变生活中某些事，他们认为需要一个快速的解决方案，需要采取行动。这个类别中隐含的想法是，患者认为自己缺乏改变（被困住了），并且需要果断地做点什么。

示例：
"我现在就是想解决问题。"
"我现在什么也没做。"
"必须做些什么来结束我现在的状态。"

2. 整体性和一般性

这个类别指的是不明确的、泛泛的陈述，它涵盖一切，因此是模糊不明确的。这些回答体现了一种淹没感或无法应对的感觉，它是广泛的、漫无边际的或是支配一切的。

示例：

"我觉得完全被淹没了。"

"所有事情都压在我身上。"

"我的脑子被要处理的事情搞得一团糟。"

3. 无助

这个类别指的是对于失控感、迷失感或无法改变的事情的暗示或明确表达，还包括迷失方向和不清楚未来的陈述。这一类别还包括思维狭隘、缺乏选择、对事物的狭隘看法，以及有关个体无法应对、丧失功能和未来无法实现目标的一般性陈述。

示例：

"事情失控了。"

"我无法让事情变得更好。"

"我没有选择，什么都不会改变。"

4. 不确定和无法说明

这个类别是指个体不确定或不能回答的，也包括可能是刻意推托、回避或冷漠的回答。

示例：

"不知道。"

"不确定。"

"不想说。"

5. 特定情境

这个类别指的是特定情境下的反应，即与特定时间或地点有关的回答。任何有关特定情境或情况的回答，任何提及特定地点、时间或事件的回答，都属于这一类别（注意：提到特定人物的回答，更适合归至"关系"类别中）。

示例：

"晚上我自己回到空空的公寓。"

"早上醒来第一件事。"

"每当我听到我们最喜欢乐队唱的歌。"

6. 不愉快的内在状态

这个类别指的是一些具体的、彼此独立的情绪，如受伤、苦恼、煎熬、情绪痛苦，以及情绪谱系中的其他负性情绪。这些是与症状有关的回答，多与情境有关，而不是人格特质。这些回答与内在的自我参照无关（例如，"我讨厌自己，因为我总是在担心"），也不是整体性的（例如，"每件事都让我伤心"）。

示例：
"我觉得很焦虑。"
"生气时，我会崩溃。"
"抑郁超过了我的承受能力。"

7. 自我

这个类别包括与自我有关，或者能够明确推断出指向自我的回答。它们可以是关于自我感受或者自我特质的陈述，往往包括稳定性特质、核心特质，或者严苛的自我批评的和对自己的外在的描述。

示例：
"我知道自己有多失败。"
"我变得这样可悲。"
"我这么糟，没有人会爱我。"

8. 关系

这个类别指的是与孩子、配偶、伴侣、父母、朋友、重要他人，或任何其他社会互动有关的特定人际关系问题或议题。被他人伤害或伤害他人的回答均属于这个类别，特别提到的孤独或人际隔离也属于这个类别。

示例：
"吉姆对我大喊大叫。"
"我想到没有一个人愿意跟我谈恋爱。"
"我让爸爸失望。"

9. 角色和责任

这个类别指的是与一般成人角色期望有关的责任或义务，这些角色包括员工、家庭主妇和学生。回答可能是角色或责任的具体例子，或者是对于承担某些角色感到不称职的陈述。诸如对学业的担忧、经济上的压力，或对工作的担忧，关于未来职业生涯的特定描述也属于这一类别。而关于缺乏方向或目标的回答，应该被归至无助的类别中。

> **示例：**
> "我想到，我不知道自己毕业后想找什么样的工作。"
> "我想到我的财务状况。"
> "我意识到我做父母有多失败。"

绝望感

绝望感是一种认知方式，而不是一种情绪状态；这种区别使绝望感不同于抑郁。贝克及其同事（Beck et al., 1979）认为绝望感是个体的一种信念，即无论做什么都不会改变现状，这样的信念可能是关于个人生活中的任何事情。理论观点认为，那些相信自己的现状永远不会改善的个体倾向于"放弃"生活，并且不想去忍受他们认为永远不会好转的状况。

绝望感一直被认为是自杀风险的重要因子，而心理治疗能够处理并减轻绝望感（Brown, Beck, Steer, & Grisham, 2000）。绝望感还具有不同的程度，例如，与**完全相信**自己的现状永远不会变好的人相比，只是**认为**自己的现状不会改善的人的自杀风险相对较低。

大部分对于绝望感的测量倾向评估整体绝望感；然而，最近的研究开始评估绝望感的相关概念及其组成部分。例如，完美主义被认为是自杀的风险因子之一。从理论上讲，设定并保持不切实际的高标准和高期望的个体之所以有自杀风险，是因为他们的标准设定得太高了，而实际上无法达到。这些个体产生绝望感的原因是他们永远无法达到个人或社会对他们的期待。

其他研究表明，绝望的个体无法对未来产生积极的想法，或者只能预见消极的事件的发生。关于绝望感的不同理论和相关概念都有一个共同主题：个体认为无论做什么都无法改变现状。几乎没有任何文献探讨让个体感到绝望的具体状况。因此，SSF量表中的题干也包含了与时间相关的因素。开放式问题倾向于针对特定的情境，让患者针对"最让我感到绝望的是：＿＿＿＿＿＿＿＿"进行回答。

编码分类（共7类）

1. 整体性和一般性

这个类别指的是不明确的、泛泛的陈述，它涵盖一切，因此是模糊不明确的。这些回答体现了一种淹没感或无法应对的感觉，它是广泛的、漫无边际的或是支配一切的。

示例：
"生活。"
"每件事。"
"一般的事。"

2. 未来

这个类别指的是对个体未来的广泛性陈述或推断，这些陈述可能是关于未来的**具体**或**不具体**的叙述。所有关于未来的总体叙述，以及与**未来明显有关**的具体梦想、技能、事件或经验的具体陈述，都应属于这一类别（不包括职业或学业，参见角色和责任）。

示例：
"未来"。
"实现我的梦想。"
"实现我的目标。"

3. 关系

这个类别指的是与孩子、配偶、伴侣、父母、朋友、重要他人，或任何其他社会互动有关的特定人际关系问题或议题。被他人伤害或伤害他人的回答均属于这个类别，特别提到的孤独或人际隔离也属于这个类别。

示例：
"工作中的同事。"
"我跟男朋友的关系。"
"所有人。"

4. 角色和责任

这个类别指的是与一般成人角色期望有关的责任或义务，这些角色包括员工、家庭主妇和学生。回答可能是角色或责任的具体例子，或者是对于承担某些角色感到不称职的陈述。诸如对学业的担忧、经济上的压力，或对工作的担忧。这些回答可能代表目前的一般行事标准。关于未来职业生涯的特定描述也属于这一类别。

> **示例：**
> "实现我的职业抱负。"
> "完成学业。"
> "钱。"

5. 自我

这个类别包括与自我有关，或者能够明确推断出指向自我的回答。它们可以是关于自我感受或者自我特质的陈述，往往包括稳定性特质、核心特质，或者严苛的自我批评的和对自己的外在的描述。有关控制自己行为、想法或感受的陈述，也属于这一类别。

> **示例：**
> "了解自己"。
> "太胖。"
> "我不擅长处理自己的情绪。"

6. 不愉快的内在状态

这个类别指的是一些具体的、彼此独立的情绪，如受伤、苦恼、煎熬、情绪痛苦，以及情绪谱系中的其他负性情绪。这些是与症状有关的回答，多与情境有关，而不是人格特质。这些回答与内在的自我参照无关（例如，"我讨厌自己，因为我总是在担心"），也不是整体性的（例如，"每件事都让我伤心"）。

> **示例：**
> "我的焦虑永远不会消失。"
> "我生气后崩溃的样子。"
> "我担心我将永远抑郁。"

7. 不确定和无法说明

这个类别是指个体不确定或不能回答的，也包括可能是刻意推托、回避或冷漠的回答。

示例：

"不知道。"

"不确定。"

"谁在乎呢？"

自我厌恶

自我厌恶可以被理解为自我觉察增加时产生的负面感受（Baumeister, 1990）。个体感到事件没有达到个人标准或期望，因此，当用向内归因来解释事件时，个体会开始厌恶自我，并试图通过认知解构来消除这种状态。认知解构会降低思维过程和抑制能力，让自杀尝试更可能发生。

通常个体对自己有比较正面的看法，并被许多心理机制支持和维持。当这种看法受到挑战时（尤其是在治疗的环境中），患者可能会面对"令人害怕的自我"，而不是之前的"理想自我"。这样的转变往往会导致自我厌恶，并成为引发自杀尝试的扳机事件（Baumeister, 1990）。

最终，自我厌恶可以被视为一种循环。个体由于自我厌恶而实施自我伤害行为，这些行为的消极后果又加重自我厌恶，从而构成循环。个体可能接着降低表现来符合对自我的最初看法（高成就的自我厌恶），或者减少努力来合理化可能的失败。因此，用题干"我觉得最讨厌自己的部分是：＿＿＿＿＿＿＿＿＿＿"进一步阐明自杀者自我厌恶的经验。

编码分类（共 7 类）

I. 无助

这个类别指的是对于失控感、迷失感或无法改变的事情的暗示或明确表达，还包括迷失方向和不清楚未来的陈述。这一类别还包括思维狭隘、缺乏选择、对事物的狭隘看法，以及有关个体无法应对、功能丧失和未来无法实现目标的一般性陈述。

示例：

"我不能谈论我的问题。"

"我没有办法不抑郁。"

"我在这哪儿也去不了。"

2. 内在描述

这个类别指的是个体对于自己缺乏正面特质，或具有负面特质的陈述。也可能是关于自我感觉的陈述，往往包括对自我内在状态的严苛批评。

示例：

"我是一个懦夫。"

"我不聪明。"

"我总是一团糟。"

3. 外在描述

这个类别指的是个体不喜欢自己外在的、外表的特点，例如外貌、身体或行为。

示例：

"我总是看上去很生气。"

"我很丑。"

"我的身体。"

4. 关系

这个类别指的是与孩子、配偶、伴侣、父母、朋友、重要他人，或任何其他社会互动有关的特定人际关系问题或议题。被他人伤害或伤害他人的回答均属于这个类别，特别提到的孤独或人际隔离也属于这个类别。

示例：

"伤害我的父母。"

"女朋友和我分手了。"

"我在学校不适应。"

5. 整体性和一般性

这个类别指的是不明确的、泛泛的陈述，它涵盖一切，因此是模糊不明确的。这些回答体现了一种淹没感或无法应对的感觉，它是广泛的、漫无边际的或是支配一切的。

示例：

"我的所有方面。"

"我自己。"

"我的一生。"

6. 角色和责任

这个类别指的是与一般成人角色期望有关的责任或义务，这些角色包括员工、家庭主妇和学生。回答可能是角色或责任的具体例子，或者是对于承担某些角色感到不称职的陈述。诸如对学业的担忧、经济上的压力，或对工作的担忧，关于未来职业生涯的特定描述也属于这一类别。而关于缺乏方向或目标的回答，应该被归至无助的类别中。

示例：

"我赚不到足够的钱。"

"我不能决定要做什么工作。"

"我是个失败的父亲/母亲。"

7. 不确定和无法说明

这个类别是指个体不确定或不能回答的，也包括可能是刻意推托、回避或冷漠的回答。

示例：

"不知道。"

"说不上来。"

"你告诉我啊。"

附录 C

SSF 生存理由与死亡理由编码手册

SSF 编码手册：生存理由与死亡理由的类别

概述

在自杀领域中，既往的实证和理论研究中有两个截然相反的焦点问题：自杀的风险因素与自杀驱动力（死亡理由）；以及维持生命的信念（生存理由）。这两个研究领域为理解自杀驱动力提供了丰富而有价值的观点。然而，为了更加全面地理解个体的自杀驱动力，需要更全面地兼顾两者：什么使一个人想要存续生命，又是什么使一个人想要放弃？也许同时考查生存理由和死亡理由，能让我们更好地理解自杀等式两边的变量各自具有的重大意义。

生存理由和死亡理由的由来

莱恩汉及其同事（Linehan et al., 1983）认为，自杀个体缺乏使他们远离自杀的求生信念。他们编制了生存理由问卷，来测量这些信念对不自杀的重要作用。生存理由包含6个因子：生存和应对，对家庭的责任，对孩子的关心，对自杀的恐惧，对社会指责的恐惧，以及道德反对。但是，从生存理由问卷上收集到的信息，仅仅对自杀等式的一边做出了贡献。了解一个人自杀的动机，以及哪些因素代替了想活的信念也很关键，因此了解想死的理由也非常重要。上述原因促成了生死理由评估的发展，以规范地研究自杀的完整等式。为了更好地理解自杀倾向者的想法，我们要求他们列出自己的生存理由和死亡理由，并且按照重要程度对这些理由进行排序。

上位类别

乔布斯和曼（Jobes & Mann, 1999）指出，生存理由和死亡理由可以被可靠地分为不同编码类别。此处编码的目的之一是将类别进一步组织成更宽泛的、涵盖更广的上位类别（superordinate category）：对自己、他人和未来的希望感，以及对自己、他人和未来的绝望感。

对自己、他人和未来的希望感和绝望感

根据贝克抑郁的认知理论（Beck, 1967），抑郁的个体对自己、世界和未来呈现出消极的看法，也就是"认知三联征"。这些消极的看法经常转换成绝望的感觉和表达，或者

负面的预期。贝克（Beck, 1986）认为绝望感是预测自杀倾向的最好指标，也是当前自杀意图的绝佳提示。绝望感是自杀倾向的风险因素，而希望感可以被看作与自杀倾向对抗的保护性因素。瑞恩吉和班顿（Range & Penton, 1994）发现生存理由与希望感呈正相关，而与绝望感呈负相关。

自我和他人

贝肯（Bakan, 1966）使用术语主体性和社群性来表示人类经验连续谱的两端。主体性表示渴望个性化、自我保护和自我导向。社群性表示渴望人际关系、依恋和亲密。每个个体都处在这个连续谱的某个位置上。我们可以尝试从主体性和社群性的观点去理解有自杀倾向的个体。乔布斯（Jobes, 1995）用内在心理现象（自我）和人际心理现象（他人）描述这个连续谱。连续谱上的内在心理现象一端可以定义为对内在、主观、现象学等议题的关注。被认为是处在内在心理这端的有自杀倾向的患者，基本上只关注自我而不是他人的问题。而连续谱另一端的人际心理现象可以理解为关注外在、人际议题。在这种情况下，有自杀倾向的患者主要关注的是他人和人际关系，而不是自己。

将类别与上位类别相联系

为了确定某个类别属于哪个上位类别，需要编制编码手册的附录，并且检验评分者一致性。然而，根据理论和常识，可以假设每个分类归属于哪个上位分类。根据自杀驱动力和维持生命信念的文献，生存理由应该被归于总体的希望感类别，死亡理由应该被归于绝望感。生存理由类别中的令人享受的事情、信仰和自我，应归于希望感中有关自我的主题；生存理由类别中的家庭、朋友、对他人的责任，以及成为他人的负担，应归于希望感中有关他人的主题；生存理由类别中对未来的希望感、计划与目标，应归于希望感中有关未来的主题。同样，死亡理由类别中的孤独感、对于自我的总体描述和逃离，应归于绝望感中有关自我的主题；死亡理由类别中的他人（关系）和减轻他人负担，应归于绝望感中关于他人的主题；死亡理由类别中的绝望感显然可以归于绝望感中关于未来的主题。

编码的一般指导

编码者会得到自杀患者在生存理由和死亡理由列表中的实际回答。通常患者在每列中最多列出5个答案，每个回答都写在对应的编码清单上。有两套不同的编码清单，一个是生存理由，另一个是死亡理由。每套回答都应该分别编码，每套编码内的类别被认为是互斥的。因此，每个理由都应归于一个类别中并且只编码一次。当对某个理由进行编码时，尽管一些解释是必要的，但总体而言编码者应该基于回答的表面意思进行判断，尽可能不去猜测该理由所涉及的动机或情境。

编码的具体指导

分类表位于编码清单右侧最上面的一列，编码者会看到所有的回答，之后决定将这些回答归为哪个类别，并在适合的类别处做标记。在编码到下一条回答之前，编码者要在信心评级栏中，为自己的选择进行从1~5的信心评分。此评定是李克特5分量表，1表示"根本没有把握"，5表示"有非常大的把握"。在完成了回答的归类和信心评分之后，继续对下一条回答进行编码。在完成了一组回答的编码后，编码者应依此步骤继续编码另一组回答。

编码的用途

对生死理由的回答进行编码有两个目的：第一是确认这些理由可能归属的共同类别，第二是利用这些被归类的回答，判断自杀个体的类型，以期预测治疗结果。

生存理由的编码类别

1. 家庭

这个类别指的是与家庭成员有关的回答，例如婚姻或子女。

示例：
"我的父母。"
"我的父母爱我。"
"我的丈夫。"

2. 朋友

这个类别指的是所提到的朋友，包括具体的名字（如约翰或辛迪），提到的男朋友或女朋友也属于这个类别。如果回答中提到的人物是家庭成员，那么应归至家庭类别中。

注释：如果在同一个回答中提到了家庭成员和朋友，那么应该根据看到的第1个答案进行分类。例如，如果回答是"家人和朋友"，那么把这个回答归至家庭类别，但是回答是"朋友和家人"，那么将其归至朋友类别。

3. 对他人的责任

这个类别指的是对他人应负担的责任和义务。

示例：

"在书店工作。"

"我不想辜负他人。"

"我还得给我的学生上课。"

4. 成为他人的负担

这个类别指的是自杀后可能给其他人（家人、朋友、其他特定相关的人）带来麻烦或负担，个体对此感到担心、恐惧或焦虑。

示例：

"家庭罪人。"或"我不想让任何人难过。"

"如果我死了，我的父母会真的很难受。"

"如果我自杀，布莱恩神父会非常伤心。"

5. 计划和目标

这个类别中指的是有关未来的计划。可能是希望某些事继续进行，或者处理那些未完成的事情。它们是典型的指向自我的陈述，然而，当这些陈述涉及目标和未来计划时，就应该归至此类别。这些表述中包含着行动的含义。关于自我的更一般的陈述，应被归至类别9的自我类别中。

示例：

"我想完成学业。"或"我想去欧洲旅行。"

"未来我想有个小孩。"

"生活中还有很多我想做的事情。"

6. 对未来的希望感

这个类别指的是关于未来的表述，涉及模糊的、抽象的渴望。这些陈述表达了一种有希望的态度，或是对事情结果的好奇，但是比类别5中有关计划和目标的陈述要消极一些。

示例：

"我的梦想。"

"我相信事情会解决。"或"我希望我能够摆脱不好的感觉。"

"我想知道究竟发生了什么。"

7. 令人享受的事物

这个类别指的是令人享受的活动或客体，还包括有价值的客体，例如宠物或者财产。

示例：

"中国菜。"

"弹钢琴。"或"音乐。"

"看电影。"

8. 信仰

这个类别指的是有关宗教、个人信仰或道德的回答。这些回答包括但不限于上帝或其他的宗教人物。如果指的是给特定的宗教人物造成负担，那么应归至类别4："成为他人的负担"。

示例：

"这是一种罪恶。"或"我希望能够上天堂。"

9. 自我

这个类别指的是与自我有关的，或能够明确推断出指向自我回答，包括对自我的感觉或特质。这些回答也包括对自己的责任。这些回答不是指向未来的陈述。如果回答涉及未来，它们应该被归至"计划和目标"或"对未来的希望感"的类别中（类别5或类别6）。

示例：

"我自己。"

"我不想让自己失望。"

"我不是那样的人。"

死亡理由的编码类别

1. 他人（关系）

这个类别指的是有关他人的回答，包括明确表达的和推断出来的。

示例：

"去天堂看我妈妈。"

"报复。"

2. 不成为他人的负担

这个类别指的是个体认为自己给别人带来痛苦，而自杀是结束痛苦的办法。

示例：

"不再伤害他人。"

"不再给别人压力。"

"减轻家庭的经济负担。"

3. 孤独感

这个类别指的是有关孤独感的陈述。

示例：

"我不想再孤单下去了。"

"我身边一个人也没有。"

"我没有人可以倾诉。"

4. 绝望感

这个类别指的是对未来感到绝望的陈述。

示例：

"事情永远不会变好。"或"我认为事情不会解决。"

"我觉得永远不会达到我的目标。"或"我将一事无成。"

"我很沮丧，事情永远不会改变。"

5. 对自我的总体描述

这个类别指的是对自我的感觉和总体描述。

示例：

"我自己。"

"我一文不值。"

"我永远都会有这种感觉。"

注释：接下来的几个类别涉及逃离的议题。逃离指的是从某事中离开或者结束某件事的需要或愿望。某事可能是感觉、责任或是一个事件。

6. 总体的逃离倾向

这个类别指的是关于逃离的总体表述，以及想要放弃的总体态度。

示例：

"我想找到平静。"或"我再也不能忍受了。"

"逃离。"或"那里压力会更小。"

"我需要休息。"或"为了结束我的生活。"或"生活糟透了。"

7. 逃离过去

这个类别指的是有关过去的，或想要从过去的经历或情感中离开的总体表述。

示例：

"我的童年没有乐趣。"或"我想重新开始。"

"我想摆脱过去。"

8. 逃离痛苦

这个类别包括心理痛苦，以及想要结束痛苦的特定表述。

示例：

"我不想再感到痛苦了。"

"不再受苦。"

"我想停止伤害，停止疼痛。"

9. 逃离责任

这个类别包括想要从责任中逃离的有关表述。

示例：

"我不想再承担责任了。"

"为了不去承担责任。"

"我讨厌在书店工作。"

附录 D

SSF "一件事反应" 编码手册

SSF 编码手册：一件事反应

概述

SSF（Jobes, 2012）是一个自杀风险评估工具，它试图从量化和质性的角度来评定来访者的自杀倾向。本编码手册用于分析 SSF "一件事反应"这个条目所获得的质性数据。这项评估要求有自杀倾向的患者写下对下面问题的回答："让我感觉不再想自杀的一件事是：＿＿＿＿＿＿。"本手册使用 3 个概念维度（取向、现实检验和临床作用），试图可靠地对"一件事"评估的各种开放式回应进行分组。

进行编码的目的是进一步检验和改进 SSF，使 SSF 成为一个具有可靠信效度的自杀风险评估工具。另外，"一件事反应"的编码能帮助临床工作者和研究者了解患者自杀倾向的一个重要方面，也就是什么样的事情可能改变自杀风险。

编码的总体指导

第 1 步

给编码人员分发索引卡。每张卡片上写着一个来访者对"一件事"的回答。要求编码人员进行初始分类，根据 3 个概念维度对每个反应进行评定：

1. 取向（自我、关系或无法编码）
2. 现实检验（现实、不现实或无法编码）
3. 临床作用（提供临床相关信息、未提供临床相关信息或无法编码）

每个编码维度有 3 个选项，且彼此互斥。因此，一个回应不能既是"自我"又是"关系"。每个回应都应该根据这 3 个维度进行编码，因此每个回应都应该有 3 条编码。

示例：

"我想与我的同伴有更好的关系。"

1. 取向（关系）
2. 现实检验（现实）
3. 临床作用（未提供临床相关信息）

第 2 步

初始分类之后，需要进行二次分类，以便编码者进一步确定编码类别。为了更好地理解做决定的过程，编码者应该说明其做出每项编码的依据。此外，编码者还要评定他们对每个回应所做的编码有多大把握。把握的水平如下：

1 = 有较小把握
2 = 有中等把握
3 = 有较大把握

编码的定义和示例

编码维度 1：回应的取向

自我

这个类别包括与自我相关的任何事：它可能是一个人（不）做、（不）感觉、（不）思考的事，也可能是有关自我的描述。

示例：
"更喜欢自己。"
"不那么抑郁。"
"不再有这些悲伤的感觉。"
"取得更好的学习成绩。"
"有更多的兴趣爱好，更自信。"
"离开一会儿。"

关系

这个类别包括与关系或他人有关的任何事：它可能是任何一种社会关系（家人、同事、爱人等）；既可能是现存的关系，也可能是以前的关系，也可能是关系的缺乏。

示例：
"让吉姆重新爱上我。"
"有一个能理解我、能交流的人。"
"拥有更多的好朋友。"

"摆脱被父母虐待的记忆。"

"再次看到我去世的妈妈。"

"和男朋友的问题。"

无法编码

这个类别包含的是没有实质内容的回答,或根本没有回答的:<u>不能</u>对它进一步进行其他两个选项的编码。

示例:

"不知道。"

"我怎么能知道?"

"谁在乎?"

"我已经不再想自杀了。"

编码维度 2:回应的现实检验

现实

这个类别是指理论上可以实现的或者有很大可能实现的事。

示例:

"交上好朋友。"

"有人可以交谈。"

"感到自信。"

"和好男人有更多的约会。"

"通过考试。"

"有朝一日能拥有一个美好的家庭。"

不现实

这个类别是指理论上不可能,或不太可能得到或实现的事。

示例:

"能没有任何压力。"

"没有被强奸过——让过去的事不发生。"

"不用想,不用感受,不用担心一些事。"

"一个当下的奇迹。"

无法编码

这个类别包含的是没有实质内容的回答,或根本没有回答的:<u>不能</u>对它进一步进行其他两个选项的编码。

示例:

"不知道。"

"我怎么能知道?"

"谁在乎?"

"我已经不再想自杀了。"

编码维度 3:回应的临床作用

提供临床相关信息

这个类别是指某项回应的内容是否提供了新的信息,这些信息能够作为治疗的着手点,或能够针对其使用特定的治疗技术。换言之,即回应能否指引或影响临床干预?

示例:

"在学校表现更好。"(学业能力)

"与玛丽重建关系。"(社交技能)

"更多约会。"(社交技能)

"有好朋友。"(社交技能)

"没有被虐待过。"(虐待议题)

"减轻压力。"(渐进式放松)

未提供临床相关信息

这个类别中包含的回应是含糊不清的,或者是需要自杀风险解决后才能实现的,或者是无法通过临床干预解决的。

示例:

"能够重生。"

"能赢 100 万美元（约 710 万人民币 [1]）。"

"能娶麦当娜。"

无法编码

这个类别包含的是没有实质内容的回答，或根本没有回答的：<u>不能</u>对它进一步进行其他两个选项的编码。

示例：

"不知道。"

"我怎么能知道？"

"谁在乎？"

"我已经不再想自杀了。"

编码的具体指导和决策原则

在编码过程中，编码者可根据需要使用本手册。本手册旨在为不确定的编码提供指导和决策原则。在编码"一件事"回应时，至少可能会出现 3 种编码困境。

困境 1：多种反应

可能出现在 3 个维度的任何一个之中。

示例：

"到本学期结束时，能不那么有压力，能更多地约会。"

1. 取向（自我）
2. 现实检验（现实）
3. 临床作用（临床相关）

如果发现两个或更多的答案，决定的原则是使用一连串反应中的<u>第 1 个反应</u>。在这个示例中，答案是"不那么有压力"。

---

[1] 这里是虚指一笔很大的数目。

困境 2：特殊概念与广泛概念

这个困境只出现在现实检验维度。编码员应该按照回应的表面意义进行编码，不要试图对表述的细节进行深入思考。在下面的第 1 个示例中，来访者可能接到了限制令。在第 2 个示例中，来访者可能在加利福尼亚没有地方居住或者没办法生活。在第 3 个示例中，来访者可能不能找到其他工作。这些情况对于编码不会造成影响。编码的任务是在一个<u>比较宽泛的层面上</u>评估某项回应是否能够实现。如果一个回应存在任何实现的机会，那么就将其编码为"现实"。这里的 3 个示例都是现实的。

示例：

"和男朋友吉姆和好。"

"回到加利福尼亚的家。"

"找到其他更满意的工作。"

困境 3：不现实但与临床有关

仅出现在临床作用维度。

示例：

"没有任何压力。"

这个回应会被编码为"不现实"，因为它是不可能实现的。然而它是具有临床作用的（提供了临床相关信息），因为它告诉我们来访者有压力方面的问题，可能在压力应对上存在困难。因此，某项回应在现实检验维度上被编码为"不现实"，不一定意味着它在临床作用维度上属于"未提供临床相关信息"。换言之，一个不现实的回应不一定没有临床价值。

SSF"一件事"编码表

患者编号	取向	现实检验	临床作用
	自我_____ 关系_____ 无法编码_____ 编码信心 1 2 3	现实_____ 不现实_____ 无法编码_____ 编码信心 1 2 3	提供临床相关信息_____ 未提供临床相关信息_____ 无法编码_____ 编码信心 1 2 3
	自我_____ 关系_____ 无法编码_____ 编码信心 1 2 3	现实_____ 不现实_____ 无法编码_____ 编码信心 1 2 3	提供临床相关信息_____ 未提供临床相关信息_____ 无法编码_____ 编码信心 1 2 3
	自我_____ 关系_____ 无法编码_____ 编码信心 1 2 3	现实_____ 不现实_____ 无法编码_____ 编码信心 1 2 3	提供临床相关信息_____ 未提供临床相关信息_____ 无法编码_____ 编码信心 1 2 3
	自我_____ 关系_____ 无法编码_____ 编码信心 1 2 3	现实_____ 不现实_____ 无法编码_____ 编码信心 1 2 3	提供临床相关信息_____ 未提供临床相关信息_____ 无法编码_____ 编码信心 1 2 3
	自我_____ 关系_____ 无法编码_____ 编码信心 1 2 3	现实_____ 不现实_____ 无法编码_____ 编码信心 1 2 3	提供临床相关信息_____ 未提供临床相关信息_____ 无法编码_____ 编码信心 1 2 3
	自我_____ 关系_____ 无法编码_____ 编码信心 1 2 3	现实_____ 不现实_____ 无法编码_____ 编码信心 1 2 3	提供临床相关信息_____ 未提供临床相关信息_____ 无法编码_____ 编码信心 1 2 3
	自我_____ 关系_____ 无法编码_____ 编码信心 1 2 3	现实_____ 不现实_____ 无法编码_____ 编码信心 1 2 3	提供临床相关信息_____ 未提供临床相关信息_____ 无法编码_____ 编码信心 1 2 3
	自我_____ 关系_____ 无法编码_____ 编码信心 1 2 3	现实_____ 不现实_____ 无法编码_____ 编码信心 1 2 3	提供临床相关信息_____ 未提供临床相关信息_____ 无法编码_____ 编码信心 1 2 3
	自我_____ 关系_____ 无法编码_____ 编码信心 1 2 3	现实_____ 不现实_____ 无法编码_____ 编码信心 1 2 3	提供临床相关信息_____ 未提供临床相关信息_____ 无法编码_____ 编码信心 1 2 3

附录 E

CAMS 治疗工作清单

理解自杀倾向

CAMS 治疗工作清单：理解自杀倾向

会谈日期：_____   会谈次数：_____

I. 有关自杀倾向的个人故事

你为什么要自杀？你如何理解自己的自杀倾向？如何理解你和自杀的关系？有关自杀你个人有哪些故事？

_____
_____
_____
_____
_____

II. 自杀驱动力

问题 #2：_____

问题 #3：_____

现在让我们来看看你的自杀倾向背后的因素，我们将其称为"驱动力"。请只填写那些与你自己的自杀经历有关的部分。你的答案可能与你在第 1 次会谈中填写的 SSF 的信息重合。然而为了最准确地反映你个人的自杀经历，在治疗过程中也可能添加新的信息。

导致我想要自杀的"直接驱动力"有哪些？

特定的想法（比如，"如果我死了，大家会过得更好"）

_____
_____
_____

特定的感受（比如，"我感到非常羞愧"）

_____
_____
_____

特定的行为（比如，"当我一整天都在浪费时间的时候"）

_____
_____
_____

特定的主题（比如：人际关系或自我概念的模式）

_____
_____
_____

导致我想要自杀的"间接驱动力"有哪些?

间接驱动力：未必直接引发自杀想法、感受和行为，但对它们的产生有贡献的因素（比如：无家可归、抑郁、物质滥用、创伤后应激障碍、人际隔离）。

_____
_____
_____

Ⅲ. 对自杀的概念化

```
┌─────────────────────┐
│  将自杀作为一个选项  │
└─────────────────────┘
           ↑
┌─────────────────────────────────────────────┐
│   描述进展到下一步的促进因素和阻碍因素      │
│                                             │
│                                             │
└─────────────────────────────────────────────┘
                     ↑
┌─────────────────────────────────────────────┐
│      直接驱动力（将信息誊录于此）           │
│                                             │
│                                             │
└─────────────────────────────────────────────┘
                     ↑
┌─────────────────────────────────────────────┐
│   描述进展到下一步的_促进_因素和_阻碍_因素  │
│                                             │
│                                             │
└─────────────────────────────────────────────┘
                     ↑
┌─────────────────────────────────────────────┐
│      间接驱动力（将信息誊录于此）           │
│                                             │
│                                             │
└─────────────────────────────────────────────┘
```

附录 F

《CAMS 评定量表》

《CAMS 评定量表》

临床工作者：_____ 患者：_____ 会谈日期：_____

资料编号：_____ 评估者：_____ 评估日期：_____

第几次会谈：_____ （ ）录像带（ ）录音带（ ）现场观察

（ ）连续检查（ ）抽查

指导语：CAMS 治疗框架中包含若干个关键因素，这些因素反映在《CAMS 评定量表》的各部分中。在每次会谈中，要在这个 7 级评分量表中对临床工作者进行 0~6 分的评估，并在每题编号后面的横线上记录评分。在每一部分的结尾，你可以针对评分写下反馈意见。

不适用	0	1	2	3	4	5	6
不适用	很差	差	一般	满意	好	很好	极好

第一部分：CAMS 治疗理念

合作

1. ____ 临床工作者对患者的自杀愿望表达了共情。

    0 = 临床工作者对有自杀倾向的患者持评价、控制的态度。

    2 = 临床工作者对自杀愿望采取中立的态度。

    4 = 临床工作者对有自杀倾向的患者表现出非评价性的理解。

    6 = 临床工作者对患者为什么和如何自杀传达出了深深的理解。

2. ____ 所有的评估都是以合作的方式进行，临床工作者和患者双方都非常投入。

    0 = 临床工作者主导评估，会说服或打断患者。

    2 = 临床工作者能在一定程度上让患者参与到评估过程中。

    4 = 临床工作者能有效地让患者参与到互动的评估过程中。

    6 = 临床工作者和患者共同参与评估过程且充分合作，双方都非常投入。

3. ____ 临床工作者和患者共同合作，制订并改进治疗计划，双方都非常投入。

    0 = 临床工作者没有与患者合作来制订治疗计划（例如，没有并肩而坐，或者以指导性的态度告诉患者需要何种治疗）。

    2 = 临床工作者能在一定程度上与患者合作来制订治疗计划，但常常忽视让患者参与。

    4 = 临床工作者始终听取患者的意见，来制订和改进治疗计划。

    6 = 临床工作者使患者充分参与制订治疗计划，双方高度合作。

4. ____ 在会谈中，所有干预措施的选择和改进都是合作式的，由临床工作者和患者充分投入和参与。

    0 = 在治疗干预方面，临床工作者没有让患者参与，或忽视患者的参与。

    2 = 在治疗干预方面，临床工作者能在一定程度上让患者参与进来。

    4 = 临床工作者始终让患者参与并运用患者提供的信息，以合作的方式选择和改进干预措施。

    6 = 临床工作者让患者高度参与并从患者处获得大量信息，以合作的方式选择和改进干预措施。

对临床工作者在"合作"方面进行改进的其他评论、建议和反馈：

_____

_____

_____

聚焦自杀

5. ____ 临床工作者澄清 CAMS 的核心议题，即在必要的时候聚焦于自杀倾向的相关因素；有些因素不会直接或间接导致患者的自杀倾向，那么这些因素虽然重要，但不是当下工作的焦点。

    0 = 临床工作者完全忽视 CAMS 的核心议题，在会谈中聚焦于与自杀倾向无关的因素。

    2 = 临床工作者能在一定程度上承认 CAMS 的核心议题，但没有始终坚持将讨论方向引回到自杀驱动力上。

    4 = 临床工作者澄清了 CAMS 的核心议题，并且建设性地将患者引回到自杀驱动力上。

    6 = 临床工作者切实地澄清了 CAMS 的核心议题，巧妙地将焦点引回到自杀驱动力上。

对临床工作者在"聚焦自杀"方面进行改进的其他评论、建议和反馈：

_____

_____

_____

第二部分：CAMS 临床会谈框架

风险评估

6. ____ 临床工作者与患者双方共同遵守治疗框架，在会谈开始时开展并完成 SSF 的评估。

    * 初始会谈：临床工作者与患者双方共同完成 SSF 的 A 部分和 B 部分。

    ** 后续会谈：临床工作者与患者双方共同完成 SSF 的 A 部分。

0 = 双方在会谈期间一直没有完成 SSF 评估。

2 = 双方完成了 SSF 评估，尽管并不是在会谈开始时开展并完成的。

4 = SSF 评估是在会谈开始时开展的，但可能没有及时完成。

6 = SSF 是在会谈开始时开展并完成的（对于首次会谈而言，会谈开始 5 分钟之内即开展 SSF 评估；在后续会谈中，每次会谈开始时即开展 SSF 评估）。

对临床工作者在"风险评估"方面进行改进的其他评论、建议和反馈：

_____

_____

_____

治疗计划

7. ____ 双方制订并更新一个稳定化计划（如：安全计划、危机应对计划，或 CAMS 稳定化计划），计划的内容包括定期参与治疗会谈、解决治疗障碍、限制自杀手段、减少人际隔离和使用应对卡。

0 = 会谈期间没有制订或更新稳定化计划。

2 = 制订或更新了稳定化计划，但其中的选项在患者经历自杀危机的时候不太可行或不太有效。

4 = 稳定化计划里的选项是很可能有效，不过还需要更详细地进行讨论来充实稳定化计划的细节，以增加其有效的可能性。

6 = 稳定化计划包含了有用的、针对患者的应对方案，这些方案经过了详细讨论，并在后续会谈中根据需要重新讨论和改进。

8. ____ 双方共同识别出与自杀想法和行为最为相关的直接和间接驱动力，并针对驱动力制订治疗计划。

* 直接驱动力：特定的想法（如："如果我死了，大家会过得更好"）、感受（如："我感到非常羞愧"）和行为（如与配偶的人际冲突）。

** 间接驱动力：未必直接引发自杀想法、感受和行为，但会促进它们产生的因素（比如：无家可归、抑郁、物质滥用、创伤后应激障碍、人际隔离）。

0 = 治疗计划没有针对与自杀想法和行为最相关的驱动力。

2 = 治疗计划针对了自杀倾向的若干驱动力，但没有充分重视与患者相关的驱动力。

4 = 治疗计划反映了若干与患者最相关的驱动力。

6 = 治疗计划针对了若干与患者最相关的驱动力，它们对患者的自杀想法、自杀行为有重要影响。

9. ____ 治疗计划中确立了专门针对自杀的、聚焦问题的干预措施，针对患者的自杀想法和行为的驱动力进行治疗。

   * 针对自杀的干预措施包括：消除自杀手段、处理引起自杀的信念，以及减少人际隔离感；任何能够解决与患者自杀想法、自杀行为最相关的想法、感觉和行为的办法。

   0 = 治疗计划中并没有使用针对自杀的干预措施来解决自杀驱动力。

   2 = 治疗计划中使用了针对自杀的干预措施，但针对的是一般性的驱动力，没有充分考虑患者独特的情况。

   4 = 治疗计划中使用了针对自杀的干预措施，但这些干预措施还需要进行进一步调整，以更好地处理患者独特的自杀驱动力。

   6 = 治疗计划中使用了针对自杀的干预措施，且这些干预措施是贴合患者自杀倾向的特定主题和线索，即已经确定的自杀驱动力来制订的。

对临床工作者在"治疗计划"方面进行改进的其他评论、建议和反馈：

_____

_____

_____

<u>干预</u>

10. ____ 会谈使用了专门针对自杀的、聚焦问题的干预措施，目的是针对自杀驱动力进行治疗。

    * 针对自杀的干预措施包括：消除自杀手段、处理引起自杀的信念，以及减少人际隔离感；任何能够解决与患者自杀想法、自杀行为最相关的想法、感觉和行为的办法。

    ** 如果同时使用了 CAMS 治疗工作清单，则有必要在随后的会谈中正确地使用和参考。

    0 = 会谈中的治疗方法没有使用针对自杀的干预措施处理自杀驱动力。

    2 = 会谈中的治疗方法与驱动力有关，但与导致患者想要自杀的驱动力没有明确的联系。

    4 = 会谈中的治疗方法使用了针对自杀的干预措施，但这些干预措施还需要进行进一步调整，以更好地处理患者独特的自杀驱动力。

    6 = 会谈中的治疗方法使用了针对自杀的、符合患者情况的干预措施，它们与患者独特的自杀驱动力紧密相关。

11. ____ **会谈中对希望、生存理由、计划、目标、目的和意义进行了讨论。**

    0 = 会谈中的治疗方法没有涉及希望、生存理由、计划、目标、目的和意义。

    2 = 会谈中的治疗方法简要讨论了希望、生存理由、计划、目标、目的和意义，但并没有使患者充分地参与到讨论中。

4 = 会谈中的治疗方法讨论了希望、生存理由、计划、目标、目的和意义，但临床工作者没有充分地将这些讨论与治疗目标的制订相结合。

6 = 会谈中的治疗方法合作式地讨论了希望、生存理由、计划、目标、目的和意义，并且很好地将这些讨论与治疗目标的制订进行了结合。

对临床工作者在"干预"方面进行改进的其他评论、建议和反馈：

_____

_____

_____

第三部分：CAMS 总体评估

12. ____ 临床工作者对 CAMS 框架的总体遵守情况如何？

0 = 会谈不是合作进行的，或没有聚焦于自杀驱动力；没有遵从评估和治疗方案。

2 = 临床工作者能够完成会谈，但会谈内容很少体现 CAMS 的核心要素。

4 = 临床工作者聚焦于自杀驱动力并且完成了评估与治疗，但会谈中有少部分时间没有聚焦自杀或没有合作进行。

6 = 临床工作者考虑到了 CAMS 的各个方面，在会谈期间始终保持合作并聚焦驱动力，并且卓有成效地使用并完成了评估与治疗方案。

13. ____ 患者对这种治疗模式的接受程度如何？

0 = 患者完全不愿意参与到聚焦自杀驱动力的 CAMS 会谈中。

2 = 患者某种程度上是接受 CAMS 的，但经常试图将对话转移到其他主题上，或者不愿与临床工作者合作地评估和处理自杀驱动力。

4 = 患者愿意参与到 CAMS 模式中，但是需要一些推动才能坚持。

6 = 患者在整个会谈过程中都非常投入，很愿意通过 CAMS 模式讨论并处理自己的自杀倾向。

14. ____ 临床工作者的自在程度如何？

0 = 使用 CAMS 模式讨论患者的自杀倾向时临床工作者是不自在的。

2 = 临床工作者完成了 CAMS 临床框架中最基本的部分，但是在会谈中并没有表现出自发性，其特点是对患者提供的 CAMS 相关信息缺乏后续的提问、探索和讨论。

4 = 整个会谈期间，临床工作者能够自在地实施 CAMS 模式，只是有些时候不确定如何在 CAMS 框架内继续与患者开展工作。

6 = 整个会谈期间，临床工作者都非常自在，能够熟练地掌握 CAMS 理念和临床框架；创造性地使用 CAMS 方法并且愿意承担预期风险，与患者一起充分参与到解决自杀倾向的过程中。

对临床工作者改进的其他评论、建议和反馈：

_____

_____

_____

附录 G

关于 CAMS 的常见问题

关于 CAMS 的常见问题

问题：CAMS 中有太多文案记录工作，可以只用 SSF 的一部分而不是全部问卷吗？

回答：确实有很多文案记录工作，但是大部分是在与患者的会谈中完成的。而且要记得，翔实全面的评估和治疗文档记录最能帮助你规避治疗不当的责任。话虽如此，我知道许多临床工作者只使用 SSF 的特定部分。例如，有些人只用 SSF 初始会谈前两页的评估部分（A 和 B）；有些人不喜欢使用 HIPAA 页而更喜欢使用其他文档记录。整本书中我都在努力强调 CAMS 和 SSF 的灵活性和适应性。从这个意义来讲，我真诚地希望临床工作者使用他们认为合适的任何材料。然而如本书所述，我个人还是认为不管从研究、治疗还是法律责任的角度来看，使用 CAMS 都是最为合适的。我还要补充一点，在最近几年里，我已经不太倾向于认为"CAMS"过程中"怎样做都可以"——如果想让 CAMS 在风险责任方面为你提供支持和保护，你就应该使用完整的 SSF 而不只是其中的某一部分。

问题：我是否可以持续追踪个案的自杀风险，即使患者实际上已经达到了风险解除标准？

回答：当然可以。当患者在实际上已经达到了 CAMS 风险解除标准后，很多临床工作者仍然决定继续进行 CAMS 中期会谈。对于一些案例而言，临床工作者需要多一点时间来确保患者是真的从自杀困境中走了出来。在实践中如何决定取决于临床工作者的判断。

问题：我应该在多大程度上让患者生活中的其他人参与进来，支持 CAMS 稳定化计划和驱动力导向治疗的支持中来？

回答：与所有的临床决定一样，这取决于个案。我个人通常会尽量争取让具有支持作用的他人参与治疗。当然，如果患者是成年人，那么必须要有本人签署的许可才行。有的患者很不愿意将其他人卷入治疗，而有的患者对此则毫不介意。这里更重要的可能是：至少要考虑到重要他人参与的潜在价值。换言之，如果你最终判断让其他人参与并不符合患者的最佳利益，那么记录你对该专业判断的临床决策也很重要。对于儿童来说，父母的参与通常是必需的，程度的多少取决于你对如何做符合孩子最佳利益的判断。

问题：CAMS 不适合多少岁以下的患者？

回答：我使用这个方法治疗过的最小患者是 12 岁。然而，CAMS 也曾被用于治疗 5 岁的孩子（Anderson et al., 2016）。在这样的个案中，临床工作者也许需要使用儿童能够听懂的语言，更加积极直接地解释SSF中的条目。对于认知能力有限的患者来说也是如此。只要临床工作者能够耐心地进行这个过程，并以更仔细的方式努力澄清SSF的条目，那就没有理由认为CAMS不能够用于更广泛范围的自杀患者。

问题：如果患者不让你比肩而坐怎么办？

回答：在一些个案中，身体边界的问题可能让CAMS推荐的比肩而坐无法实施。当患者拒绝我们移动座位的时候，我们应该对此表示理解和尊重，而不能强迫患者。在这样的案例中，CAMS可以面对面地进行，双方轮流填写不同的部分。意识到比肩而坐的治疗价值的同时，我对其可能带来的不适也非常敏感。我们应该始终维护并尊重患者在这件事上的意愿，同时提倡合作的价值，而不是冒险进入对抗性的关系中。

问题：我有一个已经工作了几年的个案，现在我们完全陷入困境了，我们在自杀这个问题上一直存在争议。我真的能在这个时候引入CAMS吗，它会有帮助吗？

回答：是的，你可以。我曾经有3个长程的个案，他们的治疗计划都需要做出重大调整，尤其是在自杀的议题上。我建议就此彻底地重新审视整个治疗方案。就这一点而言，你可以提出一种新的方法，也就是CAMS，这可能会给你们的治疗带来一个全新的开始，并可能让你们用不同于以往的方式处理自杀问题。我经常听说一些临床工作者学习了CAMS之后将其用在类似的案例中。他们通常都会告诉我患者对CAMS很感兴趣，也很投入。此外，这些长程患者经常对治疗师"重启"治疗的努力表示赞赏。

问题：CAMS太耗时了，我该如何把它运用到我繁忙的临床工作日程中呢？

回答：CAMS确实会花费多点时间，尤其是当你第1次学习使用它时。但是随着熟悉和反复使用，就会变得更加容易和快速。许多循证治疗方法都会多花一点时间。考虑到自杀事关生死，我认为如果能够挽救一个生命，这些额外的时间是值得的。

问题：我喜欢CAMS，但是我工作的机构必须使用电子记录。而SSF是纸质版的，我该怎么办呢？

回答：目前的做法是把SSF扫描到你的电子记录里，或者把你的SSF文件作为"心理治疗记录"单独存放（根据HIPAA规定的保密条例），同时在你的电子治疗记录中写明你使用了CAMS。目前我们正在努力为SSF电子版的开发进行临床研究，但我们知道电子版并不等同于纸质版。因此，在必要的研究验证SSF电子版的有效性之前，我们提倡使用纸质版。

问题：我能够对精神患者使用CAMS吗？

回答：通常我都会说CAMS在患者头脑混乱时是无效的。但是近几年我看到许多临床工作者对患有严重心理或精神疾病的患者成功地使用了CAMS。因此可以试一试，如果没有效果，那就换个方法。

附录 H

填写 CAMS

以比尔为例

CAMS 的 SSF-4 评估与治疗计划（初始会谈）——第 1 次

患者：比尔　　　　临床工作者：　DJ　　　日期：　　　　　　时间：　　　　　

A 部分（患者）：
请根据你现在的感觉，对下列各条目进行评估并填写相应的内容。然后按照条目对你的重要程度，用 1~5 进行排序。

排序（1 表示最重要，5 表示最不重要）。

排序	评估项目
3	1. 评估心理痛苦程度（心中的伤痛/苦恼/不幸；<u>不是</u>压力；<u>不是</u>生理痛苦）： 　　　　痛苦程度低：1　2　3　4　⑤　：痛苦程度高 我觉得最痛苦的是：_我的生活，我的婚姻_
4	2. 评估应激程度（总体上的压迫感或超出负荷的感觉）： 　　　　应激程度低：1　2　3　④　5　：应激程度高 我觉得应激最大的是：_所有的事情_
5	3. 评估激越程度（情绪上的急迫感/感觉需采取行动；<u>不是</u>生气；<u>不是</u>烦恼）： 　　　　激越程度低：1　2　③　4　5　：激越程度高 我觉得必须要采取行动的时候是：_和妻子吵架以后_
1	4. 评估绝望感程度（觉得无论自己做什么，事情都不会好转）： 　　　　绝望感低：1　2　3　4　⑤　：绝望感高 最让我感到绝望的是：_生活的意义_
2	5. 评估自我厌恶程度（总体上感觉不喜欢自己/没有自尊/无法自重）： 　　　　自我厌恶感低：1　2　3　4　⑤　：自我厌恶感高 我觉得最讨厌自己的部分是：_我感觉自己被困住了_
不适用	6. 评估总体自杀风险：　风险极低：1　2　③　4　5　：风险极高 　　　　　　　　　　　（不会自杀）　　　　　　　　　　（会自杀）

1) 自杀念头与你对<u>自己</u>的想法和感觉有多大关系？　完全无关：1　2　3　4　⑤　：完全有关
2) 自杀念头与你对<u>他人</u>的想法和感觉有多大关系？　完全无关：1　2　3　4　⑤　：完全有关

请列出你想要活下去的理由和想要死的理由，然后按重要程度用 1~5 排序。

排序	生存理由	排序	死亡理由
1	妻子	3	妻子和孩子们
2	孩子们	1	被困住、想逃避
		2	我是个失败者
		4	痛苦

我想要活下去的程度：　　完全不想：0　1　②　3　4　5　6　7　8　：非常想
我想要死的程度：　　　　完全不想：0　1　2　3　4　5　⑥　7　8　：非常想
让我感觉不再想自杀的一件事是：_解脱出来——摆脱受困的处境_

B 部分（临床工作者）：

(有) 无	自杀意念	描述：大多数是晚上，睡觉之前	

- 频率　　　2~3 次每天　　　____每周　　　____每月
- 持续时间　　　____秒　　　30 分钟　　　2 小时

(有) 无　自杀计划　　时间：晚上，深夜的时候
　　　　　　　　　　地点：在他家里的书房
　　　　　　　　　　方法：枪射击脑门　　　是否有可用的手段：(是) 否
　　　　　　　　　　方法：____　　　　　　是否有可用的手段：是 否

(有) 无　自杀准备　　描述：已经草拟了遗书
(有) 无　自杀演练　　描述：曾拿枪指向头部
有 (无)　自杀尝试史
- 尝试一次　　描述：不适用
- 尝试多次　　描述：不适用

有 (无)　冲动性　　　描述：没有人说我是容易冲动的
(有) 无　物质滥用　　描述：酗酒——之前有过清醒的时期
有 (无)　重大丧失　　描述：不适用
(有) 无　关系问题　　描述：人际退缩／婚姻问题
(有) 无　成为他人累赘　描述：我不在了他们会更好
有 (无)　健康问题与生理疼痛　描述：不适用
(有) 无　睡眠问题　　描述：经常失眠——有睡眠障碍史
(有) 无　法律与财务问题　描述：没有法律问题，但有经济上的压力
(有) 无　羞耻感　　　描述：失败者——我真失败

C 部分（临床工作者）：　　　　　治疗计划

问题 #	问题描述	目标和目的	干预方案	治疗时长
1	自我伤害的风险	安全和稳定	稳定化计划已完成 ☑	3 个月
2	婚姻失败	挽救婚姻 改善沟通	伴侣治疗、领悟治疗、认知行为治疗、行为激活治疗	3 个月
3	绝望感	提升希望	虚拟希望工具箱，阅读《选择活下去》	3 个月

是 ✓　否____　患者是否了解并同意治疗计划？
是____ 否 ✓　患者是否有即刻的自杀危险（需要住院治疗）？

_____　　　　　　　_____
患者签名　　　　　日期　　　　　　　临床工作者签名　　　　日期

CAMS 稳定化计划

采取以下办法减少获得致命手段的机会：

1. 把枪交给我哥哥，我会在晚上9点前给他留语音信息
2. 减少饮酒或者考虑参加嗜酒者互诫协会
3. _____

当我处于自杀危机之中，我能采取的其他应对办法（可将这一条视为危机卡）：

1. 遛狗
2. 观看体育娱乐节目
3. 出去打篮球
4. 写日记
5. 试着与妻子或孩子聊天
6. 生死危急时刻的联络电话：555-123-4567 DJ 办公室　DJ 的手机号
   生命热线 800-273-TALK

我可以寻求帮助的人，或能让我减轻疏离感的人：

1. 我的哥哥
2. 我的邻居弗雷德
3. _____

按约定时间出席治疗：

　　　　潜在的困难：　　　　　　　　我会尝试的解决办法：

1. 我会来的　　　　　　　　　　　（不适用）
2. _____

D 部分（临床工作者在会谈结束后评估）：

精神状态检查（圈选适当的项目）：

意识： （清晰） 瞌睡 昏睡 昏迷
其他：_____

定向感： （人）（地点）（时间）（评估的原因）

心境： （平稳） 高涨 烦躁不安 激越 愤怒

情感： 淡漠 迟钝 受限 （适切） 不稳定

思维连贯性： （清晰且连贯） 目标导向 离题 病理性赘述
其他：_____

思维内容： （正常） 强迫观念 妄想 牵连观念 怪异 病态
其他：_____

抽象思维能力： （正常） 过于具体化
其他：_____

语言： （正常） 快速 缓慢 口齿不清 贫乏 不连贯
其他：_____

记忆力： （基本完整）
其他：_____

现实检验： （正常）
其他：_____

值得注意的行为表现： 大致配合，谈到枪的问题时比较烦躁

诊断印象 / 诊断（DSM/ICD 诊断）：

　　待确诊
　　排除重度抑郁障碍和广泛性焦虑障碍
　　监控饮酒和失眠

患者的总体自杀风险水平（选择一个并说明）：

☐ 轻度（想活的程度 / 活下去的理由）　　说明：
☑ 中度（矛盾）　　风险相当高，但可以接受 CAMS 治疗，把枪放到哥哥
☐ 重度（想死的程度 / 死的理由）　　那里可以降低风险

个案记录：

比尔 50 岁，白人，男性，抱怨婚姻不幸和绝望感。心理健康服务依从性较差。当前心情低落而且酗酒。他同意把枪送走并愿意尝试 CAMS 治疗。考虑进行伴侣治疗，可能还会考虑药物治疗、认知行为治疗和行为激活。

下次会谈时间：_____　　治疗模式：_____

_____
临床工作者签名　　　　　　日期

CAMS 的 SSF-4 追踪与更新（中期会谈）——第 2 次

患者：比尔　　　临床工作者：　DJ　　　日期：　　　　　时间：

A 部分（患者）：
请根据你现在的感觉，评定并完成下列各题。

1. 评估心理痛苦程度（心中的伤痛/苦恼/不幸；**不是**压力；**不是**生理痛苦）： 　　　　痛苦程度低：　1　2　3　④　5　：痛苦程度高
2. 评估应激程度（总体上的压迫感或超出负荷的感觉）： 　　　　应激程度低：　1　2　3　④　5　：应激程度高
3. 评估激越程度（情绪上的急迫感/感觉需采取行动；**不是**生气；**不是**烦恼）： 　　　　激越程度低：　1　②　3　4　5　：激越程度高
4. 评估绝望感程度（觉得无论自己做什么，事情都不会好转）： 　　　　绝望感低：　1　2　3　④　5　：绝望感高
5. 评估自我厌恶程度（总体上感觉不喜欢自己/没有自尊/无法自重）： 　　　　自我厌恶感低：　1　2　3　④　5　：自我厌恶感高
6. 评估总体自杀风险：　　风险极低：　1　②　3　4　5　：风险极高 　　　　　　　　　　　（不会自杀）　　　　　　　　　（会自杀）

过去一周内：
自杀想法/感受　有 ✓　无 ___　　能够管控自杀想法/感受　是 ✓　否 ___　　自杀行为　有 ___　无 ✓

B 部分（临床工作者）： 满足以下条件时，认为自杀风险解除：当前总体自杀风险<3；过去一周内无自杀行为，且能有效管控自杀想法/感受　　☑ 第 1 次会谈　　☐ 第 2 次会谈
** 若在连续 3 次会谈中自杀风险均已解除，则完成 **SSF 结果问卷** **

患者状态：　　　　　　　　　　治疗计划更新
☐ 中断治疗　　☐ 缺席　　☐ 取消　　☐ 住院　　☑ 转介/其他：药物治疗 + 伴侣治疗

问题 #	问题描述	目标和目的	干预方案	治疗时长
1	自我伤害的风险	安全和稳定	稳定化计划已完成 ☑	3 个月
2	婚姻问题	挽救婚姻 改善沟通	建议伴侣治疗	3 个月
3	绝望感	提升希望	阅读"希望工具箱"， 阅读《选择活下来》	3 个月

_____　　　　_____
患者签名　　　　　　　　日期　　　　　临床工作者签名　　　　　　日期

C 部分（临床工作者在会谈结束后评估）：

精神状态检查（圈选适当的项目）：

- 意识：　　　　　　　（清晰）　瞌睡　　昏睡　　昏迷
  其他：_____

- 定向感：　　　　　　（人）　（地点）　（时间）　（评估的原因）

- 心境：　　　　　　　（平稳）　高涨　　烦躁不安　　激越　　愤怒

- 情感：　　　　　　　淡漠　　迟钝　　受限　　（适切）　不稳定

- 思维连贯性：　　　　（清晰且连贯）　目标导向　　离题　　病理性赘述
  其他：_____

- 思维内容：　　　　　（正常）　强迫观念　　妄想　　牵连观念　　怪异　　病态
  其他：_____

- 抽象思维能力：　　　（正常）　过于具体化
  其他：_____

- 语言：　　　　　　　（正常）　快速　　缓慢　　口齿不清　　贫乏　　不连贯
  其他：_____

- 记忆力：　　　　　　（基本完整）
  其他：_____

- 现实检验：　　　　　（正常）
  其他：_____

- 值得注意的行为表现：整体有好转——变冷静了

诊断印象/诊断（DSM/ICD 诊断）：

重度抑郁障碍——复发

酒精滥用

_____

患者的总体自杀风险水平（选择一个并说明）：

☐ 轻度（想活的程度/活下去的理由）　　　说明：
☑ 中度（矛盾）　　　　　　　　　　　　 积极了一些，对伴侣治疗的前景抱有希望
☐ 重度（想死的程度/死的理由）　　　　　_____

个案记录：

比尔整体有所好转，他报告自己不再酗酒，开始参加嗜酒者互诚协会的活动，已经开始使用稳定化计划里的应对技巧，睡眠得到轻微改善，愿意考虑进行药物治疗方面的咨询。

_____

下次会谈时间：_____　　治疗模式：CAMS + 伴侣治疗 + 药物治疗

_____
临床工作者签名　　　　　　日期

CAMS 的 SSF-4 追踪与更新（中期会谈）——第 3 次

患者：比尔　　　　临床工作者：　DJ　　　日期：　　　　　　时间：　　　　　

A 部分（患者）：
请根据你现在的感觉，评定并完成下列各题。

1. 评估心理痛苦程度（心中的伤痛/苦恼/不幸；**不是**压力；**不是**生理痛苦）：
   　　　　痛苦程度低：　1　2　③　4　5　：痛苦程度高

2. 评估应激程度（总体上的压迫感或超出负荷的感觉）：
   　　　　应激程度低：　1　②　3　4　5　：应激程度高

3. 评估激越程度（情绪上的急迫感/感觉需采取行动；**不是**生气；**不是**烦恼）：
   　　　　激越程度低：　1　②　3　4　5　：激越程度高

4. 评估绝望感程度（觉得无论自己做什么，事情都不会好转）：
   　　　　绝望感低：　1　2　③　4　5　：绝望感高

5. 评估自我厌恶程度（总体上感觉不喜欢自己/没有自尊/无法自重）：
   　　　　自我厌恶感低：　1　2　③　4　5　：自我厌恶感高

6. 评估总体自杀风险：　　风险极低：①　2　3　4　5　：风险极高
   　　　　　　　　　　　（不会自杀）　　　　　　　　　（会自杀）

过去一周内：

自杀想法/感受　有 ✓　无＿＿　　能够管控自杀想法/感受　是 ✓　否＿＿　　自杀行为　有＿＿　无 ✓

B 部分（临床工作者）： 满足以下条件时，认为自杀风险解除：当前总体自杀风险<3；过去一周内无自杀行为，且能有效管控自杀想法/感受　　□ 第 1 次会谈　　☑ 第 2 次会谈
** 若在连续 3 次会谈中自杀风险均已解除，则完成 **SSF 结果问卷** **

患者状态：　　　　　　　　　　　　治疗计划更新
□ 中断治疗　　□ 缺席　　□ 取消　　□ 住院　　☑ 转介/其他：*伴侣治疗*

问题 #	问题描述	目标和目的	干预方案	治疗时长
1	自我伤害的风险	安全和稳定	稳定化计划已完成 ☑	3 个月
2	婚姻问题	解决婚姻中的沟通问题	伴侣治疗 认知行为治疗/领悟治疗	3 个月
3	绝望感	提升希望	手机里的虚拟希望工具箱，《选择活下来》	3 个月

＿＿＿＿＿＿＿＿＿＿＿＿＿＿＿＿　　　　　　　　＿＿＿＿＿＿＿＿＿＿＿＿＿＿＿＿
患者签名　　　　　　　　　日期　　　　　　　临床工作者签名　　　　　　日期

C 部分（临床工作者在会谈结束后评估）：

精神状态检查（圈选适当的项目）：

意识： (清晰)　瞌睡　昏睡　昏迷
其他：_____

定向感： (人) (地点) (时间) (评估的原因)

心境： (平稳)　高涨　烦躁不安　激越　愤怒

情感： 淡漠　迟钝　受限　(适切)　不稳定

思维连贯性： (清晰且连贯)　目标导向　离题　病理性赘述
其他：_____

思维内容： (正常)　强迫观念　妄想　牵连观念　怪异　病态
其他：_____

抽象思维能力： (正常)　过于具体化
其他：_____

语言： (正常)　快速　缓慢　口齿不清　贫乏　不连贯
其他：_____

记忆力： (基本完整)
其他：_____

现实检验： (正常)
其他：_____

值得注意的行为表现： 继续好转

诊断印象 / 诊断（DSM/ICD 诊断）：
重度抑郁障碍——复发
酒精滥用——自我报告有3周没喝酒了

患者的总体自杀风险水平（选择一个并说明）：

☑ 轻度（想活的程度 / 活下去的理由）　　说明：
☐ 中度（矛盾）　　能够很好地遵从 CAMS，对伴侣治疗感觉良好，开始
☐ 重度（想死的程度 / 死的理由）　　服用抗抑郁药

个案记录：
比尔有明显好转——他参加嗜酒者互诚协会活动并且找到了互助对象，很乐于接受伴侣治疗，会在手机上使用虚拟希望工具箱应对自己的绝望感，阅读《选择活下来》同时每晚都写日记。

下次会谈时间：_____　　治疗模式：药物治疗 + 伴侣治疗

_____
临床工作者签名　　　　　日期

CAMS 的 SSF-4 追踪与更新（中期会谈）——第 4 次

患者：比尔　　　临床工作者：　DJ　　　日期：　　　　　时间：　　　　

A 部分（患者）：
请根据你现在的感觉，评定并完成下列各题。

1. 评估心理痛苦程度（心中的伤痛/苦恼/不幸；**不是**压力；**不是**生理痛苦）：
   痛苦程度低：　1　2　3　4　**(5)**　：痛苦程度高
2. 评估应激程度（总体上的压迫感或超出负荷的感觉）：
   应激程度低：　1　2　3　4　**(5)**　：应激程度高
3. 评估激越程度（情绪上的急迫感/感觉需采取行动；**不是**生气；**不是**烦恼）：
   激越程度低：　1　2　3　**(4)**　5　：激越程度高
4. 评估绝望感程度（觉得无论自己做什么，事情都不会好转）：
   绝望感低：　1　2　3　4　**(5)**　：绝望感高
5. 评估自我厌恶程度（总体上感觉不喜欢自己/没有自尊/无法自重）：
   自我厌恶感低：　1　2　3　4　**(5)**　：自我厌恶感高
6. 评估总体自杀风险：　风险极低：　1　2　**(3)**　4　5　：风险极高
   　　　　　　　　　　（不会自杀）　　　　　　　　　　（会自杀）

过去一周内：
自杀想法/感受　有 ✓　无 ___　　能够管控自杀想法/感受　是 ___　否 ✓　　自杀行为　有 ✓　无 ___

B 部分（临床工作者）： 满足以下条件时，认为自杀风险解除：当前总体自杀风险<3；过去一周内无自杀行为，且能有效管控自杀想法/感受　☐ 第 1 次会谈　　☐ 第 2 次会谈
** 若在**连续** 3 次会谈中自杀风险均已解除，则完成 **SSF 结果问卷** **

患者状态：　　　　　　　　　　　　　治疗计划更新
☐ 中断治疗　　☐ 缺席　　☐ 取消　　☐ 住院　　☑ 转介/其他：药物治疗 + 伴侣治疗

问题 #	问题描述	目标和目的	干预方案	治疗时长
1	自我伤害的风险	安全和稳定	已更新已修订 稳定化计划已完成 ☑	3 个月
2	与妻子间的背叛和信任	应对背叛问题 增加妻子的信任	伴侣治疗 领悟取向的心理治疗	3 个月
3	绝望感 + 自尊	提升希望 改善自尊	认知行为治疗家庭作业 领悟取向的心理治疗	3 个月

患者签名　　　　　　　　日期　　　　　　　临床工作者签名　　　　　　　日期

C 部分（临床工作者在会谈结束后评估）：
精神状态检查（圈选适当的项目）：

意识： (清晰)　瞌睡　昏睡　昏迷
其他：_____

定向感： (人) (地点) (时间) (评估的原因)
心境： 平稳　高涨　烦躁不安　(激越)　愤怒
情感： 淡漠　迟钝　受限　适切　(不稳定)
思维连贯性： (清晰且连贯)　目标导向　离题　病理性赘述
其他：_____

思维内容： (正常)　强迫观念　妄想　牵连观念　怪异　病态
其他：_____

抽象思维能力： (正常)　过于具体化
其他：_____

语言： 正常　(快速)　缓慢　口齿不清　贫乏　不连贯
其他：_____

记忆力： (基本完整)
其他：_____

现实检验： (正常)
其他：_____

值得注意的行为表现： 危机阶段——比尔状态很糟

诊断印象 / 诊断（DSM/ICD 诊断）：
重度抑郁障碍
酒精滥用

患者的总体自杀风险水平（选择一个并说明）：
☐ 轻度（想活的程度 / 活下去的理由）　　说明：
☐ 中度（矛盾）　　在伴侣治疗中披露了背着妻子出轨的行为，并提到
☒ 重度（想死的程度 / 死的理由）　　在加拿大有一个私生女。

个案记录：
此次会谈非常困难。比尔在伴侣治疗中"投下一枚炸弹"，他承认自己有长达20年的外遇并生有一女，母亲和女儿现在都生活在加拿大，妻子很痛苦但同意继续伴侣治疗，他在网上寻找致命药物被发现，之后他依照CAMS稳定化计划给我打了电话。

下次会谈时间：_____　　治疗模式：是否入院治疗待定
　　　　　　　　　　　　　　　　　　　药物治疗 + 伴侣治疗

临床工作者签名　　　　　日期

CAMS 的 SSF-4 追踪与更新（中期会谈）——第 5 次

患者：__比尔__ 临床工作者：__DJ__ 日期：_____ 时间：_____

A 部分（患者）：
请根据你现在的感觉，评定并完成下列各题。

1. 评估心理痛苦程度（心中的伤痛／苦恼／不幸；**不是**压力；**不是**生理痛苦）：
   痛苦程度低： 1 2 ③ 4 5 ：痛苦程度高
2. 评估应激程度（总体上的压迫感或超出负荷的感觉）：
   应激程度低： 1 2 ③ 4 5 ：应激程度高
3. 评估激越程度（情绪上的急迫感／感觉需采取行动；**不是**生气；**不是**烦恼）：
   激越程度低： 1 2 ③ 4 5 ：激越程度高
4. 评估绝望感程度（觉得无论自己做什么，事情都不会好转）：
   绝望感低： 1 2 3 ④ 5 ：绝望感高
5. 评估自我厌恶程度（总体上感觉不喜欢自己／没有自尊／无法自重）：
   自我厌恶感低： 1 2 3 ④ 5 ：自我厌恶感高
6. 评估总体自杀风险： 风险极低： 1 2 ③ 4 5 ：风险极高
   （不会自杀） （会自杀）

过去一周内：

自杀想法／感受 有 ✓ 无 ___ 能够管控自杀想法／感受 是 ___ 否 ✓ 自杀行为 有 ___ 无 ✓

B 部分（临床工作者）： 满足以下条件时，认为自杀风险解除：当前总体自杀风险 <3；过去一周内无自杀行为，且能有效管控自杀想法／感受 ☐ 第 1 次会谈 ☐ 第 2 次会谈
** 若在连续 3 次会谈中自杀风险均已解除，则完成 SSF 结果问卷 **

患者状态： 治疗计划更新
☐ 中断治疗 ☐ 缺席 ☐ 取消 ☐ 住院 ☑ 转介／其他：_药物治疗 + 伴侣治疗_

问题 #	问题描述	目标和目的	干预方案	治疗时长
1	自我伤害的风险	安全和稳定	稳定化计划已完成 ☑	3 个月
2	妻子的信任	增强信任	"约会之夜" 6 个月行为约定	3 个月
3	自我感知	提高自尊	针对个人史开展工作 + 认知行为治疗	3 个月

_____ _____ _____ _____
患者签名 日期 临床工作者签名 日期

C 部分（临床工作者在会谈结束后评估）：

精神状态检查（圈选适当的项目）：

- 意识： (清晰)　瞌睡　昏睡　昏迷
  其他：_____
- 定向感： (人) (地点) (时间) (评估的原因)
- 心境： (平稳)　高涨　烦躁不安　激越　愤怒
- 情感： 淡漠　迟钝　受限　(适切)　不稳定
- 思维连贯性： (清晰且连贯)　目标导向　离题　病理性赘述
  其他：_____
- 思维内容： (正常)　强迫观念　妄想　牵连观念　怪异　病态
  其他：_____
- 抽象思维能力： (正常)　过于具体化
  其他：_____
- 语言： (正常)　快速　缓慢　口齿不清　贫乏　不连贯
  其他：_____
- 记忆力： (基本完整)
  其他：_____
- 现实检验： (正常)
  其他：_____
- 值得注意的行为表现： 平静下来了，脱离了危机

诊断印象 / 诊断（DSM/ICD 诊断）：

重度抑郁障碍

酒精滥用

_____

患者的总体自杀风险水平（选择一个并说明）：

- ☐ 轻度（想活的程度 / 活下去的理由）
- ☑ 中度（矛盾）
- ☐ 重度（想死的程度 / 死的理由）

说明：比上次治疗有好转，在伴侣治疗中集中处理婚姻不忠问题

个案记录：

比尔和妻子看起来愿意通过伴侣治疗解决问题，他们通过 6 个月的行为约定重建信任。比尔在妻子知道自己的"秘密"后如释重负，她也愿意给他 6 个月的时间重新证明自己。把自尊作为新的问题和驱动力直接应对。

_____

下次会谈时间：_____　　治疗模式：药物治疗 + 伴侣治疗

_____

临床工作者签名　　　　　日期

CAMS 的 SSF-4 追踪与更新（中期会谈）——第 6 次

患者：比尔　　　临床工作者：　DJ　　　日期：　　　　时间：　　　

A 部分（患者）：
请根据你现在的感觉，评定并完成下列各题。

1. 评估心理痛苦程度（心中的伤痛/苦恼/不幸；<u>不是</u>压力；<u>不是</u>生理痛苦）：
   痛苦程度低： 1 ② 3 4 5 ：痛苦程度高

2. 评估应激程度（总体上的压迫感或超出负荷的感觉）：
   应激程度低： 1 ② 3 4 5 ：应激程度高

3. 评估激越程度（情绪上的急迫感/感觉需采取行动；<u>不是</u>生气；<u>不是</u>烦恼）：
   激越程度低： ① 2 3 4 5 ：激越程度高

4. 评估绝望感程度（觉得无论自己做什么，事情都不会好转）：
   绝望感低： 1 2 ③ 4 5 ：绝望感高

5. 评估自我厌恶程度（总体上感觉不喜欢自己/没有自尊/无法自重）：
   自我厌恶感低： 1 2 ③ 4 5 ：自我厌恶感高

6. 评估总体自杀风险： 风险极低： 1 ② 3 4 5 ：风险极高
   （不会自杀）　　　　　　　　（会自杀）

过去一周内：

自杀想法/感受　有 ✓ 无 ___　　能够管控自杀想法/感受　是 ✓ 否 ___　　自杀行为　有 ___ 无 ✓

B 部分（临床工作者）： 满足以下条件时，认为自杀风险解除：当前总体自杀风险<3；过去一周内无自杀行为，且能有效管控自杀想法/感受　☑ 第 1 次会谈　☐ 第 2 次会谈
** 若在连续 3 次会谈中自杀风险均已解除，则完成 SSF 结果问卷 **

患者状态：　　　　　　　　　治疗计划更新
☐ 中断治疗　　☐ 缺席　　☐ 取消　　☐ 住院　　☑ 转介/其他：药物治疗 + 伴侣治疗

问题 #	问题描述	目标和目的	干预方案	治疗时长
1	自我伤害的风险	安全和稳定	稳定化计划已完成 ☑	3 个月
2	妻子的信任	增强信任	6 个月约定 伴侣治疗 领悟取向的工作	3 个月
3	对自己的感觉	增强自爱和自怜	写日记 认知行为治疗家庭作业	3 个月

_____　　　　　　_____
患者签名　　　　　　　日期　　　　　临床工作者签名　　　　　日期

C 部分（临床工作者在会谈结束后评估）：

精神状态检查（圈选适当的项目）：

- 意识：　　　　　　**（清晰）**　瞌睡　　昏睡　　昏迷
  - 其他：_____
- 定向感：　　　　　**（人）（地点）（时间）（评估的原因）**
- 心境：　　　　　　**（平稳）**　高涨　　烦躁不安　　激越　　愤怒
- 情感：　　　　　　淡漠　　迟钝　　受限　　适切　　不稳定
- 思维连贯性：　　　**（清晰且连贯）**　目标导向　　离题　　病理性赘述
  - 其他：_____
- 思维内容：　　　　**（正常）**　强迫观念　　妄想　　牵连观念　　怪异　　病态
  - 其他：_____
- 抽象思维能力：　　**（正常）**　过于具体化
  - 其他：_____
- 语言：　　　　　　**（正常）**　快速　　缓慢　　口齿不清　　贫乏　　不连贯
  - 其他：_____
- 记忆力：　　　　　**（基本完整）**
  - 其他：_____
- 现实检验：　　　　**（正常）**
  - 其他：_____
- 值得注意的行为表现：　表现出一点希望，情绪也更好了

诊断印象 / 诊断（DSM/ICD 诊断）：

重度抑郁障碍
酒精滥用
_____

患者的总体自杀风险水平（选择一个并说明）：

- ☑ 轻度（想活的程度 / 活下去的理由）
- ☐ 中度（矛盾）
- ☐ 重度（想死的程度 / 死的理由）

说明：
感觉他好像与妻子有了"第2次机会"，过去一周中只有一次自杀闪念。

个案记录：
比尔在好转，感觉自己的婚姻有望被挽救。情绪有好转，继续参加嗜酒者互诚协会并与互助对象协作。比尔喜欢写日记而且发现行为约定对重新赢得妻子信任很有帮助。他似乎变得更有希望了。

下次会谈时间：_____　　治疗模式：_____

临床工作者签名_____　　日期_____

CAMS 的 SSF-4 追踪与更新（中期会谈）——第 7 次

患者：比尔　　　临床工作者：　DJ　　　日期：　　　　　时间：　　　　　

A 部分（患者）：
请根据你<u>现在</u>的感觉，评定并完成下列各题。

1. 评估心理痛苦程度（心中的伤痛 / 苦恼 / 不幸；<u>不是</u>压力；<u>不是</u>生理痛苦）： 　　　　　　痛苦程度低：　1　②　3　4　5　：痛苦程度高
2. 评估应激程度（总体上的压迫感或超出负荷的感觉）： 　　　　　　应激程度低：　①　2　3　4　5　：应激程度高
3. 评估激越程度（情绪上的急迫感 / 感觉需采取行动；<u>不是</u>生气；<u>不是</u>烦恼）： 　　　　　　激越程度低：　①　2　3　4　5　：激越程度高
4. 评估绝望感程度（觉得无论自己做什么，事情都不会好转）： 　　　　　　绝望感低：　1　②　3　4　5　：绝望感高
5. 评估自我厌恶程度（总体上感觉不喜欢自己 / 没有自尊 / 无法自重）： 　　　　　　自我厌恶感低：　1　②　3　4　5　：自我厌恶感高
6. 评估总体自杀风险：　风险极低：　①　2　3　4　5　：风险极高 　　　　　　　　　　　（不会自杀）　　　　　　　　　　（会自杀）

过去一周内：
自杀想法 / 感受　有＿＿无　✓　　　能够管控自杀想法 / 感受　是　✓　否＿＿　　　自杀行为　有＿＿无　✓

B 部分（临床工作者）： 满足以下条件时，认为自杀风险解除：当前总体自杀风险<3；过去一周内无自杀行为，且能有效管控自杀想法 / 感受　　☐ 第 1 次会谈　　☑ 第 2 次会谈 ** 若在<u>连续</u> 3 次会谈中自杀风险均已解除，则完成 **SSF 结果问卷** **

<u>患者状态：</u>　　　　　　　　　　　治疗计划更新
☐ 中断治疗　　☐ 缺席　　☐ 取消　　☐ 住院　　☑ 转介 / 其他：药物治疗 + 伴侣治疗

问题 #	问题描述	目标和目的	干预方案	治疗时长
1	自我伤害的风险	安全和稳定	稳定化计划已完成 ☑	3 个月
2	婚姻中的信任	成为值得信赖的人	伴侣治疗 领悟取向的心理治疗	3 个月
3	自尊感	增强自爱和自怜	写日记 领悟取向的心理治疗	3 个月

＿＿＿＿＿＿＿＿＿＿＿＿＿＿＿＿＿　　　＿＿＿＿＿＿＿＿＿＿＿＿＿＿＿＿＿
患者签名　　　　　　　日期　　　　　　临床工作者签名　　　　　　　日期

C 部分（临床工作者在会谈结束后评估）：

精神状态检查（圈选适当的项目）：

意识： **(清晰)** 瞌睡 昏睡 昏迷
其他：＿＿＿＿＿＿＿＿＿＿＿＿＿＿＿＿＿＿＿＿＿＿

定向感： **(人) (地点) (时间) (评估的原因)**

心境： **(平稳)** 高涨 烦躁不安 激越 愤怒

情感： 淡漠 迟钝 受限 **(适切)** 不稳定

思维连贯性： **(清晰且连贯)** 目标导向 离题 病理性赘述
其他：＿＿＿＿＿＿＿＿＿＿＿＿＿＿＿＿＿＿＿＿＿＿

思维内容： **(正常)** 强迫观念 妄想 牵连观念 怪异 病态
其他：＿＿＿＿＿＿＿＿＿＿＿＿＿＿＿＿＿＿＿＿＿＿

抽象思维能力： **(正常)** 过于具体化
其他：＿＿＿＿＿＿＿＿＿＿＿＿＿＿＿＿＿＿＿＿＿＿

语言： **(正常)** 快速 缓慢 口齿不清 贫乏 不连贯
其他：＿＿＿＿＿＿＿＿＿＿＿＿＿＿＿＿＿＿＿＿＿＿

记忆力： **(基本完整)**
其他：＿＿＿＿＿＿＿＿＿＿＿＿＿＿＿＿＿＿＿＿＿＿

现实检验： **(正常)**
其他：＿＿＿＿＿＿＿＿＿＿＿＿＿＿＿＿＿＿＿＿＿＿

值得注意的行为表现： 整体上有非常明显的好转

诊断印象/诊断（DSM/ICD 诊断）：
重度抑郁障碍
酒精滥用

患者的总体自杀风险水平（选择一个并说明）：

☑ 轻度（想活的程度/活下去的理由）
☐ 中度（矛盾）
☐ 重度（想死的程度/死的理由）

说明：
比尔好像完成了重要的转折。伴侣治疗进展良好，"约会之夜"也获得了成功。

个案记录：
比尔有非常明显的好转，嗜酒者互诚协会的互助对象提供了巨大的支持，药物治疗似乎也起效了。睡眠改善，精神状态有好转。他感觉自己好像重新赢回了妻子的信任。严格遵照夫妻约定。也许下次就可以考虑结束 CAMS 治疗了。

下次会谈时间：＿＿＿＿＿＿＿＿＿＿＿＿   治疗模式：药物治疗 + 伴侣治疗

＿＿＿＿＿＿＿＿＿＿＿＿＿＿＿＿＿＿＿
临床工作者签名   日期

CAMS 的 SSF-4 结果与处置（最终会谈）——第 8 次

患者：比尔　　　临床工作者：　DJ　　　日期：　　　　　时间：　　　　

A 部分（患者）：
请根据你现在的感觉，评定并完成下列各题。

1. 评估心理痛苦程度（心中的伤痛／苦恼／不幸；<u>不是压力；不是生理痛苦</u>）： 　　　　　　　　　　痛苦程度低： 1 ②　3　4　5 ：痛苦程度高	
2. 评估应激程度（总体上的压迫感或超出负荷的感觉）： 　　　　　　　　　　应激程度低： ①　2　3　4　5 ：应激程度高	
3. 评估激越程度（情绪上的急迫感／感觉需采取行动；<u>不是生气；不是烦恼</u>）： 　　　　　　　　　　激越程度低： ①　2　3　4　5 ：激越程度高	
4. 评估绝望感程度（觉得无论自己做什么，事情都不会好转）： 　　　　　　　　　　绝望感低： ①　2　3　4　5 ：绝望感高	
5. 评估自我厌恶程度（总体上感觉不喜欢自己／没有自尊／无法自重）： 　　　　　　　　　　自我厌恶感低： 1 ②　3　4　5 ：自我厌恶感高	
6. 评估总体自杀风险：　风险极低： ①　2　3　4　5 ：风险极高 　　　　　　　　　　（不会自杀）　　　　　　　　　（会自杀）	

过去一周内：

自杀想法／感受　有＿＿无 ✓　　能够管控自杀想法／感受　是 ✓ 否＿＿　　自杀行为　有＿＿无 ✓

治疗中是否有某些方面对你来说特别有帮助？如果有，请尽可能具体描述。
　稳定化计划——6 个月的伴侣治疗确实有帮助。

从临床照护中你学到了哪些东西，在以后你再次想自杀时能帮到你？
　与妻子交谈，使用我的虚拟希望工具箱，联系治疗师。

B 部分（临床工作者）：
是否在连续 3 次会谈中自杀风险均已解除：　✓ 是　　＿＿否（若否，则继续 CAMS 追踪）
** 若连续 3 周满足以下条件，则自杀风险解除：总体自杀风险 <3；过去一周内无自杀行为，且能有效管控自杀意念／感受。

结果与处置（在所有符合情况的项目前打钩）：
　✓　继续心理咨询／治疗　　　　＿＿＿住院治疗
　＿＿＿双方同意结案　　　　　　＿＿＿患者选择停止治疗（单方面）
　＿＿＿转介至：＿＿＿＿＿＿＿＿＿＿＿＿＿
　✓　其他　说明：*会继续参加嗜酒者互诚协会，伴侣治疗 + 药物治疗*
下次会谈时间（如果有的话）：＿＿＿＿＿＿＿＿＿＿＿＿＿＿＿＿＿＿＿＿＿

＿＿＿＿＿＿＿＿＿＿＿＿＿＿＿＿＿　　　　＿＿＿＿＿＿＿＿＿＿＿＿＿＿＿＿＿
患者签名　　　　　　　　日期　　　　　　　临床工作者签名　　　　　　　日期

C 部分（临床工作者在会谈结束后评估）：

精神状态检查（圈选适当的项目）：

- 意识： **(清晰)** 瞌睡 昏睡 昏迷
  其他：_____
- 定向感： **(人)** **(地点)** **(时间)** **(评估的原因)**
- 心境： **(平稳)** 高涨 烦躁不安 激越 愤怒
- 情感： 淡漠 迟钝 受限 适切 不稳定
- 思维连贯性： **(清晰且连贯)** 目标导向 离题 病理性赘述
  其他：_____
- 思维内容： **(正常)** 强迫观念 妄想 牵连观念 怪异 病态
  其他：_____
- 抽象思维能力： **(正常)** 过于具体化
  其他：_____
- 语言： **(正常)** 快速 缓慢 口齿不清 贫乏 不连贯
  其他：_____
- 记忆力： **(基本完整)**
  其他：_____
- 现实检验： **(正常)**
  其他：_____
- 值得注意的行为表现：我在比尔身上看到了最好的状况，他似乎有点开心

诊断印象/诊断（DSM/ICD 诊断）：

重度抑郁障碍

酒精滥用

患者的总体自杀风险水平（选择一个并说明）：

- ☑ 轻度（想活的程度/活下去的理由）
- ☐ 中度（矛盾）
- ☐ 重度（想死的程度/死的理由）

说明：

满足 CAMS 结束治疗标准

个案记录：

比尔已经准备好结束 CAMS 治疗，在治疗中不再重点关注自杀问题。伴侣治疗难度很大但是效果很好。嗜酒者互诚协会和互助对象发挥了作用，他正在践行行为改变的"12 步计划"。药物治疗似乎也有帮助。会再继续进行十几周的心理治疗+伴侣治疗+药物治疗。

_____
临床工作者签名   日期

参考文献

Adler, G., & Buie, D. H., Jr. (1979). Aloneness and borderline psychopathology: The possible relevance of child development issues. *International Journal of Psychoanalysis, 60*, 83–96.

Ajdacic-Gross, V., Ring, M., Gadola, E., Lauber, C., Bopp, M., Gutzwiller, F., et al. (2008). Suicide after bereavement: An overlooked problem. *Psychological Medicine, 38*, 673–676.

Allen, J. G., Fonagy, P., & Bateman, A. W. (2008). *Mentalizing in clinical practice.* Arlington, VA: American Psychiatric Publishing.

American Psychiatric Association. (2013). *Diagnostic and statistical manual of mental disorders* (5th ed.). Arlington, VA: Author.

Anderson, A. R., Keyes, G. M., & Jobes, D. A. (2016). Understanding and treating suicidal risk in children. *Practice Innovations* [Epub ahead of print].

Andreasson, K., Krogh, K., Rosenbaum, B., Gluud, C., Jobes, D., & Nordentoft (2014). The DiaS trial: Dialectical behaviour therapy vs. collaborative assessment and management of suicidality on self-harm in patients with a recent suicide attempt and borderline personality disorder traits, study protocol for a randomized controlled trial. *Trials Journal, 15*, 194.

Andreasson, K., Krogh, J., Wenneberg, C., Jessen, H. K. L., Krakauer, K., Gluud, C., et al. (2016). Effectiveness of dialectical behavior therapy versus collaborative assessment and management of suicidality for reduction of self-harm in adults with borderline personality traits and disorder—A randomized observer-blinded clinical trial. *Depression and Anxiety* [Epub ahead of print].

Andreasson, K., Krogh, J., Wenneberg, C., Jessen, H. K., Krakauer, K., Gluud, C., et al. (2015, June). *Dialectical behavior therapy vs. CAMS for patients with borderline personality traits and suicide attempt—A randomized clinical trial.* Paper presented at the Congress of the International Association for Suicide Prevention, Montreal, Quebec, Canada.

Anestis, M. D., Soberay, K. A., Gutierrez, P. M., Hernández, T. D., & Joiner, T. E. (2014). Reconsidering the link between impulsivity and suicidal behavior. *Personality and Social Psychology Review, 18*, 366–386.

Apil, S. R., Hoencamp, E., Judith Haffmans, P. M., & Spinhoven, P. (2012). A stepped care relapse prevention program for depression in older people: A randomized controlled trial. *International Journal of Geriatric Psychiatry, 27*, 583–591.

---

* 为了环保，也为了节省您的购书开支，本书参考文献不在此一一列出。如果您需要完整的参考文献，请通过电子邮箱 1012305542@qq.com 联系下载，或者登录 www.wqedu.com 下载。您在下载中遇到问题，可拨打010-65181109 咨询。

Archuleta, D., Jobes, D. A., Pujol, L., Jennings, K., Crumlish, J., Lento, R. M., et al. (2014). Raising the clinical standard of care for suicidal Soldiers: An Army process improvement initiative. *U.S. Army Medical Department Journal, Oct.–Dec.*, 55–66.

Arkov, K., Rosenbaum, B., Christiansen, L, Jonsson, H., & Munchow, M. (2008). Treatment of suicidal patients: The collaborative assessment and management of suicidality. *Ugeskr Laeger, 170*, 149–153.

Baillargeon, J., Binswanger, I. A., Penn, J. V., Williams, B. A., & Murray, O. J. (2009). Psychiatric disorders and repeat incarcerations: The revolving prison door. *American Journal of Psychiatry, 166*, 103–109.

Bakan, D. (1966). *The duality of human existence.* Chicago: Rand McNally.

Ballard, E. D., Horowitz, L. H., Jobes, D. A., Wagner, B. M., Pao, M., & Teach, S. J. (2013). Association of positive responses to suicide screening questions with hospital admission and repeat emergency department visits in children and adolescents. *Pediatric Emergency Care, 29*, 1–7.

Bamatter, W., Barrueco, S., Oquendo, M., & Jobes, D. A. (2015). *Translation and validation of the SSF-IV into Spanish.* Unpublished manuscript.

Barlow, D. H., Bullis, J. R., Comer, J. S., & Ametaj, A. A. (2013). Evidence-based psychological treatments: An update and a way forward. *Annual Review of Clinical Psychology, 9*, 1–27.

Bateman, A., & Fonagy, P. (2006). *Mentalization-based treatment for borderline personality disorder: A practical guide.* New York: Oxford University Press.

Bateman, A., & Fonagy, P. (2009). Randomized controlled trial of outpatient mentalization-based treatment versus structured clinical management for borderline personality disorder. *American Journal of Psychiatry, 166*, 1355–1364.

Baumeister, R. F. (1990). Suicide as escape from self. *Psychological Review, 97*, 90–113.

Beck, A. T. (1967). *Depression: Clinical, experimental, and theoretical aspects.* New York: Harper & Row.

Beck, A. T. (1986). Hopelessness as a predictor of eventual suicide. *Annals of New York Academy of Sciences, 487*, 90–96.

Beck, A. T., Rush, A. J., Shaw, B. F., & Emery, G. (1979). *Cognitive therapy of depression.* New York: Guilford Press.

Beck, A. T., & Steer, R. A. (1991). *Manual for Beck Scale for Suicide Ideation.* San Antonio, TX: Psychological Corporation.

Beck, A. T., & Steer, R. A. (1993). *Manual for Beck Hopelessness Scale.* San Antonio, TX: Psychological Corporation.

Beck, A. T., Steer, R. A., Kovacs, M., & Garrison, B. (1985). Hopelessness and eventual suicide: A 10-year prospective study of patients hospitalized with suicidal ideation. *American Journal of Psychiatry, 142*, 559–563.

Beidas, R. S., Edmunds, J. M., Marcus, S. C., & Kendall, P. C. (2012). Training and consultation to promote implementation of an empirically supported treatment: A randomized trial. *Psychiatric Services, 63*, 660–665.

Bender, E. (2014, October 10). Psychiatrists can minimize malpractice-suit anxiety. *Psychiatric News*.

Bennett, K. M., Vaslef, S. N., Shapiro, M. L., Brooks, K. R., & Scarborough, J. E. (2009). Does intent matter?: The medical and societal burden of self-inflicted injury. *Journal of Trauma, 67*, 841–847.

Berkowitz, R., Fang, Z., Helfand, B., Jones, R., Schreiber, R., & Paasche-Orlow, M. (2013). Project Re-Engineered Discharge (RED) lowers hospital readmissions of patients discharged from a skilled nursing facility. *Journal of the American Medical Directors Association, 14*, 736–740.

Berman, A. L., & Jobes, D. A. (1991). *Adolescent suicide: Assessment and intervention.* Washington, DC: American Psychological Association.

Berman, A. L., Jobes, D. A., & Silverman, M. M. (2006). *Adolescent suicide: Assessment and intervention* (2nd ed.). Washington, DC: American Psychological Association.